普通高等教育一流本科专业建设成果教材

高等学校教材

U0210240

机床数控技不

吴波　刘旦　主编　　闫占辉　主审

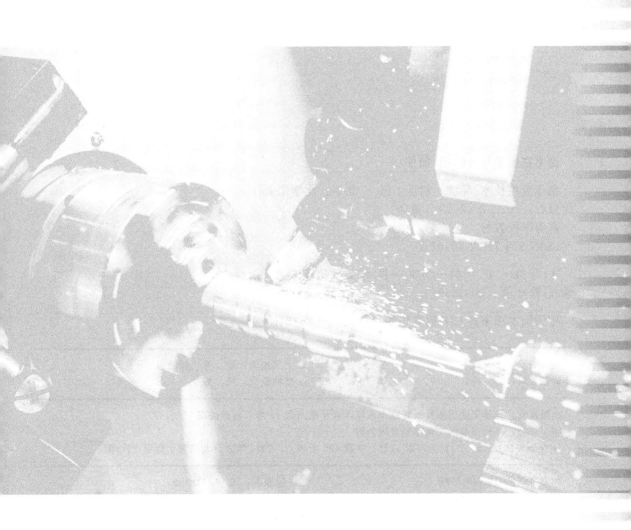

化学工业出版社

·北京·

内容简介

本书根据应用型院校的教学特点，结合编者多年教学经验编写而成。主要内容包括：数控机床概论、数控系统基本原理与结构、数控加工工艺与编程、数控检测装置、数控机床的伺服系统、数控机床的电气控制、数控机床的机械结构、数控机床的发展趋势等。本书引入工程实训案例，以加深学生对课程内容的应用理解，所有实训案例均以中英文对照形式编写，且配有英文录音。

本书内容丰富、系统，不仅可作为高等学校机械设计制造及其自动化和机械电子工程等专业的教材和参考用书，也可作为相关继续教育的培训教材，对相关工程技术人员也具有参考价值。

图书在版编目（CIP）数据

机床数控技术/吴波，刘旦主编. —北京：化学工业
出版社，2022.2（2023.3重印）
高等学校教材
ISBN 978-7-122-40307-0

Ⅰ.①机… Ⅱ.①吴…②刘… Ⅲ.①数控机床-高等
学校-教材 Ⅳ.①TG659

中国版本图书馆 CIP 数据核字（2021）第 233516 号

责任编辑：丁文璇　　　　　　　　文字编辑：徐　秀　师明远
责任校对：边　涛　　　　　　　　装帧设计：张　辉

出版发行：化学工业出版社（北京市东城区青年湖南街 13 号　邮政编码 100011）
印　　装：涿州市般润文化传播有限公司
787mm×1092mm　1/16　印张 17¾　字数 438 千字　　2023 年 3 月北京第 1 版第 2 次印刷

购书咨询：010-64518888　　　　　　售后服务：010-64518899
网　　址：http://www.cip.com.cn
凡购买本书，如有缺损质量问题，本社销售中心负责调换。

定　　价：58.00 元

前　言

"中国制造 2025"对智能制造和数控技术人才提出了新的要求。随着教育部高等教育"卓越工程师计划"项目的实施，"新工科"建设项目的铺开，衔接工程教育专业认证及 OBE 办学理念，适应国际交流及合作办学时代浪潮成为高校发展的关键。机床数控技术作为机械工程类专业的核心课程，教学方法、教学手段和教学理念在不断地更新调整。

集微电子技术、计算机技术、传感与检测技术、自动控制技术、机械制造技术等于一体的数控机床从根本上解决了制造业中柔性制造、自动化生产的一些实际问题。数控技术、数控机床的发展也极大地推动了计算机辅助设计和计算机辅助制造（CAD/CAM）、柔性制造系统（FMS）、计算机集成制造系统（CIMS）和工厂自动化（FA）的发展。数控机床是典型的机电一体化产品，数控技术是先进制造技术的重要组成部分。应用数控技术、采用数控机床、提高机械工业的数控化率，是当今机械制造业技术改造、技术更新的必由之路。

本书根据应用型院校的教学特点，结合编者多年教学经验编写而成。本书示为吉林省一流本科专业建设成果教材。本书在介绍数控系统基本原理与结构的基础上，详细介绍了数控车床、数控铣床、数控加工中心的加工工艺与编程，全面介绍了数控机床的检测装置、伺服系统、电气控制、机械结构等内容。为加深学生对课程内容的应用理解，本书引入大量工程实训案例，且所有实训案例均以中英文对照形式编写。本书内容丰富、系统，不仅可作为高等学校机械设计制造及其自动化和机械电子工程等专业学生的教材和参考用书，也可作为相关继续教育的培训教材，对相关工程技术人员也具有参考价值。

本书共 8 章，1.4、2.6、3.6、5.5、6.3、8.5 节（即所有实训章节）由沈阳机床成套设备有限责任公司王义高级工程师编写；第 2、5、6 章由长春工程学院吴波编写；3.1～3.4 节和第 7 章由长春工程学院刘旦编写；第 1、8 章和 3.5 节由长春工程学院于海城编写；第 4 章由长春工程学院沈伯一编写；书中所有英文部分均由长春工程学院金哲编写。全书由吴波统稿，长春工程学院闫占辉主审。在本书编写过程中，还得到了许多授课老师的关心、支持和帮助，在此表示衷心感谢！

数控技术发展日新月异，加之编者水平有限，书中难免存在不妥之处，恳请读者不吝指正。

编者
2021 年 5 月

目　录

第3章 数控加工工艺与编程   49

第 4 章　数控检测装置　　135

第7章　数控机床的机械结构　234

第8章　数控机床的发展趋势　　269

参考文献　　274

第1章

数控机床概论

随着科学技术的进步和社会生产的不断发展，以数控技术为代表的新技术正在向传统机械制造产业渗透，从而形成了机电一体化产品——数控机床。数控机床的产生，也使机械制造技术产生了深刻的变化。目前，数控机床已经成为机械制造业乃至整个工业生产中不可缺少的基础装备。数控系统是数控机床的重要组成部分，是数控机床的"大脑"，是一种自动控制系统。本章重点介绍数控技术的基本概念、数字控制的相关应用、数控技术的产生与现状、数控机床的基本结构及工作原理等相关知识，使学生对机床数控技术有个初步的认识。

1.1 数控技术概述

1.1.1 数控技术基本概念

数控是数字控制（numerical control，NC）的简称，是用数字化信号对控制对象加以控制的一种方法，是自动控制的一种。数字控制可对数字化信息进行逻辑运算、数学运算等复杂的信息处理工作，特别是还可用软件来改变信息处理的方式或过程，使机械设备得到大大简化并具有很大的"柔性"。因此数字控制已被广泛用于机械运动的轨迹和开关量等方面的控制，如机床和机器人的控制等。

数控技术就是利用数字信息对机构的运动轨迹、速度和精度等进行控制的技术。图 1-1 为 VTM633 立式车铣中心外观图，图 1-2 为 D165 高速加工中心外观图。

图 1-1　VTM633 立式车铣中心外观图

图 1-2　D165 高速加工中心外观图

1.1.2 数字控制相关应用

根据不同的被控对象，有各种数控系统，其中最早产生、目前应用最为广泛的是机械加工行业中的各种机床数控系统，即以加工机床为被控对象的数字控制系统，例如：数控车

床、数控铣床、数控线切割机、数控加工中心等。

数控系统与被控机床本体的结合体称为数控机床。它综合运用了机械制造与微电子、计算机、现代控制理论、精密测量及光电磁等多种技术，使传统的机械加工工艺发生了质的变化，这个变化的本质就在于用数控系统实现了加工过程的自动化操作。数控系统也是机器人、柔性制造系统（FMS）、计算机集成制造系统（CIMS）等高技术的基础，是 21 世纪机械制造业进行技术更新与改造、向机电一体化方向发展的主要途径和重要手段。

1.1.3 数控机床的工作原理及基本结构

（1）数控机床的工作原理

数控机床利用数字化信号来实现对加工工艺过程的自动控制，是一种高度自动化的机床。数控机床加工零件时，首先要将加工零件的几何信息和工艺信息按照机床数控系统的指令要求编制成数控加工程序，然后将程序输入数控系统中，经过数控系统的处理、运算、伺服放大等来控制机床的主轴转动、进给移动、刀具更换、工件的松开与夹紧、润滑及冷却泵的开与关等动作，使刀具与工件及其他辅助装置严格按照加工程序规定的顺序、轨迹和参数进行工作，从而完成零件轮廓的加工。

（2）数控机床的基本结构（组成）

数控机床通常由输入/输出装置、数控装置、伺服系统、检测及反馈装置、辅助装置、机床本体等组成。

① 输入/输出装置　输入装置将数控加工程序、机床参数等各种信息输入数控装置；输出装置用于观察或监视输入内容及数控系统的工作状态。常用的输入/输出装置有：纸带阅读机、磁带机、磁盘驱动器、CRT 及各种显示器件、打印机及各种数据通信设备等。

② 数控装置　是数控机床的中心环节，主要包括中央处理器（CPU）、存储器、局部总线、外围逻辑电路和输入/输出控制等。数控装置的功能是接收从输入装置送来的脉冲信号，并对这些信号进行运算处理，输出各种控制功能指令，控制伺服系统和辅助功能系统有序地运行。

③ 伺服系统　是数控装置和机床本体的联系环节，它的作用是把来自数控装置微弱的指令信息解调、转换、放大后驱动伺服电动机，带动机床的移动部件准确移动。它的伺服精度和动态响应特性是影响机床加工精度的重要因素之一。伺服系统包括：驱动装置、执行部件两大部分。伺服电动机是伺服系统的执行元件，驱动控制系统是伺服电动机的动力源。常用伺服电动机有功率步进电动机、直流伺服电动机、交流伺服电动机等。伺服系统与脉冲编码器的组合构成了较理想的半闭环伺服系统，已经被广泛采用。

④ 检测及反馈装置　是提高数控系统的加工精度的装置，它的作用是将机床导轨和主轴的位移量和移动速度等参数检测出来，并反馈到数控装置中，数控装置根据反馈回来的信息进行比较判断并发出相应的指令，纠正传动链产生的误差，从而提高机床加工精度。数控机床常用的检测元件有：编码器、感应同步器、光栅、磁尺等。

⑤ 辅助装置　把计算机送来的辅助控制指令（M、S、T）等经机床接口转换成强电信号，用来控制主轴电动机的转、停和变速，冷却系统的开和关及自动换刀等辅助功能动作的完成。

⑥ 机床本体　是指机械结构实体。它将数控机床的其他部分有机地联系在一起，主要

由主运动部件、进给运动部件、支撑部件及辅助装置等组成。与普通机床相比，数控机床的外部造型、整体布局、传动系统、支撑系统、排屑系统与刀具系统的部件结构等方面都已发生了很大的变化。在机床的精度、静刚度、动刚度和热刚度等方面提出了更高的要求，而传动链则要求尽可能简单，目的是满足数控加工的要求和充分发挥数控机床的特点。

1.2　数控机床的分类

随着数控技术的发展，数控机床的种类和规格越来越多。当前，数控机床如何分类，国家尚无统一标准。为了便于理解和分析，根据数控机床的功能和组成按以下四种方法分类。

1.2.1　按加工工艺方法分类

按加工工艺用途分类，数控机床可分为数控钻床、数控车床、数控铣床（加工中心）、数控磨床、数控雕刻机床等金属切削类机床，如图 1-3 所示。

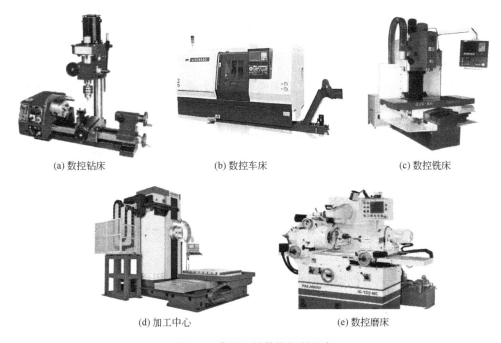

(a) 数控钻床　　　　　　(b) 数控车床　　　　　　(c) 数控铣床

(d) 加工中心　　　　　　(e) 数控磨床

图 1-3　常用金属数控切削机床

1.2.2　按控制运动的方式分类

按控制运动的方式分类，常将数控机床分为点位控制数控机床、直线控制数控机床和轮廓控制数控机床。

(1) 点位控制数控机床

点位控制（position control）数控机床的特点是机床的运动部件只能够实现从一个位置到另一个位置的精确定位，在运动和定位过程中不进行任何加工工序，见图 1-4(a)。最典型的点位控制数控机床有数控钻床、数控坐标镗床、数控点焊机和数控弯管机等。

（2）直线控制数控机床

直线控制（linear control）数控机床的数控系统不仅要控制机床运动部件从一点准确地移动到另一点，同时要控制两相关点之间的移动速度和轨迹，其轨迹一般与某一坐标轴相平行，如图1-4(b)所示；也可以与坐标轴成45°夹角的斜线，但不能为任意斜率的直线。且可一边移动一边切削加工，因此其辅助功能要求也比点位控制数控系统多，一般要求具有主轴转速控制、进给速度控制和刀具自动交换等功能。这类数控机床主要有简易数控车床、数控镗铣床等。

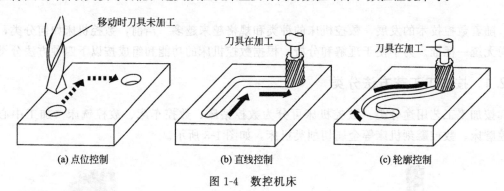

图 1-4　数控机床

（3）轮廓控制数控机床

轮廓控制（contour control）数控机床能够对两个或两个以上的坐标轴同时进行控制，它不仅能够控制机床移动部件的起点与终点坐标值，而且能够控制整个加工过程中每一个点的速度与位移量，既要控制加工轨迹，又要加工出符合要求的轮廓，如图1-4(c)所示。其被加工工件可以用直线插补或圆弧插补的方法进行切削加工，工件的轮廓可以是任意形式的曲线。数控车床、数控铣床、数控磨床和各类数控线切割机床是典型的轮廓控制数控机床。

1.2.3　按驱动装置的特点分类

数控机床按照驱动装置的不同可分为开环控制系统、半闭环控制系统和闭环控制系统三种。

（1）开环控制系统

开环控制系统是指不带位置反馈装置的控制方式，如图1-5所示。其特点是精度较低，但其反应迅速，调整方便，工作比较稳定，维修方便，成本低。

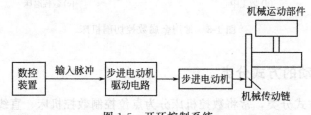

图 1-5　开环控制系统

（2）半闭环控制系统

半闭环控制系统是在伺服电动机轴上装有角位移检测装置，通过检测伺服电动机的转角，间接地将检测出运动部件的位移（或角位移）反馈给数控装置的比较器，比较器与输入指令值进行比较计算，数控装置根据其计算的差值来控制运动部件的移动，从而部分消除传动系统传动链的传动误差，如图1-6所示。其特点是精度及稳定性较高，价格适中，调试维修也较容易。

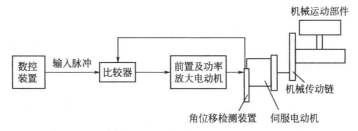

图 1-6 半闭环控制系统

(3) 闭环控制系统

闭环控制系统是在机床最终的运动部件的相应位置直接安装直线式或回转式检测装置，将直接测量到的位移或角位移反馈到数控装置的比较器中与输入指令位移量进行比较，用差值控制运动部件，使运动部件严格按实际需要的位移量运动，如图 1-7 所示。闭环控制系统的运动精度主要取决于检测装置的精度，而与机械传动链的误差无关，因此其特点是加工精度很高，但调试维修比较复杂，成本较高。

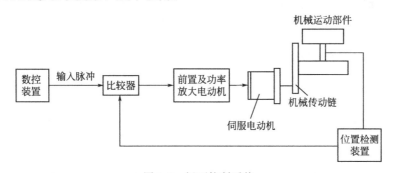

图 1-7 闭环控制系统

1.2.4 按控制联动的坐标轴数分类

所谓数控机床可控制联动的坐标轴，是指数控装置控制几个伺服电动机，同时驱动机床移动部件运动的坐标轴数目。

按照可控制联动坐标轴数，可以分为两轴联动控制、两轴半联动控制、三轴联动控制和多轴联动控制（数控机床能同时控制四个及以上坐标轴联动，如四轴联动控制、五轴联动控制等）数控机床。

① 两轴联动 数控机床能同时控制两个坐标轴联动，如数控装置同时控制 X 和 Z 方向运动，可用于加工各种曲线轮廓的回转体类零件，或机床本身有 X、Y、Z 三个方向的运动，数控装置中只能同时控制两个坐标，实现两个坐标轴联动。在数控车床上采用两轴联动控制，可以加工出把手类零件。在数控铣床上采用两轴联动控制，可以加工出平面凸轮的轮廓曲线。

② 两轴半联动 数控机床本身有三个坐标、能作三个方向的运动，但控制装置只能同时控制两个坐标，而第三个坐标只能作等距周期移动，可加工空间曲面，如图 1-8(c) 所示零件。数控装置在 X、Z 坐标平面内控制 X、Z 两坐标轴联动，加工垂直面内的轮廓表面，控制 Y 坐标轴作定期等距移动，即可加工出零件的空间曲面。

在三坐标数控铣床上加工圆锥台零件，一般都是两坐标（X，Y）联动加工一圈，再沿

另一坐标（Z）提升一个高度 ΔZ，如此继续下去，即可加工出一个锥台，因为这里的 Z 坐标没有参加联动，故一般称这种情况为 2.5 轴（两轴半）。此外，属 2.5 轴控制的加工，还有用行切法加工空间轮廓，一般以 X、Y、Z 三坐标轴中任意两轴作插补运动，第三轴作周期性进给来实现加工控制。当采用球头刀加工时，只要 ΔZ（ΔY）足够小时，加工表面的表面粗糙度足以满足要求。

③ 三轴联动　数控机床能同时控制三个坐标轴联动。在三坐标联动控制的数控铣床上，可以在锥体上加工出螺旋线，当然，也可以加工出内循环滚珠丝杠螺母回珠器的回珠槽（空间曲线）。

④ 多轴联动　数控机床能同时控制四个以上坐标轴联动，多坐标数控机床的结构复杂、精度要求高、程序编制复杂，主要应用于加工形状复杂的零件。四坐标联动的数控机床加工飞机大梁零件，除了 X、Y、Z 三个移动坐标外，还需要一个绕刀轴回转坐标 A，才能保证刀具与工件型面在全长上始终贴合，显然在加工中需要每时每刻的 X、Y、Z、A 坐标值，这当然是很复杂的。五轴联动加工的实例中，联动的坐标除 X、Y、Z 三个直线坐标以外，还有工件的回转坐标 C 和刀具的回转坐标 B。

目前，多轴联动技术是我国创建高性能、具有自主知识产权数控机床需要解决的关键技术之一。

1.2.5　按数控系统功能水平分类

按照数控系统的功能水平，数控系统可以分为经济型（低档型）、普及型（中档型）和高档型数控系统三种。这种分类方法没有明确的定义和确切的分类界线，且不同时期、不同国家的类似分类含义也不同。

（1）经济型数控机床

这一档次的数控机床通常仅能满足一般精度要求的加工，能加工形状较简单的直线、斜线、圆弧及带螺纹类的零件，采用的微机系统为单板机或单片机系统，具有数码显示或 CRT 字符显示功能，机床由步进电动机实现开环驱动，控制的轴数和联动轴数在三轴或三轴以下，进给分辨率较低，一般为 $5\sim10\mu m$，快速进给速度可达 10m/min。这类机床结构一般都比较简单，精度中等，价格也比较低廉，一般不具有通信功能。如经济型数控线切割机床、数控钻床、数控车床、数控铣床及数控磨床等。

（2）普及型数控机床

这类机床的数控系统功能较多，除了具有一般数控系统的功能以外，还具有一定的图形显示功能及面向用户的宏程序功能等，采用的微机系统为 16 位或 32 位微处理机，具有 RS-232C 通信接口，机床的进给多用交流或直流伺服驱动，一般系统能实现四轴或四轴以下联动控制，进给分辨率为 $1\mu m$ 左右，快速进给速度为 $10\sim30m/min$，其输入/输出的控制一般可由可编程序控制器来完成，从而大大增强了系统的可靠性和控制的灵活性。这类数控机床的品种极多，几乎覆盖了各种机床类别。这类数控系统简单、实用、价格适中。

（3）高档型数控机床

指加工复杂形状工件的多轴控制数控机床，且其工序集中、自动化程度高、功能强、具有高度柔性。采用的微机系统为 64 位及以上微处理机系统，机床的进给大多采用交流伺服驱动，除了具有一般数控系统的功能以外，应该至少能实现五轴或五轴以上的联动控制，最小进给分辨率为 $0.1\mu m$，最大快速移动速度能达到 100m/min 或更高，具有三维动画图形功能和宜人的图形用户界面，同时还具有丰富的刀具管理功能、宽调速主轴系统、多功能智能化监控系统和面向用户的宏程序功能，还有很强的智能诊断和智能工艺数据库，能实现加工条件的自动设定，且能实现计算机的联网和通信。这类系统功能齐全，价格昂贵，如具有五轴以上的数控铣床，大、重型数控机床，五面体加工中心，车削中心和柔性加工单元等。

1.2.6 按工艺用途分类

（1）金属切削类数控机床

这类机床和传统的通用机床品种一样，有数控车床、数控铣床、数控钻床、数控磨床、数控镗床以及加工中心等。带有自动换刀装置（刀库和自动交换刀具的机械手），能进行铣削、镗削、钻削等的镗铣加工中心（简称加工中心），特别适合箱体类零件加工，在加工中心上一次定位装卡后，即能在多个侧面上完成铣削、钻孔、扩孔、铰孔、镗孔、攻螺纹等工作，所以在生产上应用越来越多，加工中心还分为车削中心、磨削中心等。而且还出现了在加工中心上增加交换工作台，采用主轴或工作台进行立、卧转换的五面体加工中心等。目前，国外已开发出集钻削、铣削、镗削、车削和磨削等加工于一体的所谓万能加工机床。万能加工机床的出现，突破了传统机床界限，并随之不断出现新颖的机械部件。轮廓加工的典型实例见图1-8。

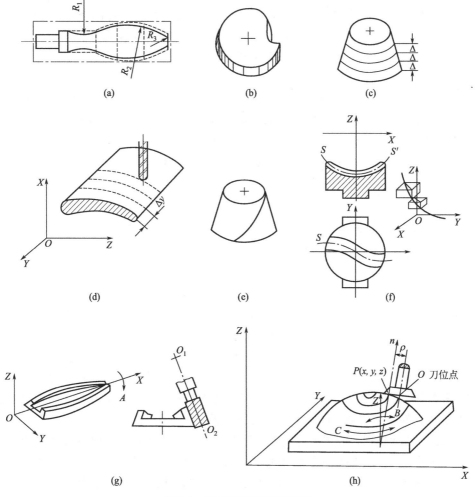

图1-8 轮廓加工的典型实例

（2）金属成形类及特种加工类数控机床

这是指金属切削类以外的数控机床，如数控弯管机、数控线切割机床、数控电火花成形机床、数控激光切割机床、数控冲床、数控火焰切割机等各种功能和不同种类的数控机床。

近年来在非加工设备中也大量采用数控技术，如数控测量机、自动绘图机和工业机器人等。

1.3 数控技术的产生与现状

1.3.1 数控技术的产生

工业化生产产生于蒸汽机时代（约 18 世纪），早期的工业生产大多为家庭作坊式通用单机的生产方式，生产效率很低，产品质量差。随着科学技术和社会生产力的不断发展，对机械产品的质量、性能、成本和生产率提出了越来越高的要求，解决这一问题的重要措施之一就是机械加工工艺过程的自动化。早期的加工工艺过程自动化是采用一些刚性生产线，使用的大多为专用机床、组合机床、自动机床，来实现高效率和加工质量的一致性，但这种生产方式，当生产产品或工艺发生变化时很难调整或者调整的周期较长，特别对单件、小批量生产，满足不了生产的个性化要求。事实证明，单件、小批量生产约占机械加工的 80% 左右，所以一种适合于产品更新换代快、品种多、质量和生产率高、成本低的自动化生产设备的应用已迫在眉睫。而数控机床则完全能适应这种要求，满足目前生产需要。

1946 年在美国诞生了世界上第一台电子计算机，为数控机床的诞生奠定了基础，1948 年，美国帕森斯公司（Parsons Co.）在研制加工直升机叶片轮廓检验用样板的机床时，首先提出了应用电子计算机控制机床来加工样板曲线的设想。后来该公司受美国军方的委托，与麻省理工学院（MIT）伺服机构研究所合作，于 1952 年研制出了世界上第一台三轴立式数控铣床。后来，又经过不断改进并开展自动编程技术的研究，于 1955 年进入使用阶段。

1.3.2 数控技术的现状

（1）中国数控机床发展史

我国数控机床技术起步于 1958 年，一直到 20 世纪 60 年代中后期还处在研制、开发阶段。

从 20 世纪 70 年代开始，由于打破国外的技术封锁和我国的基础条件不断改善，数控技术在车、铣、钻、镗、磨、齿轮加工、电加工等领域全面展开，70 年代中期，数控加工中心在上海、北京研制成功。但由于机床配套的各种基础元部件、数控系统不过关，工作不可靠，故障率高，稳定性未得到解决，因此没有得到广泛推广。

20 世纪 80 年代我国从日本 FANUC 公司引进部分数控系统和直流伺服电动机、直流主轴电动机技术，并从美国、欧洲等发达国家引进一些新的技术，进行了国产化改造。这些主要零部件和数控系统可靠性高、性能稳定、功能齐全，推动了我国数控机床的稳定发展，使我国数控机床在性能和质量上产生了一个质的飞跃。

20 世纪 90 年代初期，我国经济进入转型期，由过去的计划经济向市场经济转变，这使得刚刚形成一定生产能力的数控机床产业受到很大冲击，许多机床厂纷纷转产或停产。1995 年开始，我国制定了"九五"规划，国家从宏观上采取措施：一方面加强国防工业和民用工业的投资力度，扩大内需；另一方面加强对进口机床的审批，使我国的数控机床产业得以迅速发展，有许多在技术上复杂的大型数控机床和重型数控机床相继被研制出来，比如北京机床研究所研制的 JCS-FMS-1.2 型柔性制造系统。

"十五"到"十二五"期间，在我国经济持续增长的拉动下，我国的数控机床行业一直保持着快速增长的势态，2010 年国产数控机床占国内市场需求的 50％以上，自主知识产权的数控系统占数控机床产量的 75％左右。

现在，我国已经建立了以高、中、低档机床为主的产业体系，已经成为数控机床生产和使用大国。目前，国家将"高档数控机床与基础制造装备"确定为 16 个科技重大专项之一，通过国家相关政策的支持，我国在数控机床关键技术研究方面有了较大突破，创造了一批具有自主知识产权的研究成果和核心技术。主要体现在以下几个方面：

① 中、高档数控机床的开发取得了较大进展，在五轴联动、复合加工、数字化设计以及高速加工等一批关键技术上取得了较大突破，自主开发了包括大型、五轴联动数控机床，精密及超精密数控机床，并形成了一批中、高档数控机床产业化基地。

② 关键功能部件的技术水平、制造质量逐年稳步提高，功能逐步完善，部分性能指标达到或接近国际水平，形成了一批具有自主知识产权的功能部件。开发出了高速主轴单元、高速滚珠丝杠、重载直线导轨、直线电动机、数控转台、高速刀具系统、数字化检测仪等高性能功能部件。

③ 中、高档数控系统的开发与应用取得了很好成果。解决了多坐标联动、远程数据传输等技术难题，为解决数控系统的配套要求，还相继开发出交流伺服驱动系统和主轴交流伺服控制系统。

(2) 目前我国数控技术与国外发达国家的差距

① 高档数控机床消费和生产的结构性矛盾仍然比较突出，国内供应能力不足，高档机床大部分还依赖进口。

② 缺乏数控技术基础共性技术的研究与投入，缺乏优秀技术人才，导致自主创新能力不足，企业的市场响应速度较慢。

③ 国内数控设备的产品质量、可靠性及服务等方面与发达国家相比还有较大差距，不能满足市场快节奏和个性化的要求。

1.4　实训/Training

高速卧式加工中心 MBR-H-e 的标准主轴能够用于诸多领域，主轴最高转速可达到 15000r/min。高速广域主轴可对铝材和模具进行高精度加工，高扭矩主轴则适用于难加工的材料和加工余量大的重切削。X、Y、Z 三轴采用重载滚柱线轨，快移速度可达 60m/min，整机高速高精，稳定可靠。

The standard spindle of high-speed horizontal machining center MBR-H-e can be adopted in many fields，and the maximum speed of the spindle can reach 15000r/min. The high speed and wide area spindle can be adopted to process aluminum and mould with high precision，while high torque spindle is suitable for heavy cutting of hard to process materials and large machining allowance. The X-axis，Y-axis and Z-axis adopt heavy-duty roller track，and the fast moving speed can reach 60m/min，and the whole machine is equipped with high-speed and high-precision features，and it is stable and reliable.

工件的加工精度会随着机床周边的温度变化、机床自身产生的热量、加工产生的热量发生很大的变化。MBR-H-e 运用"接受温度变化"的独特思维，发明了 TAS，利用布置恰当的传感器所捕获的温度信息和进给轴的位置信息，准确控制环境温度和轴的温度，从而做出调整，使工件的加工精度提高。图 1-9 为 MBR-H-e 外观图，表 1-1 为 MBR-H-e 的基本信息。

The machining accuracy of workpiece will change greatly with the temperature change around the machine tool, heat generated by the machine tool itself and heat generated by processing. MBR-H-e adopts a unique thinking of accepting temperature change, and invents TAS, which uses the temperature information captured by the appropriate sensor and the position information of feed shaft to accurately control the temperature of the environment and the shaft, making adjustments to improve the machining accuracy of the workpiece. Fig. 1-9 is the external view of MBR-H-e, and the Table 1-1 shows the basic information of MBR-H-e.

图 1-9　MBR-H-e 外观图

Fig. 1-9　The External View of MBR-H-e Series High-speed Horizontal Machining Center

表 1-1　MBR-H-e 的基本信息

Table 1-1　The Parameters of MBR-H-e

项目 Item		单位 Unit	MBR-5000H-e
移动量 Displacement	X 轴行程(立柱左右移动) X-axis travel(column moving left and right)	mm	760
	Y 轴行程(主轴头上下移动) Y-axis travel(spindle head moving up and down)	mm	760
	Z 轴行程(工作台前后移动) Z-axis travel(table moves back and forth)	mm	760
	从托盘上面到主轴中心距离 Distance from the top of tray to the center of spindle	mm	50～810
	从托盘中心到主轴中心距离 Distance from the pallet center to the spindle center	mm	135～895
工作台 Worktop	托盘尺寸 Tray size	mm	500×500
	最大承载重量 Maximum loading weight	kg	500
	分度角度 Indexing angle	(°)	1
	最大承载工件尺寸 Maximum workpiece size	mm	$\phi 800 \times 1000$

续表

项目 Item		单位 Unit	MBR-5000H-e
主轴 Spindle	主轴转速 Spindle speed	r/min(rpm)	50～15000
	主轴锥孔 Spindle taper hole		NT.40
	主轴轴承内径 Inner diameter of spindle bearing	mm	$\phi70$
进给 Feed	快速进给速度(X、Y、Z)Fast feed speed(X, Y, Z)	mm/min	60000
	切削进给速度(X、Y、Z)Cutting feed speed(X, Y, Z)	mm/min	1～60000
电动机 Electric motor	主轴电动机 Spindle motor	kW	22/26
	进给轴电动机($X/Y/Z$)Feed shaft motor($X/Y/Z$)	kW	4.6/4.6/4.6
	工作台分度用电动机 Motor for dividing table	kW	3.0
ATC	刀具类型 Tool type		MAS规格 BT40 Specification MAS BT40
	拉钉类型 Pull pin type		JIS
	刀具选择方式 Tool selection method		记忆随机(110把以上是 固定地址方式) Random memory(more than 10 will be the mode of fixed address)

习　题

1-1　什么是机床的数字控制？什么是数控机床？机床数字控制原理是什么？

1-2　数控机床由哪几部分组成？

1-3　数控系统由哪几部分组成？各自的功能是什么？

1-4　简述数控机床是如何分类的。

1-5　什么是开环、闭环、半闭环数控机床？它们之间有什么区别？

1-6　数控技术的发展趋势包括哪些方面？

第2章

数控系统基本原理与结构

2.1　CNC 系统的组成

计算机数控（computerized numerical control，CNC）系统是用计算机控制加工功能，实现数字控制的系统。CNC 系统根据计算机存储器中存储的控制程序，执行部分或全部数字控制功能，由一台计算机完成以前机床数控装置所完成的硬件功能，对机床运动进行实时控制。

CNC 系统由程序、输入设备、输出设备、CNC 装置、PLC、主轴驱动装置和进给（伺服）驱动装置等组成，如图 2-1 所示。由于使用了 CNC 装置，使系统具有软件功能，又用 PLC 取代了传统的机床电气逻辑控制装置，使系统更小巧，灵活性、通用性、可靠性更好，易于实现复杂的数控功能，使用、维修也方便，并且具有与上位机连接及进行远程通信的功能。

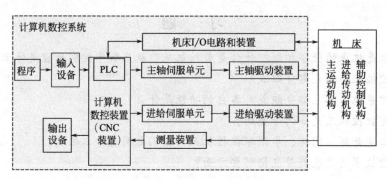

图 2-1　CNC 系统的组成

2.1.1　中央处理单元和总线

大多数 CNC 装置都采用微处理器构成的计算机装置，故也可称微处理器数控系统（MNC）。MNC 一般由中央处理单元（CPU）和总线（Bus）、存储器（ROM/RAM）、输入/输出（I/O）接口电路及相应的外部设备、主轴控制单元、速度进给控制单元等组成。图 2-2 为 MNC 的组成原理图。

中央处理单元对数控系统进行运算和管理。它由运算器和控制器两部分组成。运算器是对数据进行算术和逻辑运算的部件。在运算过程中，运算器不断地得到由存储器提供的数据，并将运算的中间结果送回存储器暂时保存起来。控制器从存储器中依次取出组成程序的指令，经过译码后向数控系统的各部分按顺序发出执行操作的控制信号，使指令得以执行。因此，控制器是统一指挥和控制数控系统各部件的中央机构，它一方面向各个部件发出执行任务的命令，另一方面又接收执行部件发回的反馈信息，根据程序中的指令信息和这些反馈信息，决定下一步的命令操作。

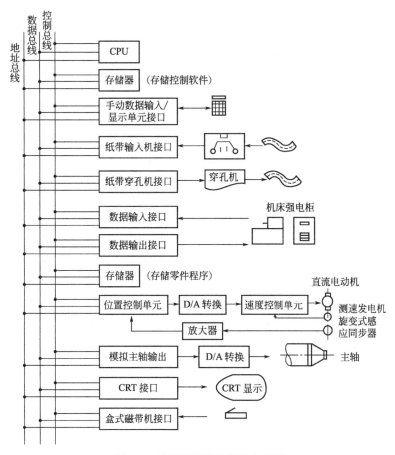

图 2-2　微处理器数控系统方框图

总线（Bus）是信息和电能公共通路的总称，由物理导线构成。CPU 与存储器、I/O 接口及外设间通过总线联系。总线按功能分为数据总线（DB）、地址总线（AB）和控制总线（CB）。

2.1.2　存储器

(1) 概述

存储器（Memory）用于存储系统软件（管理软件和控制软件）和零件加工程序等，并将运算的中间结果和处理后的结果（数据）存储起来。数控系统所用的存储器为半导体存储器，主要由 LSI 技术制成的 MOSFET 组成。基本存储电路是构成存储器的基础和核心，用来存储二进制信息 "0" 或 "1"。基本存储电路分为静态和动态两大类，即分为六管静态存储电路及四管、三管和单管动态存储电路等。

(2) 半导体存储器的分类

图 2-3 为半导体存储器的分类情况。

① 随机存取存储器（读写存储器）(random access memory，RAM) 用来存储零件加工程序，或作为工作单元存放各种输出数据、输入数据、中间计算结果，与外存交换信息以及作堆栈用等。其存储单元的内容既可读出又可写入或改写。RAM 可分为双极型 RAM 和

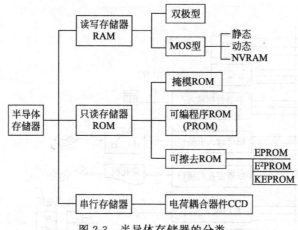

图 2-3   半导体存储器的分类

MOS 型 RAM。双极型 RAM 以晶体管的触发器作为基本存储电路，其存取速度快，但管子较多，集成度比 MOS 型低，功耗大、成本高。MOS 型 RAM 分静态 RAM、动态 RAM 和 NVRAM 三种。静态 RAM 由六管 MOSFET 触发器作为基本存储电路，集成度高于双极型 RAM，但低于动态 RAM。它不需刷新，可省去刷新电路，功耗比双极型低，但比动态 RAM 高，要用电池作为后备电源。动态 RAM 由单管线路组成，靠电容存储电荷，功耗比静态更低，价格也便宜，但需要 2 ms 刷新一次的再生刷新电路。NVRAM（non-volatile random access memory）称为非易失性随机存取存储器，由 RAM、E^2PROM 和控制机构组成，在正常通电工作时与通常的 RAM 一样，但在掉电时能将 RAM 的内容自动保存到 E^2PROM 中，在加电时再由 E^2PROM 恢复 RAM 的内容。

② 只读存储器（read-only memory，ROM）是专门存放系统软件（控制程序、管理程序、表格和常数）的存储器，使用时其存储单元的内容不可改变，即不可写入而只能读出，也不会因断电而丢失内容。ROM 可分为掩模 ROM、可编程序 ROM 和可擦去 ROM 等。

掩模 ROM 线路简单，制造容易，工作可靠，大量生产时价格低廉。可编程序 ROM（PROM）一旦被编程，其内容就不能再改写，只能用其余未使用过的区域进行更改和修补。可擦去 ROM 可分为 EPROM（erasable PROM）、E^2PROM（electrically EPROM）和 KEPROM（keyed-access EPROM）。E^2PROM 与 EPROM 的显著区别在于可用电擦除，其使用比 EPROM 方便，但价格要贵一些。KEPROM 带有密码保护功能，是一种难以破译的只读存储器。

2.1.3   输入/输出接口电路及相应的外部设备

2.1.3.1   I/O 接口

输入/输出（I/O）接口指外设与 CPU 间的连接电路。微机与外设要有输入/输出数据通道，以便交换信息。一般外设与存储器间不能直接通信，须靠 CPU 传递信息，通过 CPU 对 I/O 接口的读或写操作，完成外设与 CPU 间输入或输出信息操作。CPU 向外设送出信息的接口称为输出接口，外设向 CPU 传递信息的接口称为输入接口，此外还有双向接口。

微机中 I/O 接口包括硬件电路和软件两部分。由于 I/O 设备或接口芯片不同，I/O 接口的操作方式也不同，因而应用程序也不同。I/O 接口硬件电路主要由地址译码、I/O 读写译码和 I/O 接口芯片（如数据缓冲器和数据锁存器等）组成。在 CNC 系统中 I/O 的扩展是为控制对象或外部设备提供输入/输出通道，实现机床的控制和管理功能，如开关量控制、逻辑状态监测、键盘、显示器接口等。I/O 接口电路同与其相连的外设硬件电路特性密切相关，如驱动功率、电平匹配、干扰抑制等。

2.1.3.2　外部 I/O 设备及 I/O 接口

（1）MDI/CRT 接口

手动数据输入（MDI）是通过数控面板上的键盘（常为软触键）进行操作的。当 CPU 扫描到按下键的信号时，就将数据送入移位寄存器，其输出经过报警检查。若不报警，数据通过选择器、门电路、移位寄存器、数据总线送入 RAM 中；若报警则数据不送入 RAM。图 2-4 为 MDI 接口框图。

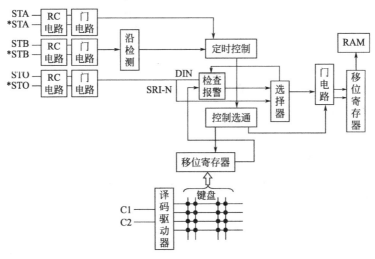

图 2-4　MDI 接口框图

图 2-5 为 CRT 接口框图。CRT 接口在 CNC 软件的配合下，在 9in❶ 单色或 14in 彩色 CRT 上实现字符和图形显示，可以显示程序、参数、各种补偿数据、坐标位置、故障信息、人机对话编程菜单、零件图形（平面或立体）及刀具动态轨迹等。

（2）数据输入/输出接口

CNC 装置控制独立的单台机床时，通常需要与系列设备相接并进行数据的输入、输出。

① 数据输入/输出设备，如光电纸带阅读机（PTR）、纸带穿孔机（PP）、打印机和穿复校设备（TTY）、零件的编程机和可编程控制器的编程机等。

② 外部机床控制面板，尤其是大型机床，为操作方便常在机床上设外部的机床控制面板，可分为固定式或悬挂式两种。

③ 通用的手摇脉冲发生器。

④ 进给驱动和主轴驱动线路。一般情况下它们与 CNC 装置装在同一机柜或相邻机柜内，与 CNC 装置通过内部连线相连，它们之间不设置通用输出/输入接口。

此外，CNC 装置还要与上位主计算机或 DNC 计算机直接通信，或通过工厂局部网络相

---

❶ 1in＝25.4mm。

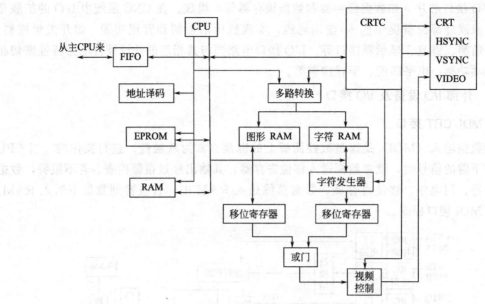

图 2-5　CRT 接口框图

连，从而具有网络通信功能。如西门子公司 SINUMERIK3/8 系统设有 V24（RS-232C）/ 20mA 接口。SINUMERIK850/880 系统除有 RS-232C 接口外，还设有 SINEC H1 和 MAP 网络接口。FANUC15 系统有 RS-422 接口及 MAP3.0 接口板，以便接入工业局部网络。美国 AB 公司 8600 系统为满足 CIMS 通信需要，配置了小型 DNC 接口、远距离 I/O 接口和数据高速通道，以便于工业局部网络通信。

2.1.3.3　机床的 I/O 控制通道

机床的 I/O 控制通道是指微机与机床之间的连接电路。计算机数控系统对机床的控制，通常由数控系统中的 I/O 控制器和 I/O 控制软件共同完成。

（1）I/O 控制器的功能特点

① 能够可靠地传送控制机床动作的控制信息，并能够输入控制机床所需的状态信息。信息形式有三种：数字量 I/O［指传输以二进制形式表示的数字信息，以字节（8 bit）为单位传递］、开关量 I/O（用 1 位二进制数的"0"或"1"表示，如将这些开关量组合按照字节形式处理，将与数字量的 I/O 信号处理方法相同）和模拟量 I/O。

② 能够进行相应的信息转换，以满足 CNC 系统的输入与输出要求。输入时必须将机床的有关状态信息转换成数字形式，以满足计算机的输入信息要求；输出时应满足机床各种有关执行元件的输入要求。信息转换主要包括数字量/模拟量转换（D/A）、模拟量/数字量转换（A/D）、并行的数字量转换成脉冲量、电平转换、电量到非电量的转换、弱电到强电的转换以及功率匹配等。

③ 具有较强的阻断干扰信号进入计算机的能力，以提高系统的可靠性。

（2）I/O 控制器的组成

I/O 控制器常由 I/O 接口、光电隔离电路和信息转换等几部分组成，如图 2-6 所示。微机通过 I/O 接口输出数字量或开关量控制信息，经过光电隔离电路，再经功率放大，驱动相应的执行元件。

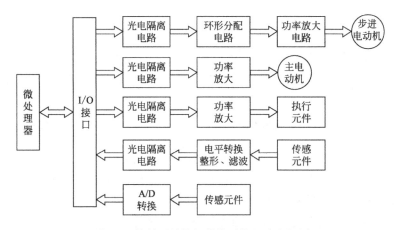

图 2-6　简易型计算机数控系统组成方框图

输入信息时，安装在机床上的有关传感元件的输出信号，先通过电平转换、整形、滤波等处理，经 I/O 接口和光电隔离电路进入微机。I/O 信号均送至接口存储器中的某一位，CPU 定时读取该存储器的状态，并进行判别及作相应处理。同时 CPU 定时向输出接口送出各种控制信号。

（3）典型开关型 I/O 接口

① 输入接口接收机床操作面板各开关、按钮的信号及机床各种限位开关的信号，分为触点输入的接收电路和电压输入的接收电路两种，分别如图 2-7 和图 2-8 所示。

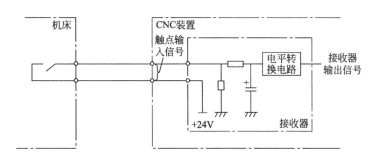

图 2-7　触点输入的接收电路

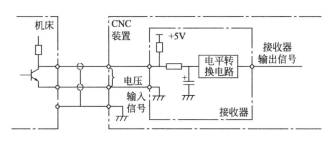

图 2-8　电压输入的接收电路

② 输出接口将机床各种工作状态灯的信息送到机床操作面板，把控制机床动作的信号送到强电柜。它有继电器输出电路和无触点输出电路之分，分别如图 2-9 和图 2-10 所示。

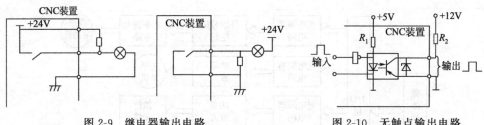

图 2-9　继电器输出电路　　　　　图 2-10　无触点输出电路

③ 光电隔离电路首先通过滤波吸收来抑制干扰信号的产生，然后采用光电隔离的办法使微机与强电部件不共地，阻断干扰信号的传导，同时实现电平转换。光电隔离电路主要由光电耦合器的光电转换元件组成，入端为发光二极管，有电流时（导通）发光，出端为光敏三极管，接收发光二极管的光而导通。这样，入端为高电平时，由于反相器的作用（图 2-10），使发光二极管不通，光敏三极管也不通，输出为高电平，反之输出为低电平（约为零）。同理也可将光电耦合器用于信息的输入。这种器件用于 100 kHz 以下的频率信号。

高速型光电耦合器的输出部分采用光敏二极管和高速开关管组成的复合结构，具有较高的响应速度，如图 2-11（a）所示。图 2-11（b）为达林顿输出光电耦合器件，可直接用于驱动较低频率的负载。图 2-11（c）（d）为晶闸管输出光电耦合器件，输出部分为光控晶闸管，有单向、双向两种，常用在交流大功率的隔离驱动场合。光电隔离电路可组成无触点输出电路。如用晶体管和晶闸管混合集成一体时，即为固态继电器。

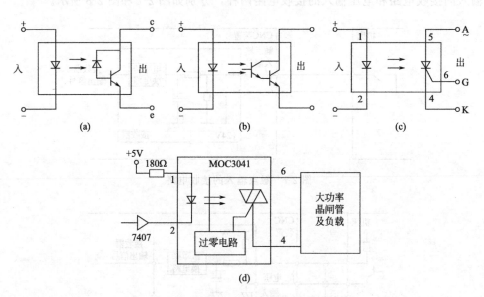

图 2-11　几种常用光电耦合器的结构原理

2.2　CNC 系统的功能

数控系统的功能通常包括基本功能和选择功能，它们主要反映在准备功能 G 指令代码和辅助功能 M 指令代码上。基本功能是数控系统必备的功能，而选择功能是供用户根据机床特点和用途进行选择的功能。根据数控机床的类型、用途、档次的不同，CNC 系统的功能存在很大差别。下面对 CNC 系统的主要功能进行介绍。

2.2.1 基本功能

(1) 控制功能

控制功能是 CNC 系统的主要性能之一。控制功能的强弱取决于控制轴数以及能同时控制的轴数（即联动轴数）。控制轴数越多，特别是同时控制的轴数越多，CNC 系统的功能就越强，同时 CNC 系统也就越复杂，编制程序也越困难。控制轴有移动轴和同转轴、基本轴和附加轴之分。通过轴的联动可以完成轮廓轨迹的加工。一般数控车床只需两轴控制，两轴联动；一般数控铣床需要三轴控制、三轴联动或多轴联动；一般加工中心为多轴控制，三轴联动。

(2) 准备功能

准备功能也称 G 指令代码，它是用来指定机床运动方式的功能，包括基本移动、程序暂停、平面选择、坐标设定、刀具补偿、基准点返回、公制/英制转换和固定循环等。对于点位式的加工机床，如钻床、冲床等，需要点位移动控制系统。对于轮廓控制的加工机床，如车床、铣床、加工中心等，需要控制系统有两个或两个以上的进给坐标具有联动功能。

(3) 插补功能

CNC 系统是通过软件插补来实现刀具运动轨迹控制的。由于轮廓控制的实时性很强，软件插补的计算速度难以满足数控机床对进给速度和分辨率的要求，同时由于 CNC 不断扩展，其他方面的功能也要求减少插补计算所占用的 CPU 时间。数控装置一般都具有直线插补和圆弧插补功能，高档数控装置还具有抛物线插补、螺旋线插补、极坐标插补、正弦插补、样条插补等功能，数据插补是目前采用最多的一种插补方法，它将 CNC 插补功能划分为粗插补和精插补两个步骤，先由软件算出每个插补周期应走的线段长度，即粗插补，再由硬件完成线段长度上的一个个脉冲当量逼近，即精插补。由于数控系统控制加工轨迹的实时性很强，插补计算程序要求不能太长，采用粗精两级插补能满足数控机床高速度和高分辨率的要求。

(4) 进给功能

根据加工工艺要求，CNC 系统的进给功能用于直接指定数控机床各轴的进给速度，用 F 代码表示。进给功能包括以下几种。

① 切削进给速度。以每分钟进给距离（mm/min）的形式进行指定，用字母 F 及其后的数字来表示。

② 同步进给速度。以主轴每转的进给量表示，单位为 mm/r。只有主轴上装有位置编码器的数控机床才能指定同步进给速度，用于切削螺纹的编程。

③ 进给倍率。操作面板上设置了进给倍率开关，倍率可以在 0%～200% 之间变化，每挡间隔 10%。使用倍率开关不用修改程序就可以改变进给速度，并可以在试切零件时随时改变进给速度或在发生意外时随时停止进给。

(5) 主轴功能

主轴功能就是指主轴的转速功能。

① 转速的编码方式。一般用 S 指令代码指定，用地址符 S 后加两位数字或四位数字表示，单位分别为 r/min 和 mm/min。

② 指定恒定线速度。该功能可以保证车床和磨床加工工件端面质量和不同直径的外圆的加工具有相同的切削速度。

③ 主轴定向准停。该功能使主轴在径向的某一位置准确停止，有自动换刀功能的机床必须选取有这一功能的 CNC 装置。

(6) 辅助功能

辅助功能用来指定主轴的启、停和转向，切削液的开和关，刀库的启和停等，一般是开关量的控制，它用 M 指令代码表示，从 M00～M99 共 100 种。各种型号的数控装置具有的辅助功能差别很大，而且有许多是自定义的。

(7) 刀具功能

刀具功能用来选择所需的刀具，刀具功能字以地址符 T 和其后面的 2 位或 4 位数字（刀具的编号）来表示。

(8) 字符、图形显示功能

CNC 控制器可以配置单色或彩色 CRT 或 LCD，通过软件和硬件接口实现字符和图形的显示。通常可以显示程序、参数、各种补偿量、坐标位置、故障信息、人机对话编程菜单、零件图形及刀具实际移动轨迹的坐标等。

(9) 自诊断功能

为了防止故障的发生或在发生故障后可以迅速查明故障的类型和部位，以减少停机时间，CNC 系统中设置了各种诊断程序。不同的 CNC 系统设置的诊断程序是不同的，诊断的水平也不同。诊断程序一般可以包含在系统程序中，在系统运行过程中进行检查和诊断；也可以作为服务性程序，在系统运行前或故障停机后进行诊断，查找故障的部位。有的 CNC 系统可以进行远程通信诊断。

2.2.2 选择功能

(1) 补偿功能

在加工过程中，由于刀具磨损或更换刀具、机械传动中的丝杠螺距误差和反向间隙等，使实际加工出的零件尺寸与程序规定的尺寸不一致，造成加工误差。CNC 装置的补偿功能是通过将补偿量输入到 CNC 系统存储器中，根据编程轨迹重新计算刀具的运动轨迹和坐标尺寸，从而加工出符合要求的工件。补偿功能主要有以下类型：

① 刀具的尺寸补偿。如刀具长度补偿、刀具半径补偿和刀尖圆弧补偿。这些功能可以补偿刀具磨损以及换刀时对准正确位置，简化编程。

② 丝杠的螺距误差补偿和反向间隙补偿或者热变形补偿。通过事先检测出丝杠螺距误差和反向间隙，并输入到 CNC 系统中，在实际加工中进行补偿，从而提高数控机床的加工精度。

（2）通信功能

为了适应柔性制造系统（FMS）和计算机集成制造系统（CIMS）的需求，CNC 装置通常具有 RS-232 通信接口，有的还备有 DNC 接口，可以连接多种输入、输出设备，实现程序和参数的输入、输出和存储；有的 CNC 装置也可以通过制造自动化协议（MAP）相连，接入工厂的通信网络。

（3）固定循环功能

用数控机床加工零件，一些常用的加工工序，如钻孔、镗孔、深孔钻削、攻螺纹等，所需完成的动作循环十分典型，将这些典型动作预先编好程序并存储在内存中，用代码指令形成固定循环功能。采用固定循环功能可大大简化程序编制，它主要可划分为钻孔循环、镗孔循环、攻螺纹循环、复合加工循环等。另外，采用子程序、宏程序也可简化编程，并扩大编程功能。

（4）人机交互图形编程功能

为了进一步提高数控机床的编程效率，对于 NC 程序的编制，特别是较为复杂零件的 NC 程序都要通过计算机辅助编程，尤其是利用图形进行自动编程，以提高编程效率。因此，现代 CNC 系统一般要求具有人机交互图形编程功能。有这种功能的 CNC 系统可以根据零件图直接编制程序，即编程人员只需送入图样上简单表示的几何尺寸就能自动地计算出全部交点、切点和圆心坐标，生成加工程序。有的 CNC 系统可根据引导图和显示说明进行对话式编程，并具有工序、刀具和切削条件的自动选择等智能功能。有的 CNC 系统还备有用户宏程序功能（如日本 FANUC 系统）。这些功能有助于使那些未受过 CNC 编程训练的机械操作工人很快地进行程序编制工作。

2.3　CNC 系统的工作流程

CNC 装置的工作流程是在硬件环境支持下，按照系统监控软件的控制逻辑，对输入、译码、刀具补偿、进给速度处理、插补运算、位置控制、I/O 接口处理、显示和诊断等方面进行控制的全过程。CNC 系统工作流程的实质就是 CNC 装置的工作流程，如图 2-12 所示。

下面对 CNC 系统工作流程所涉及的主要内容进行介绍。

（1）输入

输入 CNC 系统的通常有零件加工程序、机床参数和刀具补偿参数。机床参数一般在机床出厂或用户安装调试时已经设定好，因此输入 CNC 系统的主要是零件加工程序和刀具补偿数据。输入方式有纸带输入、键盘输入、磁盘输入、连接上位计算机 DNC 通信输入、网络输入等。从 CNC 装置工作方式看，有存储工作方式和 NC 工作方式。存储工作方式是将整个零件程序一次全部输入到 CNC 内部存储器中，加工时再从存储器中把程序逐个调出，该方式应用较多；NC 工作方式是 CNC 一边输入一边加工的方式，即在前一程序段加工时，输入后一个程序段的内容。CNC 装置在输入过程中通常还要完成无效码删除、代码校验和代码转换等工作。高档 CNC 装置本身已包含一套自动编程系统或 CAD/CAM 系统，只需采用键盘输入相应的信息，数控装置本身就能生成数控加工程序。

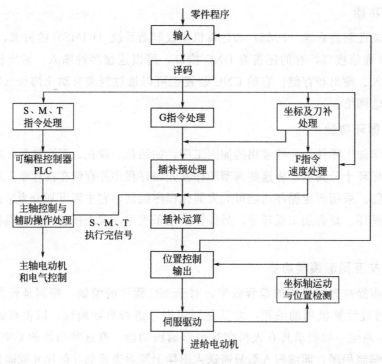

图 2-12　CNC 系统的工作流程

（2）译码

译码是以零件加工程序的一个程序段为单位进行处理的，把其中零件的轮廓信息（起点、终点、直线或圆弧等），F、S、T、M 等信息按一定的语法规则解释（编译）成计算机能够识别的数据形式，并以一定的数据格式存放在指定的内存专用区域。编译过程中还要进行语法检查，发现错误立即报警。

（3）刀具补偿

刀具补偿包括刀具半径补偿和刀具长度补偿。为了方便编程人员编制零件加工程序，编程时是以零件轮廓轨迹来编程的，与刀具尺寸无关。程序输入和刀具参数输入分别进行。刀具补偿的作用是把零件轮廓轨迹按系统存储的刀具尺寸数据自动转换成刀具中心（刀位点）相对于工件的移动轨迹。

刀具补偿包括 B 功能和 C 功能。在较高档次的 CNC 中一般应用 C 功能，C 功能能够进行程序段之间的自动转接和过切削判断等。

（4）进给速度处理

进给速度处理是 CNC 装置在实时插补前要完成的一项重要准备工作。因为数控加工程序给定的刀具移动速度是在各个坐标合成运动方向上的速度，即 F 代码的指令值，因此要将各坐标合成运动方向上的速度分解成各进给运动坐标方向的分速度，为插补时计算各进给坐标的行程量做准备。此外，还要对机床允许的最低和最高速度的限制进行判别处理，有的数控机床的 CNC 软件还须对进给速度进行自动加速和减速的处理。

（5）插补

插补的主要任务是在一条给定起点和终点的曲线上进行"数据点的密化"。插补程序在每个规定的周期（插补周期）内运行一次，即在每个周期内，根据指令进给速度计算出一个微小的直线数据段，通常经过若干个插补周期后，插补完一个程序段的加工，也就完成了从程序段起点到终点的"数据密化"工作。插补程序执行的时间直接决定了进给速度的大小，因此，插补计算的实时性很强。只有尽量缩短每一次插补运算的时间，才能提高最大进给速度和留有一定的空闲时间，以便更好地处理其他工作。

（6）位置控制

位置控制装置位于伺服系统的位置环上，其主要任务是在每个采样周期内，将插补计算出的理论位置与实际反馈位置进行比较，用其差值去控制进给伺服电动机。在位置控制中，通常还要完成位置回路的增益调整、各坐标方向的螺距误差补偿和反向间隙补偿等，以提高机床的定位精度。位置控制可由软件完成，也可由硬件完成。

（7）I/O 接口

CNC 系统的 I/O 接口是 CNC 系统与机床之间的信息传递和变换的通道。其作用包括两方面：一是将机床运动过程中的有关参数输入到 CNC 中；二是将 CNC 的输出命令（如换刀、主轴变速换挡、加冷却液等）变为执行机构的控制信号，实现对机床的控制。

（8）显示

CNC 系统的显示装置有 CRT 显示器或 LCD 数码显示器，一般位于机床的控制面板上，其主要作用是便于操作者对机床进行操作和控制。CNC 装置的显示内容通常有零件程序、加工参数、刀具位置、机床状态、报警信息等。有的 CNC 装置中还具有刀具加工轨迹的静态和动态模拟加工图形显示。

2.4　运动轨迹的插补原理

2.4.1　插补的基本概念

插补模块是整个数控系统中一个极其重要的功能模块，其算法的选择将直接影响到系统的精度、速度及加工能力范围等。

根据零件图编写出数控机床加工程序后，由光电阅读机等输入设备将其传送到数控系统内部，然后经过数控系统软件的译码和预处理后，就开始进行插补运算处理。所谓插补（interpolation），就是根据零件轮廓尺寸，结合精度和工艺等方面的要求，在已知的这些特征点之间插入一些中间点的过程。换句话说，就是"数据点的密化"。当然，中间点的插入是根据一定的算法由数控系统软件或硬件自动完成，以此来协调控制各坐标轴的运动，从而获得所要求的运动轨迹。

直线和圆弧是构成被加工零件轮廓的基本线型，所以绝大多数 CNC 系统都具有直线和圆弧插补功能，下面将对此进行重点介绍。而对于某些高档数控系统中所具有的椭圆、抛物线、螺旋线等复杂线型的插补功能，可以参阅有关书目。

机床数控系统轮廓控制的主要任务就是控制刀具或工件的运动轨迹。无论是普通数控（硬件数控 NC）系统，还是计算机数控（CNC、MNC）系统，都必须有完成插补功能的装置——插补器。NC 系统中插补器由数字电路组成，称为硬件插补，而在 CNC 系统中，插

补器功能由软件来实现，称为软件插补。无论是软件数控还是硬件数控，其插补的运算原理基本相同，其作用都是根据进给速度的要求，计算出每一段零件轮廓起点与终点之间所插入中间点的坐标值。在计算过程中不断向各个坐标发出相互协调的进给脉冲，使被控机械部件按指定的路线移动。

由于插补是数控系统的主要功能，它直接影响数控机床加工的质量和效率。对插补器的基本要求是：

① 插补所需的原始数据较少；

② 有较高的插补精度，插补结果没有累计误差，局部偏差不能超过允许的误差；

③ 沿着进给路线的进给速度恒定且符合加工要求；

④ 硬件线路简单可靠，软件插补方法简捷，计算速度快。

2.4.2 插补方法的分类

随着计算机技术的迅速发展，插补方法也在不断地进行自我完善和更新。由于插补的速度直接影响到数控系统的速度，而插补的精度又直接影响整个数控系统的精度，因此，人们一直在努力探求一种计算速度快并且精度又高的插补方法。但插补速度与插补精度之间是互相制约、互相矛盾的，这时必须进行折中的选择。根据插补所采用的原理和计算方法的不同，有许多插补方法，目前应用的分为两类。

(1) 基准脉冲插补

又称为行程标量插补或脉冲增量插补。这种插补方法的特点是每次插补结束，数控装置向每个运动坐标输出基准脉冲序列，每个脉冲代表了最小位移，脉冲序列的频率代表了坐标运动速度，而脉冲的数量表示移动量。属于这类插补方法的有：数字脉冲插补相乘法、逐点比较法、数字积分法以及一些相应的改进方法等。

基准脉冲插补方法就是通过向各个运动轴分配脉冲，控制机床坐标轴做相互协调的运动，从而加工出一定形状的零件轮廓的方法。显然，这类插补方法的输出是脉冲形式，并且每次仅产生一个单位的行程增量，故称为脉冲增量插补。而每个单位脉冲对应坐标轴的位移量大小，称为脉冲当量。脉冲当量是脉冲分配的基本单位，也对应于内部数据处理的一个二进制位，它决定了数控机床的加工精度，对于普通数控机床一般取 $\delta=0.01$mm，对于较为精密的数控机床一般取 $\delta=0.005$mm、0.0025mm 或 0.001mm 等。

由于这类插补方法比较简单，通常仅需几次加法和移位操作就可完成，比较容易用硬件实现，这也正是硬件数控系统较多采用这类算法的主要原因。当然，也可用软件来模拟硬件实现这类插补运算。

一般来讲，这类插补方法较适合于中等精度（如 0.01mm）和中等速度（如 $1\sim3$m/min）的机床 CNC 系统中。由于脉冲增量插补误差不大于一个脉冲当量，并且其输出的脉冲速率主要受插补程序所用时间的限制，所以，CNC 系统精度与切削速度之间是相互影响的。譬如实现某脉冲增量插补方法大约需要 40μs 的处理时间，当系统脉冲当量为 0.001mm时，则可求得单个运动坐标轴的极限速度约为 1.5m/min。当要求控制两个或两个以上坐标轴时，所获得的轮廓速度还将进一步降低。反之，如果将系统单轴极限速度提高到 15m/min，则要求将脉冲当量增大到 0.01mm。可见，CNC 系统中这种制约关系就限制了其精度和速度的提高。

（2）数据采样插补

数据采样插补又称为时间标量插补或数字增量插补，这类插补方法的特点是数控装置产生的不是单个脉冲，而是标准二进制字。插补运算分两步完成，第一步为粗插补，它是在给定起点和终点的曲线之间插入若干个点，即用若干条微小直线段来逼近给定曲线，每一微小直线段的长度 ΔL 都相等，且与给定进给速度有关，粗插补在每个插补运算周期中计算一次，因此，每一微小直线段的长度 ΔL 与进给速度 F 和插补周期 T 有关，即 $\Delta L = FT$；第二步为精插补，它是在粗插补算出的每一微小直线段的基础上再做"数据点的密化"工作，这一步相当于对直线的脉冲增量插补。

数据采样插补方法适用于闭环、半闭环，以直流和交流伺服电动机为驱动装置的位置采样控制系统。粗插补在每个插补周期内计算出坐标实际位置增量值，而精插补则在每个采样周期内，对闭环或半闭环反馈位置增量值及插补输出的指令位置增量值进行采样，然后算出各坐标轴相应的插补指令位置和实际反馈位置，并将二者比较，求得跟随误差。根据所求得的跟随误差算出相应轴的进给速度，并输给驱动装置。一般粗插补用软件实现，而精插补可以用软件，也可以用硬件实现。如时间分割插补法、扩展 DDA 数据采样插补法就是数据采样插补。

在这类数控系统中，每调用一次插补程序，就计算出坐标轴在每个插补周期中的位置增量，然后求得坐标轴相应的位置给定值，再与采样所获得的实际位置反馈值相比较，求得位置跟踪误差。位置伺服软件就根据当前的位置误差计算出进给坐标轴的速度给定值，并将其输出给驱动装置，然后通过电动机带动丝杠和工作台朝着减小误差的方向运动，以保证整个系统的加工精度。

当数控系统选用数据采样插补时，由于插补频率较低，大约在 $50 \sim 125\,\mathrm{Hz}$，插补周期约为 $8 \sim 20\,\mathrm{ms}$，这时使用计算机是易于管理和实现的。一般情况下，要求插补程序的运行时间不多于计算机时间负荷的 $30\% \sim 40\%$，而在余下的时间内，计算机可以去完成数控加工程序编制、存储、收集运行状态数据、监视机床等其他数控功能。这时，数控系统所能达到的最大轨迹速度在 $10\,\mathrm{m/min}$ 以上，也就是说数据采样插补程序的运行时间已不再是限制轨迹速度的主要因素，其轨迹速度的上限将取决于圆弧弦线误差以及伺服系统的动态响应特性。

（3）插补加强

目前为了克服高性能数控系统中微型计算机在速度和字长等方面的不足，还可采用以下几种形式进行弥补和加强：

① 采用软件/硬件相配合的两级插补方案。在这类数控系统中，为了减轻计算机插补时间负荷，将整个插补任务分成两步完成，即由计算机插补软件先将加工零件的轮廓段按 $10 \sim 20\,\mathrm{ms}$ 的插补周期分割成若干段，这个过程称为粗插补；接着利用附加的硬件插补器进一步对粗插补输出的微小直线段进行插补，并形成输出脉冲，这个过程称为精插补。上述粗插补过程能完成插补任务的绝大部分计算量，而时间花费要比用一级软件插补的方案小得多，这样可大大缓和实时插补与多任务控制之间的矛盾。例如 FANUC 公司生产的 SYSTEM-5 数控系统就是采用这种方案实现的。

② 采用多 CPU 的分布式处理方案。在这类系统中，首先将数控系统的全部功能划分为几个子功能模块，并分别分配一个独立的 CPU 来完成该项子功能，然后由系统软件来协调各个 CPU 之间的工作。美国麦克唐纳·道格拉斯公司的 Action Ⅲ 型数控系统就是一个典型的代表，它采用四台微处理器分别实现输入/输出、轮廓插补及进给速度控制功能、坐标轴伺服功能、数控加工程序编辑和 CRT 显示功能。这种系统具有较高的性价比，代表着数控技术发展的一个方向。

③ 采用单台高性能微型计算机方案。在这类系统中，采用性能极强的微型计算机来完成整个数控系统的软件功能。例如西门子公司生产的 System-7 系统和 810 系统等均是采用一台 16 位的高速微型计算机来实现，其性能比较强，几乎可与小型计算机相匹敌。值得庆幸的是，目前 16 位和 32 位的微型计算机技术已经成熟，并转入应用阶段，其处理速度可达到 300MHz 以上，综合性能甚至已经超过原来小型机的能力，应用在这种场合再合适不过。所以，以单台微型计算机为基础的数控系统仍将处于进一步发展之中。

2.4.3 逐点比较法

逐点比较法的基本原理是：在刀具按要求轨迹运动加工零件轮廓的过程中，不断比较刀具与被加工零件轮廓之间的相对位置，并根据比较结果决定下一步的进给方向，使刀具向减小偏差的方向进给，且只有一个方向的进给。也就是说，逐点比较法每一步均要比较加工点瞬时坐标与规定零件轮廓之间的距离，依此决定下一步的走向，如果加工点走到轮廓外面去了，则下一步要朝着轮廓内部走，如果加工点处在轮廓的内部，则下一步要向轮廓外面走，以缩小偏差，周而复始，直至全部结束，从而获得一个非常接近于数控加工程序规定轮廓的轨迹。

一般来讲，逐点比较法插补过程中每进给一步都要经过如下四个节拍的处理：

第一节拍：偏差判别。判别刀具当前位置相对于给定轮廓的偏差情况，即通过偏差值符号确定加工点处于规定轮廓的外面还是里面，并以此决定刀具进给方向。

第二节拍：坐标进给。根据偏差判别结果，控制相应坐标轴进给一步，使加工点向规定轮廓靠拢，从而减小偏差。

第三节拍：偏差计算。刀具进给一步后，计算新的加工点与规定轮廓之间新的偏差，作为下一步偏差判别的依据。

第四节拍：终点判别。每进给一步均要修正总步数，并判别刀具是否到达被加工零件轮廓的终点，若到达则结束，否则继续循环以上四个节拍，直至终点为止。

逐点比较法既可实现直线插补，也可实现圆弧插补。其特点是运算简单，过程清晰，插补误差小于一个脉冲当量，输出脉冲均匀，而且输出脉冲速度变化小，调节方便，但不易实现两坐标以上的插补，因此在两坐标数控机床中应用较为普遍。

(1) 逐点比较法第一象限直线插补

如图 2-13 所示，第一象限直线 OE，起点 O 为坐标原点，终点 E 坐标为 (X_E, Y_E)，还有一个动点为 $N(X_i, Y_i)$，现假设动点 N 正好处于直线上，则有下式成立

$$\frac{Y_i}{X_i} = \frac{Y_E}{X_E} \tag{2-1a}$$

即
$$X_E Y_i - X_i Y_E = 0 \tag{2-1b}$$

假设动点处于 OE 的下方 N' 处，则直线 ON' 的斜率小于直线 OE 的斜率，从而有

$$\frac{Y_i}{X_i} < \frac{Y_E}{X_E} \tag{2-2a}$$

即
$$X_E Y_i - X_i Y_E < 0 \tag{2-2b}$$

假设动点处于 OE 的上方 N'' 处，则直线 ON'' 的斜率大于直线 OE 的斜率，从而有下式成立

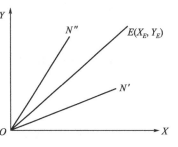

图 2-13　第一象限动点与直线

$$\frac{Y_i}{X_i} > \frac{Y_E}{X_E} \tag{2-3a}$$

即
$$X_E Y_i - X_i Y_E > 0 \tag{2-3b}$$

由以上关系式可以看出，$X_E Y_i - X_i Y_E$ 的符号反映了动点 N 与直线 OE 之间的偏离情况，因此取偏差函数为

$$F = X_E Y_i - X_i Y_E \tag{2-4}$$

依此可总结出动点 $N(X_i，Y_i)$ 与设定直线 OE 之间的相对位置关系如下：

ⅰ. 当 $F=0$ 时，动点 $N(X_i，Y_i)$ 正好处在直线 OE 上；

ⅱ. 当 $F>0$ 时，动点 $N(X_i，Y_i)$ 落在直线 OE 上方区域；

ⅲ. 当 $F<0$ 时，动点 $N(X_i，Y_i)$ 落在直线 OE 下方区域。

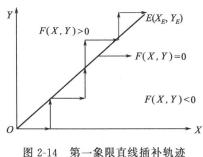

图 2-14　第一象限直线插补轨迹

在图 2-14 中，假设 OE 为要加工的直线轮廓，而动点 $N(X_i，Y_i)$ 对应切削刀具的位置。显然，当刀具处于直线下方区域时（$F<0$），为了更靠拢直线轮廓，则要求刀具向 $+Y$ 方向进给一步；当刀具处于直线上方区域时（$F>0$），为了更靠拢直线轮廓，则要求刀具向 $+X$ 方向进给一步；当刀具正好处于直线上时（$F=0$），理论上既可向 $+X$ 方向进给一步，也可向 $+Y$ 方向进给一步，但一般情况下约定向 $+X$ 方向进给，从而将 $F>0$ 和 $F=0$ 两种情况归于一类（$F \geqslant$
0）。根据上述原则从原点 $O(0，0)$ 开始，走一步，算一算，判别 F 符号，再趋向直线进给，步步前进，直至终点 E。这样，通过逐点比较的方法，控制刀具走出一条尽量接近零件轮廓直线的轨迹，如图 2-15 中折线所示。当每次进给的台阶（即脉冲当量）很小时，就可将这条折线近似当作直线来看待。显然，逼近程度的大小与脉冲当量的大小直接相关。

由式（2-4）可以看出，每次求 F 时，要作乘法和减法运算，而这在使用硬件或汇编语言软件实现时不太方便，还会增加运算时间。因此，为了简化运算，通常采用递推法，即每进给一步后，新加工点的加工偏差值通过前一点的偏差递推算出。

现假设第 i 次插补后，动点坐标为 $N(X_i，Y_i)$，偏差函数为

$$F_i = X_E Y_i - X_i Y_E$$

若 $F_i \geqslant 0$，则向 $+X$ 方向进给一步，新的动点坐标值为

$$X_{i+1} = X_i + 1，Y_{i+1} = Y_i$$

因此新的偏差函数为

$$F_{i+1}=X_E Y_{i+1}-X_{i+1} Y_E=X_E Y_i-X_i Y_E-Y_E=F_i-Y_E \tag{2-5}$$

同样，若 $F<0$，则向 $+Y$ 方向进给一步，新的动点坐标值为

$$X_{i+1}=X_i, \quad Y_{i+1}=Y_i+1$$

因此新的偏差函数为

$$F_{i+1}=X_E Y_{i+1}-X_{i+1} Y_E=X_E Y_i-X_i Y_E+X_E=F_i+X_E \tag{2-6}$$

根据式（2-5）和式（2-6）可以看出，采用递推算法后，偏差函数 F 的计算只与终点坐标值 X_E、Y_E 有关，而不涉及动点坐标 X_i、Y_i 之值，且不需要进行乘法运算，新动点的偏差函数可由上一个动点的偏差函数值递推出来，因此算法相当简单，易于实现。

综上所述，第一象限内偏差函数与进给方向的对应关系如下：

当 $F \geqslant 0$ 时，进给 $+X$ 方向，新的偏差函数为 $F_{i+1}=F_i-Y_E$。

当 $F<0$ 时，进给 $+Y$ 方向，新的偏差函数为 $F_{i+1}=F_i+X_E$。

前面讲过，在插补计算、进给的同时还要进行终点判别，若已经到达终点，就不再进行插补运算，并发出停机或转换新程序段的信号，否则返回继续循环插补。具体讲，终点判别有三种方法。

第一种方法称为总步长法。首先求出被插补直线在两个坐标轴方向上应走的总步数

$$\Sigma = |X_E| + |Y_E| \tag{2-7}$$

然后每插补一次，不论哪个轴进给一步，均从总步数中减去 1，这样当总步数减到零时即表示已到达终点。

第二种方法称为投影法。首先求出被插补直线终点坐标值中较大的一个作为计数值

$$\Sigma = \max(|X_E|, |Y_E|) \tag{2-8}$$

在插补过程中，每当终点坐标绝对值较大的那个轴进给时就从计数单元中减去 1，当减到零时表示已经到达终点。

第三种方法称为终点坐标法。即取被插补直线终点坐标分别作为计数单元，然后在插补过程中，如果进给了 $+X$ 方向，则使 Σ_1 减去 1；如果进给了 $+Y$ 方向，则使 Σ_2 减去 1，这样当 Σ_1 和 Σ_2 均减到零时，才表示到达终点位置

$$\Sigma_1 = |X_E|, \quad \Sigma_2 = |Y_E| \tag{2-9}$$

在上述推导和叙述过程中，均假设所有坐标值的单位是脉冲当量，这样坐标值均是整数，每次发出一个单位脉冲，也就是进给一个脉冲当量的距离。

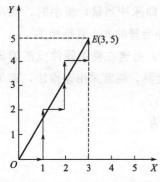

图 2-15　第一象限直线插补实例

【例 2-1】现欲加工第一象限直线 OE，设终点坐标为 $E(X_E, Y_E)=E(3,5)$，试用逐点比较法进行插补。

解　总步数 $\Sigma_0 = 3+5 = 8$，开始时刀具处于直线起点（原点），$F_0=0$，则插补运算过程如表 2-1 所示，插补轨迹如图 2-15 所示。

在这里要注意的是，对于逐点比较法插补，在起点和终点处刀具均落在零件轮廓上，也就是说在插补开始和结束时偏差值均为零，即 $F=0$，否则说明插补过程中出现了错误。

表 2-1　第一象限直线插补运算过程

序号	工作节拍			
	偏差判别	坐标进给	偏差计算	终点判别
0			$F_0=0$	$\Sigma=8$
1	$F_0=0$	$+\Delta X$	$F_1=F_0-Y_E=0-5=-5$	$\Sigma=8-1=7$
2	$F_1=-5<0$	$+\Delta Y$	$F_2=F_1+X_E=-5+3=-2$	$\Sigma=7-1=6$
3	$F_2=-2<0$	$+\Delta Y$	$F_3=F_2+X_E=-2+3=+1$	$\Sigma=6-1=5$
4	$F_3=+1>0$	$+\Delta X$	$F_4=F_3-Y_E=1-5=-4$	$\Sigma=5-1=4$
5	$F_4=-4<0$	$+\Delta Y$	$F_5=F_4+X_E=-4+3=-1$	$\Sigma=4-1=3$
6	$F_5=-1<0$	$+\Delta Y$	$F_6=F_5+X_E=-1+3=+2$	$\Sigma=3-1=2$
7	$F_6=+2>0$	$+\Delta X$	$F_7=F_6-Y_E=2-5=-3$	$\Sigma=2-1=1$
8	$F_7=-3<0$	$+\Delta Y$	$F_8=F_7+X_E=-3+3=0$	$\Sigma=1-1=0$

(2) 逐点比较法第一象限逆圆插补

在圆弧加工过程中，要描述刀具位置与被加工圆弧之间的相对关系，可用动点到圆心的距离大小来反映。

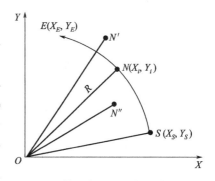

图 2-16　第一象限逆圆与动点的关系

如图 2-16 所示，假设被加工的零件轮廓为第一象限逆圆弧 $\overset{\frown}{SE}$，刀具在动点 $N(X_i，Y_i)$ 处，圆心为 $O(0，0)$，半径为 R，则通过比较该动点到圆心的距离与圆弧半径之间的大小就可反映出动点与圆弧之间的相对位置关系，即当动点 $N(X_i，Y_i)$ 正好落在圆弧 $\overset{\frown}{SE}$ 上时，则有下式成立

$$X_i^2+Y_i^2=X_E^2+Y_E^2=R^2 \tag{2-10}$$

当动点 N 落在圆弧 $\overset{\frown}{SE}$ 外侧（如在 N' 处）时，则有下式成立

$$X_i^2+Y_i^2>X_E^2+Y_E^2=R^2 \tag{2-11}$$

当动点 N 落在圆弧 $\overset{\frown}{SE}$ 内侧（如在 N'' 处）时，则有下式成立

$$X_i^2+Y_i^2<X_E^2+Y_E^2=R^2 \tag{2-12}$$

因此，现取圆弧插补时的偏差函数表达式为

$$F=X_i^2+Y_i^2-R^2 \tag{2-13}$$

进一步可以从图中直观看出，当动点处于圆外时，为了减小加工误差，则应向圆内进给，即走 $-X$ 方向一步。当动点落在圆弧内部时，为了缩小加工误差，则应向圆外进给，即走 $+Y$ 方向一步。当动点正好落在圆弧上时，为了使加工进给继续下去，$+Y$ 和 $-X$ 两个方向均可以进给，但一般情况下约定向 $-X$ 方向进给。

综上所述，可总结出逐点比较法 Ⅰ 象限逆圆弧插补的规则如下：

当 $F>0$ 时，即 $F=X_i^2+Y_i^2-R^2>0$，动点在圆外，则向 $-X$ 方向进给一步；

当 $F=0$ 时，即 $F=X_i^2+Y_i^2-R^2=0$，动点正好在圆上，则向 $-X$ 方向进给一步；

当 $F<0$ 时，即 $F=X_i^2+Y_i^2-R^2<0$，动点在圆内，则向 $+Y$ 方向进给一步；

在式（2-13）中，要求出偏差 F 之值，先要进行平方运算，为简化计算，进一步推导

其相应的递推形式表达式。

现假设第 i 次插补后，动点坐标为 $N(X_i, Y_i)$，对应偏差函数为

$$F_i = X_i^2 + Y_i^2 - R^2$$

若 $F \geqslant 0$，则向 $(-X)$ 轴方向进给一步，获得新的动点坐标值为

$$X_{i+1} = X_i - 1, \quad Y_{i+1} = Y_i$$

因此，新的偏差函数为

$$F_{i+1} = X_{i+1}^2 + Y_{i+1}^2 - R^2 = (X_i - 1)^2 + Y_i^2 - R^2$$
$$F_{i+1} = F_i - 2X_i + 1 \tag{2-14}$$

同理，若 $F_i < 0$，则向 $(+Y)$ 轴方向进给一步，获得新的动点坐标值为

$$X_{i+1} = X_i, \quad Y_{i+1} = Y_i + 1$$

因此，可求得新的偏差函数为

$$F_{i+1} = X_{i+1}^2 + Y_{i+1}^2 - R^2 = X_i^2 + (Y_i + 1)^2 - R^2$$
$$F_{i+1} = F_i + 2Y_i + 1 \tag{2-15}$$

通过式（2-14）和式（2-15）可以看出如下两个特点：第一是递推形式的偏差计算公式中除加/减运算外，只有乘 2 运算，而乘 2 可等效成二进制数左移一位，显然比原来平方运算简单得多；第二是进给后新的偏差函数值除与前一点的偏差值有关外，还与动点坐标 $N(X_i, Y_i)$ 有关（这与直线插补不相同），而动点坐标值随着插补的进行是变化的，所以，在插补的同时还必须修正新的动点坐标，以便为下一步的偏差计算作好准备。至此，可总结出 I 象限逆圆弧插补的规则和计算公式如下：

当 $F \geqslant 0$ 时，进给 $-X$ 方向，新偏差值为 $F_{i+1} = F_i - 2X_i + 1$，动点坐标为 $X_{i+1} = X_i - 1$，$Y_{i+1} = Y_i$；

当 $F < 0$ 时，进给 $+Y$ 方向，新偏差值为 $F_{i+1} = F_i + 2Y_i + 1$，动点坐标为 $X_{i+1} = X_i$，$Y_{i+1} = Y_i + 1$。

与直线插补一样，插补过程中也要进行终点判别。对于圆弧仅在一个象限内的情况，则仍然可借用直线终点判别的三种方法，只是公式稍有不同

$$\Sigma = |X_E - X_S| + |Y_E - Y_S| \tag{2-16}$$
$$\Sigma = \max\{|X_E - X_S|, |Y_E - Y_S|\} \tag{2-17}$$
$$\Sigma_1 = |X_E - X_S|, \quad \Sigma_2 = |Y_E - Y_S| \tag{2-18}$$

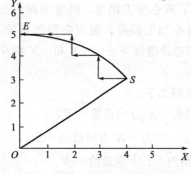

图 2-17 第一象限逆圆插补实例

【例 2-2】现欲加工第一象限逆圆 $\overset{\frown}{SE}$，如图 2-17 所示，起点 $S(X_S, Y_S) = S(4, 3)$，终点 $E(X_E, Y_E) = E(0, 5)$，试用逐点比较法进行插补。

解 总步数 $\Sigma = |X_E - X_S| + |Y_E - Y_S| = 6$，开始时刀具处于圆弧起点 $S(4, 3)$ 处，$F_0 = 0$。

根据上述插补方法可获得如表 2-2 所示插补过程，对应的插补轨迹如图 2-17 中折线所示。

表 2-2　第一象限逆圆插补运算过程

序号	工作节拍			
	偏差判别	坐标进给	偏差计算	终点判别
0			$F_0 = 0$	$\sum = 6$
1	$F_0 = 0$	$-\Delta X$	$F_1 = 0 - 2 \times 4 + 1 = -7$	$\sum = 6 - 1 = 5$
2	$F_1 = -7 < 0$	$+\Delta Y$	$F_2 = -7 + 2 \times 3 + 1 = 0$	$\sum = 5 - 1 = 4$
3	$F_2 = 0$	$-\Delta X$	$F_3 = 0 - 2 \times 3 + 1 = -5$	$\sum = 4 - 1 = 3$
4	$F_3 = -5 > 0$	$+\Delta Y$	$F_4 = -5 + 2 \times 4 + 1 = 4$	$\sum = 3 - 1 = 2$
5	$F_4 = 4 > 0$	$-\Delta X$	$F_5 = 4 - 2 \times 2 + 1 = 1$	$\sum = 2 - 1 = 1$
6	$F_5 = 1 > 0$	$-\Delta X$	$F_6 = 1 - 2 \times 1 + 1 = 0$	$\sum = 1 - 1 = 0$

（3）逐点比较法合成进给速度

经过前面的讨论可知，逐点比较法插补器是按照一定算法向多个坐标轴分配进给脉冲，从而控制坐标轴的移动。显然，脉冲的频率就决定了进给速度的大小。

由于合成进给速度将影响加工零件的表面粗糙度，而在插补过程中，总希望合成进给速度恒等于编程进给速度或只在允许的较小范围内变化。但事实上，合成进给速度 V 与插补计算方法、脉冲源频率、零件轮廓段的线型和尺寸均有关系，所以，在这里有必要对逐点比较法的合成进给速度进行分析。

逐点比较法的特点是脉冲源每发出一个脉冲，就进给一步，并且不是发向 X 轴（$+X$ 方向或 $-X$ 方向），就是发向 Y 轴（$+Y$ 方向或 $-Y$ 方向），因此有下式成立

$$f_{MF} = f_X + f_Y \tag{2-19}$$

从而对应于 X 轴和 Y 轴的进给速度为

$$V_X = 60 \delta f_X \tag{2-20a}$$
$$V_Y = 60 \delta f_Y \tag{2-20b}$$

故求得合成进给速度为

$$V = (V_X^2 + V_Y^2)^{1/2} = 60 \delta (f_X + f_Y)^{1/2} \tag{2-21}$$

式中　　f_{MF}——脉冲源频率，Hz；

　　　　f_X——X 轴进给脉冲频率，Hz；

　　　　f_Y——Y 轴进给脉冲频率，Hz；

　　　　δ——脉冲当量，mm。

当 $f_X = 0$ 或 $f_Y = 0$ 时，也就是刀具沿平行于坐标轴的方向切削，这时对应切削速度为最大，相应的速度称为脉冲源速度，即

$$V_{MF} = 60 \delta f_{MF} \tag{2-22}$$

合成速度与脉冲源速度之比为

$$\frac{V}{V_{MF}} = \frac{(V_X^2 + V_Y^2)^{1/2}}{V_{MF}} = \frac{(V_X^2 + V_Y^2)^{1/2}}{V_X + V_Y} = \frac{1}{\sin\alpha + \cos\alpha} \tag{2-23}$$

现绘出 V/V_{MF} 随 F 而变化的关系曲线如图 2-18 所示。

可见，当编程进给速度确定了脉冲源频率 f_{MF} 后，实际获得的合成进给速度 V 并非就一直等于 V_{MF}，而与角 α 有关。当 $\alpha = 0°$（90°）时，$(V/V_{MF})_{max} = 1$，即正好等于编程速

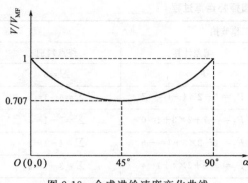

图 2-18　合成进给速度变化曲线

度；当 $\alpha=45°$ 时，$(V/V_{MF})_{min}=0.707$，即实际进给速度小于编程速度。这也就是说，在编程进给速度确定了脉冲源频率不变的情况下，逐点比较法直线插补的合成进给速度随着被插补直线与 X 轴的夹角 α 而变化，且其变化范围为 $V=(0.707\sim1.0)V_{MF}$，最大合成进给速度与最小合成进给速度之比为 $V_{max}/V_{min}=1.414$，这对于一般机床加工来讲还是能够满足要求的。

同理，对于圆弧插补的合成进给速度分析也可仿此进行，并且结论也一样，只是这时的 α 角是指动点到圆心连线与 X 轴之间的夹角。

总之，通过上述合成进给速度分析可知，逐点比较法插补方法的进给速度是比较平稳的。

2.4.4　数字积分法

（1）数字积分法的特点

数字积分法又称 DDA（digital differential analyzer）法，是利用数字积分的方法计算刀具各坐标轴的位移，以便加工出所需要的轨迹。采用 DDA 法进行插补，具有运算速度快、逻辑功能强、脉冲分配均匀等特点，可以实现一次、二次甚至高次曲线的插补，适合于多坐标联动控制。只要输入很少的几个数据，就能加工出比较复杂的曲线轨迹，精度也能满足要求。一般 CNC 数控系统常使用这种插补方法。

（2）数字积分法的基本原理

如图 2-19 所示，从微分的几何概念来看，从时刻 $t=0$ 到 t 求函数 $y=f(t)$ 曲线所包围的面积 S 时，可用积分公式为

$$s=\int_0^t f(t)\mathrm{d}t \tag{2-24}$$

若将 $0\sim t$ 的时间划分为间隔为 Δt 的有限区间，当 Δt 足够小时，令 y_i 为 $t=t_i$ 时的 $f(t)$ 值，可得近似公式

$$s=\int_0^t f(t)\mathrm{d}t=\sum_{i=1}^n y_{i-1}\Delta t \tag{2-25}$$

上式说明，求积分的过程就是用数的累加来近似代替，其几何意义就是用一系列微小矩形面积之和近似表示函数 $f(t)$ 以下的面积。在数学运算时，若 Δt 取最小的基本单位 "1"，上式则称为矩形公式，可简化为

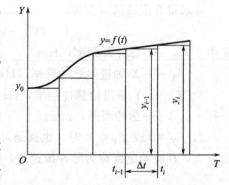

图 2-19　数字积分法原理示意图

$$S=\sum_{i=1}^n y_{i-1} \tag{2-26}$$

如果将 Δt 取得足够小，就可以满足所要求的精度。

（3）数字积分法直线插补原理及实例

对于平面直线进行插补，如图 2-20 所示的直线 OE，起点在原点，终点坐标为（X_E，Y_E），令 v 表示动点移动速度，v_X、v_Y 分别表示动点在 X 轴和 Y 轴方向的分速度，设 $k = \dfrac{v}{\sqrt{X_E^2 + Y_E^2}} = \dfrac{1}{2^n}$，$n$ 为直线插补累加器的位数。根据积分公式，在 X 轴、Y 轴方向上的微小位移增量 ΔX、ΔY 应为

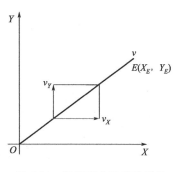

图 2-20　数字积分法直线插补

$$\Delta X = v_X \Delta t = \frac{X_E}{\sqrt{X_2^2 + Y_E^2}} v \Delta t = k X_E \Delta t \tag{2-27}$$

$$\Delta Y = v_Y \Delta t = \frac{Y_E}{\sqrt{X_E^2 + Y_E^2}} v \Delta t = k Y_E \Delta t \tag{2-28}$$

当取 $\Delta t = 1$ 时，各坐标轴的位移量为

$$X = \int_0^{X_E} \Delta X = \int_0^t v_X \, dt = \sum_{i=1}^n k X_E \Delta t \tag{2-29}$$

$$Y = \int_0^{Y_E} \Delta Y = \int_0^t v_Y \, dt = \sum_{i=1}^n k Y_E \Delta t \tag{2-30}$$

上式中取 $\Delta t = 1$，写成微分形式为

$$\Delta X = k X_E \Delta t \tag{2-31}$$

$$\Delta Y = k Y_E \Delta t \tag{2-32}$$

上式表明，动点从原点出发走向终点的过程，可以看作是各坐标轴每隔一个单位时间 Δt，分别以增量 $k X_E$ 和 $k Y_E$ 同时对两个累加器累加的过程。当累加值超过一个坐标单位（脉冲当量）时产生溢出，溢出脉冲驱动伺服系统进给一个脉冲当量，从而走出给定直线。

若经过 m 次累加后，X 和 Y 分别到达终点（X_E，Y_E），即下式成立

$$x = \sum_{i=1}^m k X_E = k X_E m = X_E \tag{2-33}$$

$$y = \sum_{i=1}^m k Y_E = k Y_E m = Y_E \tag{2-34}$$

由此可见，比例系数 k 和累加次数之间有如下的关系

$$km = 1, \quad 即 \quad m = 1/k$$

k 的数值与累加器的容量有关。累加器的容量应大于各坐标轴的最大坐标值，一般二者的位数相同，以保证每次累加最多只溢出一个脉冲。设累加器有 n 位，则

$$k = 1/2^n \tag{2-35}$$

故累加次数

$$m = 1/k = 2^n \tag{2-36}$$

上述关系表明，若累加器的位数为 n，则整个插补过程要进行 2^n 次累加才能到达直线的终点。

图 2-21 为平面直线的插补运算框图。它由两个数字积分器组成，每个坐标轴的积分器

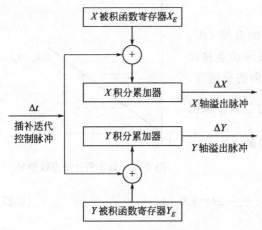

图 2-21　平面直线的插补运算框图

由累加器和被积函数寄存器组成。被积函数寄存器存放终点坐标值。每隔一个时间间隔 Δt，将被积函数的值向各自的累加器中累加。X 轴的累加器溢出的脉冲驱动 X 轴运动，Y 轴累加器溢出脉冲驱动 Y 轴运动。

用与逐点比较法相同的处理方法，把符号与数据分开，取数据的绝对值作被积函数，而符号作进给方向控制信号处理，便可对所有不同象限的直线进行插补。

【**例 2-3**】设有一直线 OA，起点为原点 O，终点 A 坐标为（8，10），累加器和寄存器的位数为 4 位，试用数字积分法进行插补计算。

解　插补计算过程如表 2-3 所示，为加快插补，累加器初始值为累加器容量的一半。

表 2-3　直线插补计算过程

累加次数	X 轴数字积分器			Y 轴数字积分器		
	X 被积函数积分器	X 累加器	X 累加器溢出脉冲	Y 被积函数积分器	Y 累加器	Y 累加器溢出脉冲
0	8	8	0	10	8	0
1	8	16−16=0	1	10	18−16=2	1
2	8	8	0	10	12	0
3	8	16−16=0	1	10	22−16=6	1
4	8	8	0	10	16	0
5	8	16−16=0	1	10	26−16=10	1
6	8	8	0	10	20−16=4	1
7	8	16−16=0	1	10	14	0
8	8	8	0	10	24−16=8	1
9	8	16−16=0	1	10	18−16=2	1
10	8	8	0	10	12	0
11	8	16−16=0	1	10	22−16=6	1
12	8	8	0	10	16−16=0	1
13	8	16−16=0	1	10	10	0
14	8	8	0	10	20−16=4	1
15	8	16−16=0	1	10	14	0
16	8	8	0	10	24−16=8	1

（4）数字积分法圆弧插补原理及实例

以第一象限逆圆为例，设圆弧的圆心在坐标原点，起点为 $A(X_0，Y_0)$，终点为 $B(X_B，Y_B)$，半径为 r 圆的参数方程可表示为

$$X = r\cos t$$

$$Y = r\sin t \tag{2-37}$$

对 t 微分，求得 X、Y 方向上的速度分量

$$v_X = \frac{\mathrm{d}X}{\mathrm{d}t} = -r\sin t = -Y$$

$$v_Y = \frac{\mathrm{d}Y}{\mathrm{d}t} = r\cos t = X \tag{2-38}$$

写成微分形式

$$\mathrm{d}X = -Y\mathrm{d}t$$
$$\mathrm{d}Y = X\mathrm{d}t \tag{2-39}$$

用累加和来近似积分

$$X = \sum_{i=1}^{n}(-Y\Delta t)$$

$$Y = \sum_{i=1}^{n}X\Delta t \tag{2-40}$$

这表明圆弧插补时，X 轴的被积函数值等于动点 Y 坐标的瞬时值，Y 轴的被积函数值等于动点 X 坐标的瞬时值。与直线插补比较可知：

① 直线插补时为常数累加，而圆弧插补时为变量累加。

② 圆弧插补时，X 轴动点坐标值累加的溢出脉冲作为 Y 轴的进给脉冲，Y 轴动点坐标值累加溢出脉冲作为 X 轴的进给脉冲。

③ 圆弧插补 X 轴累加器初值存入 Y 轴起点坐标 y_0，Y 轴累加器初值存入 X 轴起点坐标 x_0。

对于累加过程来讲，累加进位的速度和连减借位的速度是相同的，所以 X 轴被积函数的负号可忽略，两个轴的插补都用累加来进行。通常累加器初值都置为累加器容量的一半，这样二者的差别可以完全消除，并可改善插补质量。

因为数字积分法圆弧插补两轴不一定同时到达终点，可以采用两个终点判别计数器，各轴分别判别终点，进给一步减 1，判别计数器为 0 时对应轴停止进给。两轴都到终点后停止插补。

与逐点比较法类似，将进给方向的正负直接由进给驱动程序处理，而用动点坐标的绝对值进行累加。

因为插补时用坐标的绝对值，坐标值的修改要看动点运动使该坐标绝对值是增还是减来确定是加 1 修改还是减 1 修改。圆弧插补的坐标修改及进给方向如表 2-4 所示。

表 2-4　圆弧插补的坐标修改及进给方向

圆弧走向	顺圆				逆圆			
所在象限	1	2	3	4	1	2	3	4
y	减	加	减	加	加	减	加	减
x	加	减	加	减	减	加	减	加
y	$-y$	$+y$	$+y$	$-y$	$+y$	$-y$	$-y$	$+y$
x	$+x$	$+x$	$-x$	$-x$	$-x$	$-x$	$+x$	$+x$

【例 2-4】设加工第一象限逆圆弧，其圆心在原点，起点 A 的坐标为（6，0），终点 B 的坐标为（0，6），累加器为三位，试用数字积分圆弧插补计算，并画出插补轨迹图。

解　插补计算过程如表 2-5 所示。插补轨迹如图 2-22 所示。

表 2-5 数字积分法圆弧插补计算过程

累加次数	X 轴数字积分器			Y 轴数字积分器		
	X 轴被积函数计数器	X 累加器	X 累加器溢出脉冲	Y 轴被积函数计数器	Y 累加器	Y 累加器溢出脉冲
0	0	4		6	4	
1	0	4		6	10−8=2	1
2	1	5		6	8−8=0	1
3	2	7		6	6	
4	2	9−8=1	1	6	12−8=4	1
5	3	4		5	9−8=1	1
6	4	8−8=0		5	6	
7	4	4		4	10−8=2	1
8	5	9−8=1	1	4	6	
9	5	6		3	9−8=1	1
10	6	12−8=4	1	3	4	
11	6	10−8=2		2	6	
12	6	8−8=0		1	7	
13	6	6		0	7	

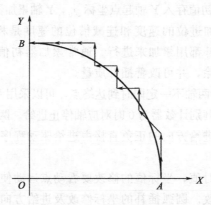

图 2-22 走步轨迹

2.5 可编程控制器在数控机床中的应用

(1) 主轴运动控制

图 2-23 为采用 FANUC PMC-L 型 PLC 指令设计的控制主轴运动的局部梯形图。图中包括主轴旋转方向控制（顺时针旋转或逆时针旋转）和主轴齿轮换挡控制（低速挡或高速挡）。控制方式分手动和自动两种。当机床操作面板上的工作方式开关选在手动时，HS. M 信号为 1。

此时，自动工作方式信号 AUTO 为 0（梯级 1 的 AUTO 常闭软触点为 "1"），由于 HS. M 为 1，软继电器 HAND 线圈接通，使梯级 1 中的 HAND 常开软触点闭合，线路自保，从而处于手动工作方式。

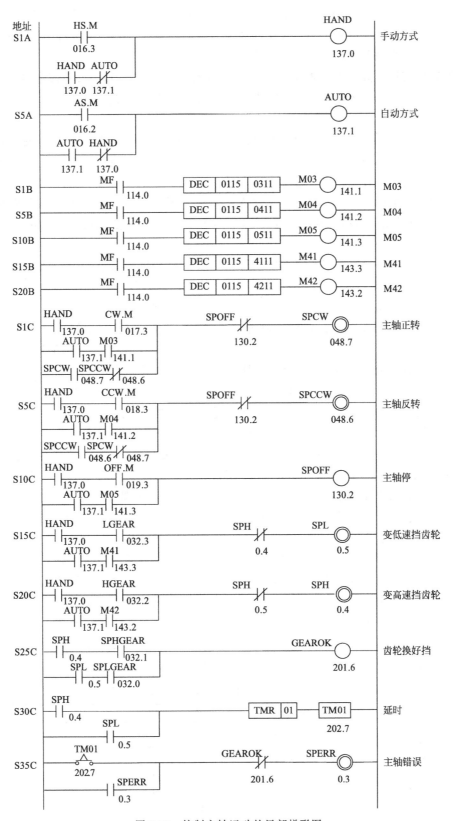

图 2-23　控制主轴运动的局部梯形图

在"主轴正转"梯级中，HAND＝1。当主轴旋转方向旋钮置于主轴顺时针旋转位置时，CW.M（顺转开关信号）＝1，又由于主轴停止旋钮开关 OFF.W 没接通，SPOFF 常闭接点为"1"，使主轴手动控制顺时针旋转。

当逆时针旋钮开关置于接通状态时，主轴反转。由于主轴顺转和反转继电器的常闭触点 SPCW 和 SPCCW 互相接在对方的自保线路中，且各自的常开触点接通，使之自保并互锁。同时 CW.M 和 CCW.M 是一个旋钮的两个位置，也起互锁作用。

在"主轴停"梯级中，如果把主轴停止旋钮开关接通（即 OFF.M＝1），使主轴停，软继电器线圈通电，它的常闭软触点（分别接在主轴正转和主轴反转梯级中）断开，从而停止主轴转动（正转或反转）。

工作方式开关选在自动位置时，此时 AS.M＝1，使系统处于自动方式（分析方法同手动方式）。由于手动、自动方式梯级中软继电器的常闭触点互相接在对方线路中，使手动、自动工作方式互锁。

在自动方式下，通过程序给出主轴正转指令 M03，或反转指令 M04，或主轴停止旋转指令 M05，分别控制主轴的旋转方向和停止。图中 DEC 为译码功能指令。当零件加工程序中有 M03 指令，在输入执行时经过一段时间延时（约几十毫秒），MF＝1，开始执行 DEC 指令，译码确认为 M03 指令后，M03 软继电器接通，其接在"主轴顺转"梯级中的 M03 软常开触点闭合，使继电器 SPCW 接通（即为"1"），主轴顺时针（在自动控制方式下）旋转。若程序上有 M04 指令或 M05 指令，控制过程与 M03 指令时类似。

在机床运行的顺序程序中，需执行主轴齿轮换挡时，零件加工程序上应给出换挡指令。M41 代码为主轴齿轮低速挡指令，M42 代码为主轴齿轮高速挡指令。

现以变低速挡齿轮为例，说明自动换挡控制过程：带有 M41 代码的程序输入执行，经过延时，MF＝1，DEC 译码功能指令执行，译出 M41 后，使 M41 软继电器接通，其接在"变低速挡齿轮"梯级中的软常开触点 M41 闭合，从而使继电器 SPL 接通，齿轮箱齿轮换在低速挡。SPL 的常开触点接在延时梯级中，此时闭合，定时器 TMR 开始工作。经过定时器设定的延时时间后，如果能发出齿轮换挡到位开关信号，即 SPLGEAR＝1，说明换挡成功。使换挡成功软继电器 GEAROK 接通（即为"1"），SPERR 为"0"，即 SPERR 软继电器断开，没有主轴换挡错误。当主轴齿轮换挡不顺利或出现卡住现象时，SPLGEAR 为"0"，则 GEAROK 为"0"，经过 TMR 延时后，延时常开触点闭合，使"主轴错误"继电器接通，通过常开触点闭合保持，发出错误信号，表示主轴换挡出错。处于手动工作方式时，也可以进行手动主轴齿轮换挡。此时，把机床操作面板上的选择开关 LGEAR 置"1"（手动换低速齿轮挡开关），就可完成手动将主轴齿轮换为低速挡。同样，也可由主轴出错显示来表明齿轮换挡是否成功。该梯形图的程序见表 2-6。

表 2-6 控制主轴运动局部梯形图的顺序程序表

步序	指令	地址数、位数	步序	指令	地址数、位数
1	RD	016.3	8	AND.NOT	137.0
2	RD.STK	137.0	9	OR.STK	
3	AND.NOT	137.1	10	WRT	137.1
4	OR.STK		11	RD	114.0
5	WRT	137.0	12	DEC	0115
6	RD	016.2	13	PRM	0311
7	RD.STK	137.1	14	WRT	141.1

续表

步序	指令	地址数、位数	步序	指令	地址数、位数
15	RD	114.0	50	WRT	048.6
16	DEC	0115	51	RD	137.0
17	PRM	0411	52	AND	019.3
18	WRT	141.2	53	RD. STK	137.1
19	RD	114.0	54	AND	143.3
20	DEC	0115	55	OR. STK	
21	PRM	0511	56	WRT	130.2
22	WRT	141.3	57	RD	137.0
23	RD	114.0	58	AND	032.3
24	DEC	0115	59	RD. STK	137.1
25	PRM	4111	60	AND	143.3
26	WRT	143.3	61	OR. STK	
27	RD	114.0	62	AND. NOT	0.4
28	DEC	0115	63	WRT	0.5
29	PRM	4211	64	RD	137.0
30	WRT	143.2	65	AND	032.2
31	RD	137.0	66	RD. STK	137.1
32	AND	017.3	67	AND	143.2
33	RD. STK	137.1	68	OR. STK	
34	AND	141.1	69	AND. NOT	0.5
35	OR. STK		70	WRT	0.4
36	RD. STK	048.7	71	RD	0.4
37	AND. NOT	048.6	72	AND	032.1
38	OR. STK		73	RD. STK	0.5
39	AND. NOT	130.2	74	AND	032.0
40	WRT	048.7	75	OR. STK	
41	RD	137.0	76	WRT	201.6
42	AND	018.3	77	RD	0.4
43	RD. STK	137.1	78	OR	0.5
44	AND	141.2	79	TMR	01
45	OR. STK		80	WRT	202.7
46	RD. STK	048.6	81	RD	202.7
47	AND. NOT	048.7	82	OR	0.3
48	OR. STK		83	AND. NOT	201.6
49	AND. NOT	130.2	84	WRT	0.3

（2）主轴定向控制

数控机床自动加工时，自动交换刀具或镗孔有时就要用到主轴定向功能。图 2-24 为采用 FANUC PMC-L 型 PLC 指令设计的控制主轴定向的梯形图，其中 M06 是换刀指令，M19 是主轴定向指令，这两个信号并联作主轴定向控制的主指令信号。AUTO 为自动工作状态信号，手动时 AUTO 为 "0"，自动时为 "1"，RST 为 CNC 系统的复位信号。ORCM 为主轴定向继电器，其触点输出到机床控制主轴定向。ORAR 为从机床侧输入的 "定向到位" 信号。

为了检测主轴定向是否在规定时间内完成，设置了定时器 TMR 功能，整定时限为 4.5s（视需要而定）。当在 4.5s 内不

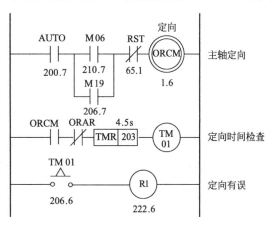

图 2-24　控制主轴定向的梯形图

能完成定向控制时，将发出报警信号，R1 即为报警继电器。4.5s 的延时数据可通过手动数据输入面板 MDI，在 CRT 上预先设定，并存入第 203 号数据存储单元 TM01，即 1# 定时继电器。

2.6 实训/Training

2.6.1 华中Ⅰ型数控系统体系结构/Architecture of the Huazhong Ⅰ CNC System

华中Ⅰ型数控系统以通用工控机和 DOS、Windows 操作系统为基础，体系结构开放，具有以下优点：ⓘ大大提高了数控系统的可靠性（工控机 MTBF 可达 30000h 以上），避开了我国控制机硬件生产可靠性不好的难题；ⓘ工控机与通用 PC 完全兼容，采用开放式软件开发平台，可以广泛借用丰富的外部软、硬件资源，使研究工作主要集中在应用软件开发上，用户二次开发容易，且更新换代方便；ⓘ由于通用 PC 具有良好的网络通信功能，为 FMC、FMS 及 CIMS 等进一步信息集成提供了良好条件。

Based on the general industrial computer, DOS and Windows operating system, along with a open structure, Huazhong type Ⅰ CNC system has the following advantages. ⓘIt greatly improves the reliability of CNC system (the MTBF of industrial computer can reach more than 30000h), and avoids the problem of poor reliability in hardware production of control computer in China. ⓘIt is fully compatible with general PC and adopts open software development platform which can widely borrow rich external software and hardware resources, so that their research work is mainly focused on the development of application software, which makes it easy and convenient for users to redevelop and update. ⓘThe general-purpose microcomputer is equipped with good network communication function, which provides a favorable condition for further information integration of FMC, FMS and CIMS.

华中Ⅰ型数控系统主要技术特征如下：

① 以通用工控机为基础的开放式、模块化体系结构，具有高性价比。

② 先进的数控软件技术和独创的曲面实时插补方法。

③ 高精度、高速度。

④ 友好的用户界面，便于用户学习和使用。

⑤ 强大的自动编程功能。

⑥ 强大的网络、通信和集成功能。

The main technical features of Huazhong Ⅰ CNC system are as follows:

① Open and modular architecture based on general industrial computer with high-performance price ratio.

② Advanced numerical control software technology and original surface real-time interpolation method.

③ High precision, high speed.

④ Friendly user interface, convenient for users to learn and use.

⑤ Powerful automatic programming function.

⑥ Powerful network, communication and integration functions.

华中Ⅰ型数控系统是 PC 直接数控，其硬件平台可以是通用 PC 或工业 PC，其体系结构如图 2-25 所示。线框内为标准 PC 配置。系统控制部件包括 DMA 控制器（外部设备如软盘等与内存进行高速数据传送）、中断控制器、定时器等，外存包括硬盘和软盘或者电子盘（DOS 及系统控制软件装入电子盘，信息不易丢失，系统稳定性高），由于工业型 CNC 系统没有使用标准 PC 键盘，故键盘画在线框外。

Huazhong Ⅰ CNC system is a PC direct CNC system, whose hardware platform can be general PC or industrial PC. The architecture is shown in Fig. 2-25. In the wireframe, there is a standard PC configuration, the system control components include DMA controller (external devices such as floppy disk and memory for high-speed data transfer), interrupt controller, timer, etc., and the external memory includes hard disk and floppy disk or electronic disk (DOS and system control software are loaded into the electronic disk, which is not easy for the information to be lost, and the system stability is high). Because the industrial CNC system does not use the standard PC keyboard, the keyboard is drawn outside the wireframe.

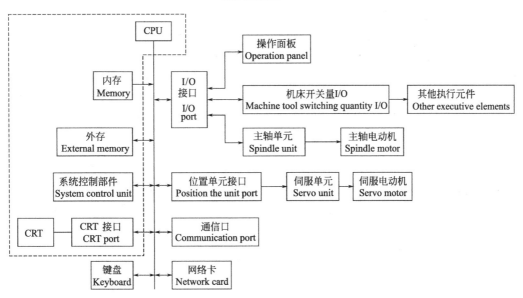

图 2-25　华中Ⅰ型数控系统体系结构

Fig. 2-25　Architecture of Huazhong Ⅰ CNC System

华中Ⅰ型数控系统的位置单元接口根据使用伺服单元的不同而有不同的具体实现方法。当伺服单元为数字式交流单元时，位置单元接口可采用标准 RS-232 串口；当伺服单元为模拟式交流伺服单元时，位置单元接口则用位置环板；当用步进电动机作为驱动元件时，位置单元接口则用多功能 NC 接口板。

The interface of position unit of Huazhong Ⅰ CNC system has different implementation methods according to different servo units. When the servo unit is a digital AC unit, the position unit interface can use the standard RS-232 serial port. When the servo unit is an analog AC servo unit, the position unit interface uses the position ring board. When the stepping motor is used as the driving element, the position unit interface uses the multifunction NC interface board.

2.6.2 几种典型伺服单元的实现方法/Implementation Methods of Several Typical Servo Units

(1) 数字式交流伺服单元的实现方法

如图 2-26 所示，由于数字式交流伺服单元内部含有位置环和速度环，计算机算出的每个采样周期的移动量，只需通过串口板送到相应的伺服单元即可完成位置控制和速度控制。串口板采用 MOXA C104 四串口板，其标准与 PC RS-232C 串口相同，只是串口地址不同。每个串口板有四个串口（PC只有两个串口 COM1 及 COM2），可接四个伺服单元。若控制轴数多于四轴，可用两块甚至多块串口板。位置反馈信息亦通过串口板送回计算机，用于显示坐标轴当前位置、跟随误差等。

(1) Implementation Method of the Digital AC Servo Unit

As shown in Fig. 2-26, because the digital AC servo unit contains a position loop and a speed loop, the movement of each sampling period calculated by the computer only needs to be sent to the corresponding servo unit through the serial port board to complete the position control and speed control. The serial port board adopts MOXA C104 four serial port board, whose standard is the same as that of PC RS-232C, but the port address is different. Each serial port board has four serial ports (PC has only two serial ports COM1 and COM2), which can be connected with four servo units. If the number of control axes is more than four, two or more serial port boards can be used. The position feedback information is also sent back to the computer through the serial port board, which is used to display the current position of coordinate axes and track errors, etc.

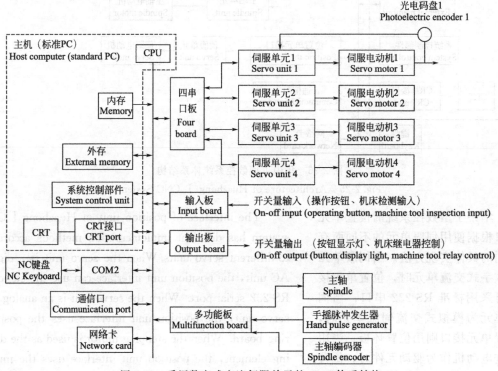

图 2-26 采用数字式交流伺服单元的 CNC 体系结构

Fig. 2-26 CNC Architecture with Digital AC Servo Unit

（2）采用模拟式交流/直流伺服单元的实现方法

如图 2-27 所示，由于模拟交流伺服单元内部只有速度环而不含位置环，计算机算出的每个采样周期的移动量，必须与测量装置检测的位置反馈进行比较，经位置调节形成速度指令后才能通过位置环板送到相应的伺服单元。每块位置环板可接三个伺服单元，若控制轴数多于三轴，可用两块甚至多块位置环。位置反馈信息通过位置环板送回计算机，不仅用于显示坐标轴当前位置、跟随误差等，更重要的是参与计算位置环的输出速度指令。系统中的 48 路光电隔离输入板 HC4103、光电隔离输出板 HC4203 以及多功能板 HC4303 与采用数字式交流伺服单元的 CNC 系统相同。

（2）Implementation Method of Analog AC/DC Servo Unit

As shown in Fig. 2-27，since there is only speed loop but no position loop in the analog AC servo unit，the movement of each sampling period calculated by the computer must be compared with the position feedback detected by the measuring device，and the speed command can be sent to the corresponding servo unit through the position loop plate after the position adjustment is formed. Each position ring plate can be connected with three servo units. If the number of control axes is more than three，two or more position rings can be used. The position feedback information is sent back to the computer through the position ring plate，which is not only used to display the current position of the coordinate axes and track errors，but more importantly to calculate the output speed command of the position ring. The 48 channel photoelectric isolation input board HC4103，photoelectric isolation output board HC4203 and multi-function board HC4303 in the system are the same as the CNC system with digital AC servo unit.

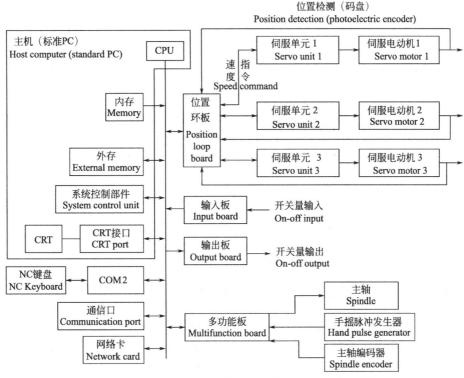

图 2-27　采用模拟式交流/直流伺服单元的 CNC 体系结构
Fig. 2-27　CNC Architecture with Analog AC/DC Servo Unit

2.6.3　硬件板卡介绍/Introduction to the Hardware Board

(1) MOXA C104 四串口板

MOXA C104 四串口板本来是为多用户系统（如 UNIX）设计的，内含 4 个标准 RS-232C 串口，可连接 4 个坐标轴。其串口与 PC 的 COM1、COM2 标准相同，只是串口地址不同。

(2) HC4103 48 路光电隔离输入板

HC4103 板是光电隔离的 48 路开关量输入板，该板共分 6 个通道，每个通道有 8 个开关量（共 6×8＝48 路输入），均采用 PC 总线（ISA 总线）标准设计，可适用于各种 PC 组成的工业控制系统，在 CPU 的控制下可直接访问板上 6 个字节输入通道的任意一个，读取受控现场的开关量状态信息或数字量信息。

HC4103 板由于采用光电隔离技术，系统与受控现场直接相连的开关量输入接口线路实现了电隔离，排除了彼此间的公共地线和一切电气联系，从而免除了因公共地线所带来的各种干扰，实现受控现场产生的各种具有破坏性的暂态过程与主机系统完全隔离，保证主控系统能可靠工作在平稳安静的环境之中。

(1) MOXA C104 Four Serial Port Board

MOXA C104 four serial port board is originally designed for multi-user system（such as UNIX）, including four standard RS-232C serial ports, which can connect four coordinate axes. Its serial port is the same as COM1 and COM2 standard of PC, but its port address is different.

(2) HC4103 48 Channel Photoelectric Isolation Input Board

HC4103 board is a 48 channel switch input board with photoelectric isolation. The board is divided into 6 channels, and each channel has 8 switch inputs（6×8＝48 channels in total）. All of them are designed according to the standard of PC bus（ISA bus）, and can be applied to industrial control systems composed of various PCs. Under the control of CPU, it can directly access any one of the six byte input channels on the board to read the switch state information or digital information of the controlled field.

HC4103 board adopts photoelectric isolation technology, which achieves electrical isolation of switch input interface circuit directly connected between the system and the controlled site, eliminating the common ground wire and all electrical connections between each other, thereby avoiding various interference caused by the common ground wire. All kinds of destructive transient processes generated in the controlled field can be completely isolated from the host system to ensure that the host system can work reliably in a stable and quiet environment.

2.6.4　数控系统的连接/Connection of the CNC System

现以华中Ⅰ型铣床数控系统为例说明数控系统的连接，总体连接框图如图 2-28 所示。

Taking Huazhong Ⅰ milling machine numerical control system as an example to illustrate the connection of numerical control system, the overall connection block diagram is shown in Fig. 2-28.

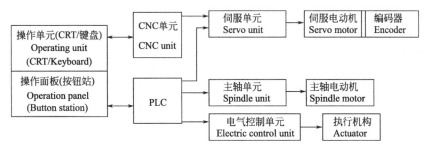

图 2-28　华中Ⅰ型铣床数控系统总体连接框图

Fig. 2-28　Overall Connection Block Diagram of Huazhong Ⅰ Milling Machine CNC System

（1）操作单元与 CNC 单元的互连

① CRT 与 CNC 单元中的 VGA 卡通过 DB15 插头互连。

② RS-232 键盘与 CNC 单元没有通过 CPU 板上的 COM2 口互连的原因是通用键盘线（5m）在距离较长时不够用。

（2）按钮站

① 按钮与 PLC 的连接为光电隔离输入。光电隔离的作用是保护 CNC 单元和抗干扰。

② PLC 与指示灯的连接为光电隔离输出。当指示灯为 LED 时见图 2-29（a）；当指示灯为白炽灯时见图 2-29（b）。

（1）Interconnection between the Operation Unit and the CNC Unit

① CRT is interconnected with VGA card in CNC unit through DB15 plug.

② The reason for not connecting the RS-232 keyboard with CNC unit through COM2 port on CPU board is the inadequate length of the common keyboard line （5m）.

（2）Button station

① The connection between the button and PLC is photoelectric isolation input. The function of photoelectric isolation is to protect CNC unit and anti-interference.

② The connection between PLC and indicator light is photoelectric isolation output. When the indicator light is LED, see Fig. 2-29 （a）. When the indicator light is incandescent, see Fig. 2-29 （b）.

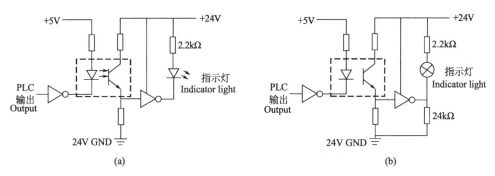

图 2-29　PLC 与指示灯的连接图

Fig. 2-29　Connection Diagram of PLC and Indicator Light

（3）CNC 及 PLC 与伺服单元的连接

① CNC 与数字式伺服单元通过四串口卡 C104 相连，接口规范

（3）Connection of CNC and PLC with the Servo Unit

① CNC and digital servo unit are connected through four serial port card C104, and the interface

为 RS-232。其连接原理如图 2-30 所示。

specification is RS-232. The connection principle is shown in Fig. 2-30.

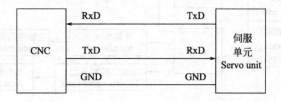

图 2-30　CNC 与数字式伺服单元的连接

Fig. 2-30　Connection between CNC and Digital Servo Unit

② CNC 单元与模拟式伺服单元通过位置环板相连。其连接原理如图 2-31 所示。

② The CNC unit is connected with the analog servo unit through the position ring plate. The connection principle is shown in Fig. 2-31.

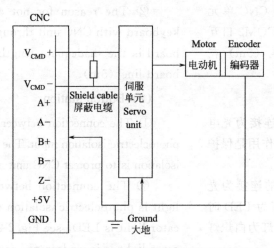

图 2-31　CNC 单元与模拟式伺服单元的连接

Fig. 2-31　Connection between CNC Unit and Analog Servo Unit

③ PLC 单元与伺服单元连接原理如图 2-32 所示。

③ The connection principle between PLC and servo unit, is shown in Fig. 2-32.

（4）PLC 与主轴单元的连接

(4) Connection between PLC and Spindle Unit

① 伺服主轴主要用于加工中心，此时不仅要控制主轴电动机转速，还要控制其位置，因而此时主轴电动机必须配编码盘。

① Servo spindle is mainly used for machining center, in which both the spindle motor speed and its position should be controlled. At this time, the spindle motor must be equipped with encoder.

② 当用变频器控制主轴电动机时，只控制主轴电动机的转速，不控制位置，适用于铣床主轴的控制。

② When the frequency converter is used to control the spindle motor, only the speed of the spindle motor is controlled, instead of its position, which applies to the control of the milling machine spindle.

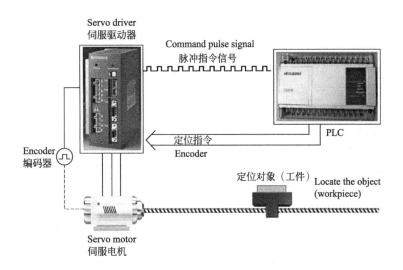

图 2-32　PLC 单元与伺服单元连接原理

Fig. 2-32　Connection principle between PLC unit and servo unit

（5）电气控制单元的连接

① 各单元及机床电源为三相380V，经变压器和整流电路变成交流 220V、110V、24V 及直流24V，分别用于接触器、电磁阀、继电器以及指示灯等。

② 电气控制回路是接收 PLC输出信号，经功率放大后控制机床的执行机构。

a. 电磁阀控制。

b. 辅助电动机（润滑电动机、冷却电动机、液压泵）的控制。

c. 伺服单元和主轴单元的动力控制。

③ 信号的转换和互连。

a. 机床上的检测开关（限位开关、信号开关）。

b. 各控制单元互连。

华中Ⅰ型数控单元的外部连接图如图 2-33 所示。

（5）Connection of Electrical Control Unit

① The power supply of each unit and machine tool is three-phase 380V, which is changed into AC 220V, 110V, 24V and DC 24V by transformer and rectifier circuit, respectively used for contactor, solenoid valve, relay and indicator lamp.

② Electrical control circuit receives the PLC output signal and controls the actuator of the machine tool through power amplification.

a. Solenoid valve control.

b. Control of auxiliary motor (lubricating motor, cooling motor, hydraulic pump).

c. Power control of servo unit and spindle unit.

③ Signal conversion and interconnection.

a. The detection switch (limit switch, signal switch) on the machine tool.

b. The control units are interconnected.

External connection diagram of Huazhong Ⅰ CNC unit as shown in Fig. 2-33.

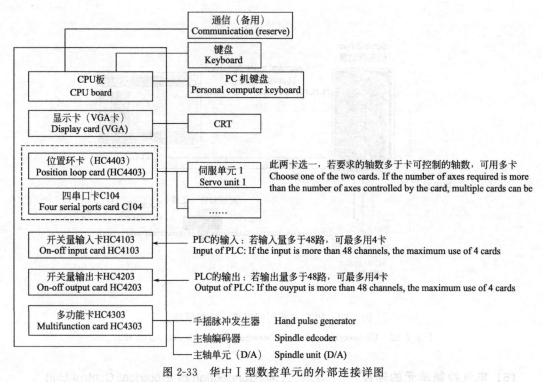

图 2-33 华中 I 型数控单元的外部连接详图

Fig. 2-33 External Connection Details of Huazhong I CNC Unit

习 题

2-1 CNC 控制系统的主要特点是什么？它的主要控制任务是哪些？

2-2 CNC 装置的主要功能有哪些？

2-3 单微处理器结构和多微处理器结构各有何特点？

2-4 多微处理器结构有哪些功能模块？

2-5 个人计算机（PC）组成的数控系统有何特点？

2-6 CNC 系统软件有哪些？各完成什么工作？

2-7 试述 CNC 系统软件结构中多任务并行处理的主要方法。

2-8 CNC 系统软件结构有何特点？其中断结构有哪两大类？

2-9 常规的 CNC 软件结构有哪几种结构模式？

2-10 何为插补？数控加工中为什么要使用插补？

2-11 逐点比较法和数据采样插补分别是如何实现的？

2-12 数据采样直线插补、数据采样圆弧插补是否有误差？数据采样插补误差与哪些因素有关？

2-13 欲用逐点比较法插补直线 OE，起点为 $O(0,0)$，终点为 $F(12,15)$，试写出插补过程，并绘出轨迹。

2-14 利用逐点比较法插补圆弧 $\overset{\frown}{PQ}$，起点为 $P(8,0)$，终点为 $Q(0,8)$，试写出插补过程，并绘出轨迹。

2-15 试推导出逐点比较法插补第一象限顺圆弧的偏差函数递推公式，并写出插补圆弧 AB 的过程，并绘出其轨迹。设起点坐标为 $A(0,7)$，终点为 $B(7,0)$。

第3章

数控加工工艺与编程

工件质量与其数控加工工艺及编程是密不可分的。合理的数控加工工艺包含工件的装夹、刀具的选用、刀具路径的编排、切削参数的配比等，并最终通过编制好的加工程序在工件的加工过程中体现出来。而一个经过多次优化后的最佳数控程序也必须由相关的工艺知识作为支撑。

3.1 数控加工程序编制概述

数控编程是将零件加工的工艺顺序、运动轨迹与方向、位移量、工艺参数（如主轴转速、进给量、吃刀量等）以及辅助动作（如换刀、变速、冷却液开停等），按动作顺序，用数控机床的数控装置所规定的代码和程序格式，编制成加工程序单（相当于普通机床加工的工艺规程），再将程序单中的内容通过控制介质输送给数控装置，从而控制数控机床自动加工。这种从零件图样到制成控制介质的过程，称为数控机床的程序编制。

数控编程方法分为手工编程和自动编程。

手工直接编程是指用数控机床提供的指令直接编写出零件加工程序的过程，简称手工编程，主要用于几何造型比较简单或有某种规律的曲线、曲面零件的数控编程，是目前数控机床操作人员和车间级编程人员使用较多的方法。

自动编程也称为计算机编程。对于形状复杂的一些零件，手工编程计算量大，出错率高，有些甚至无法完成，必须用自动编程的方法来编制程序。目前常用的自动编程方法大多是借助CAD/CAM 软件（如 Pro/E、CATIA、DELCAM 等），除拟定工艺方案和一些工艺参数依靠人工完成外，其他都由计算机自动完成，经计算机处理后，自动生成满足机床加工要求的 NC 程序。

本书以 FANUC 数控系统为例，主要介绍手工编程。

3.1.1 数控加工程序编制的步骤

数控编程的基本步骤如图 3-1 所示。

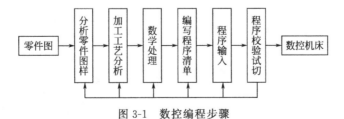

图 3-1 数控编程步骤

（1）分析零件图样

根据零件图样和企业实际的数控装备情况选择适合数控加工的内容，在此基础上根据零件的特征（毛坯的形状、材料，工件的形状、尺寸，技术要求）确定合适的加工方法和加工方案。

（2）加工工艺分析

工艺处理主要包括工艺路线的设计（工序的划分与内容确定、加工顺序的安排、各工序的衔接等）、工序的设计（包括工步的划分、装夹方案、选择刀具及合适的对刀点、换刀点及切削参数等）及数控加工工艺规程文件的填写。

（3）数学处理

根据零件图样几何尺寸，计算零件轮廓数据，或根据零件图样和走刀路线，计算刀具中心（或刀尖）运行轨迹数据。数值计算的最终目的是通过基点和节点坐标的计算获得编程所需要的所有相关位置坐标数据。对于复杂图形，可利用计算机辅助完成。

（4）编写程序清单

根据计算出的运动轨迹坐标值（刀位点数据）和已确定的加工顺序、刀具号、切削参数以及辅助动作等，按照数控系统规定的指令及程序段格式，逐段编写加工程序单。根据需要还可用括号方式附上必要的工艺说明。

（5）程序输入

把编写好的程序输入到数控系统中，具体输入方法有三种。一种是在数控机床操作面板上进行手动输入；第二种是利用 DNC（数据传输）功能，在线传输；第三种是利用专用的传输软件或磁介质（CF 卡或 U 盘），把加工程序输入数控系统。

（6）程序校验试切

加工程序输入数控系统后，必须检查计算和编写程序清单过程中是否有错误之处，一般可通过机床空运行和图形模拟来完成程序检验。但这两种检验只能检查刀具运动轨迹是否正确，但检查不出对刀误差、加工精度误差和某些轨迹的计算误差。因此程序检查无误后还必须进行首件试切，发现有误差时，分析误差产生原因，找出问题所在，加以修正，直到加工出合格产品。

3.1.2 数控加工程序编制的内容

通常数控加工程序包含以下内容：

① 程序的编号、程序段号。

② 工件原点的设置。

③ 所用刀具的刀具号，换刀指令。

④ 主轴的启动、转向及转速指令。

⑤ 刀具的引进、退出路径。

⑥ 加工方法，刀具切削运动的轨迹及进给量（或进给速度）指令。

⑦ 其他辅助功能指令，如冷却液的开、关，工件的松、夹等。

⑧ 程序结束指令。

下面是一个钻孔加工程序的实例。工件如图 3-2 所示，在 80mm×80mm 的矩形工件上，加工 4 个 ϕ8mm 的通孔，用 ϕ8mm 的麻花钻头一次钻通。

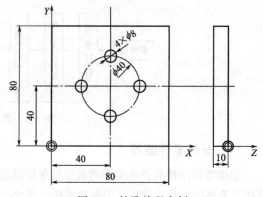

图 3-2　钻孔编程实例

其钻孔加工程序如下：

O3001

N10 T01 M06 S1000 M03；

N20 G54 G90 G00 Z10；

N30 G81 G99 X20 Y40 R2 Z-15 F80；

N40 X40 Y60；

N50 X60 Y40；

N60 X40 Y20；

N70 G80 G00 Z50；

N80 M05 M30；

其中，O3001 是程序号地址及程序号，N10～N70 是程序段号。

N10 程序段的内容是选 1 号刀，换刀，启动主轴顺时针旋转，转速为 1000 r/min。

N20 程序段是建立工件坐标系与机床坐标系的关系，同时将刀具快移至工件上方 10mm 处。

N30 钻孔固定循环，将刀具快速点定位至（20，40）处，快移至工件上方 2mm 处，以 80mm/min 速度钻孔，行程 15mm，然后快退至工件上方 2mm 处。

N40 在（40，60）位置重复钻孔固定循环，钻第二孔。

N50 在（60，40）位置重复钻孔固定循环，钻第三孔。

N60 在（40，20）位置重复钻孔固定循环，钻第四孔。

N70 取消钻孔固定循环，快速退刀至工件上方 50mm 处。

N80 主轴停转，程序结束。

3.2　数控加工程序基础

3.2.1　数控机床坐标系建立的原则与方法

（1）数控机床坐标系建立的原则

在数控机床上进行零件的加工，通常使用直角坐标系来描述刀具与工件的相对运动。对数控机床中的坐标系及运动部件的运动方向的命名，应符合 GB/T 19660—2005 的规定。

由于机床结构的不同，有的机床是刀具运动，工件固定；有的机床是刀具固定而工件运动等。为编程方便，在描述刀具与工件的相对运动时，一律规定工件静止，刀具相对工件运动。

描述直线运动的坐标系是一个标准的笛卡儿坐标系，各坐标轴及其正方向满足右手定则。如图 3-3 所示，拇指代表 X 轴，食指代表 Y 轴，中指为 Z 轴，指尖所指的方向为各坐标轴的正方向，即增大刀具和工件距离的方向。

规定分别平行于 X、Y、Z 轴的第一组附加轴为 U、V、W；第二组附加轴为 P、Q、R。

若有旋转轴时，规定绕 X、Y、Z 轴的旋转轴分别为 A、B、C 轴，其方向满足右手螺旋定则，如图 3-3 所示。若还有附加的旋转轴时用 D、E 定义，其与直线轴没有固定关系。

（2）数控机床坐标系建立的方法

① 先确定 Z 轴　对于有单个主轴的机床，Z 轴的方向平行于主轴所在的方向，Z 轴的

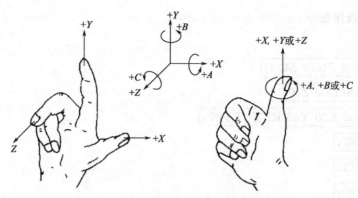

图 3-3　右手定则及右手螺旋定则

正方向为刀具远离工件的方向。机床主轴是传递主要切削动力的轴，可以表现为加工过程带动工具旋转，也可表现为带动工件旋转。如车床、内外圆磨床的 Z 轴是带动工件旋转的主轴；而钻床、铣床、镗床的 Z 轴则是带动刀具旋转的主轴。

当机床有几个主轴时，则规定垂直于工件装夹平面的主轴为主要主轴，与该轴平行的方向为 Z 轴的方向。

如果机床没有主轴，如数控悬臂刨床，则规定 Z 轴垂直于工件在机床工作台上的定位表面。

② 然后确定 X 轴　X 轴一般是水平的，平行于工件的装夹平面。对于加工过程不产生刀具旋转或工件旋转的机床，X 轴平行于主切削方向，坐标轴正方向与切削方向一致，例如前面提到的数控悬臂刨床。

对于主轴带动工件旋转的机床，X 轴分布在径向，其正方向为刀具远离主轴中心线的方向。就数控车床而言，有前刀架和后刀架车床之分，X 轴正方向一般指向刀架方向。

对于主轴带动刀具旋转的机床，例如数控铣床，X 轴在水平面内。如果 Z 轴是水平布置的，例如卧式铣床，则沿主轴轴线方向由主轴向工件看，X 轴正方向指向右；如果 Z 轴是垂直布置的，例如立式铣床，则由主轴向立柱看，X 轴正方向指向右。对于龙门式机床，例如数控龙门铣床，则从与 Z 轴平行的主轴向左侧立柱看，X 轴的正方向指向右。

③ 再确定 Y 轴及其他轴　在确定了数控机床的 X、Z 轴及其正方向后，利用右手定则可确定 Y 轴的方向；根据 X、Y、Z 轴及其方向，利用右手螺旋定则即可确定轴线平行于 X、Y、Z 轴的旋转运动 A、B、C 的方向。

各类数控机床的坐标的分布可见图 3-4～图 3-6，立式和卧式加工中心可参照立式和卧式铣床来确定。

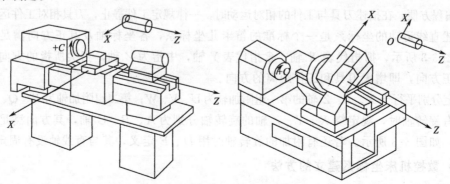

图 3-4　数控车床坐标系

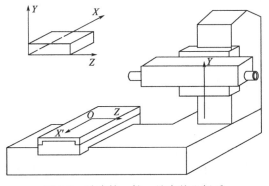

图 3-5 卧式钻、铣、镗床的坐标系

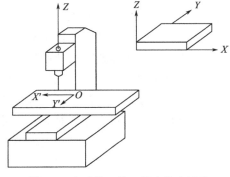

图 3-6 立式钻、铣、镗床的坐标系

3.2.2 机床坐标系

以机床原点为坐标原点建立起来的 X 轴、Y 轴、Z 轴直角坐标系，称为机床坐标系。机床原点为机床上的一个固定点，也称机床零点或机械原点。机床零点是通过机床参考点间接确定的，机床参考点也是机床上的一个固定点，通常设置在机床各轴靠近正向极限的位置，通过减速行程开关粗定位，由零位点脉冲精确定位，其与机床零点间有一确定的相对位置。在机床每次通电之后，工作之前，必须使刀具运动到机床参考点。通过该项回参考点操作，确定了机床零点，从而准确地建立机床坐标系。机床坐标系是机床固有的坐标系，一般情况下，机床坐标系在机床出厂前已经调整好，不允许用户随意变动。

一般数控车床的机床原点、机床参考点位置如图 3-7 所示，数控铣床的机床原点、机床参考点位置如图 3-8 所示。但许多数控机床将机床参考点坐标值设置为零，此时机床坐标系的原点也就是机床参考点。

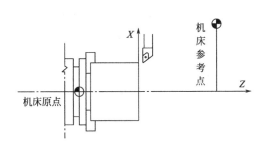

图 3-7 数控车床的机床原点、机床参考点

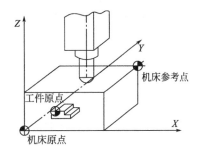

图 3-8 数控铣床的机床原点、机床参考点

3.2.3 工件坐标系

工件坐标系是为了编程方便，由编程人员在编制数控加工程序前在工件图样上设置的，也叫编程坐标系，其原点就是工件原点或编程原点。与机床坐标系不同，工件坐标系是由编程人员根据习惯或工件的工艺特点自行设定的。工件坐标系的设置主要考虑工件形状、工件在机床上的装夹方法以及刀具加工轨迹计算等因素，一般以工件图样上某一固定点为原点，按平行于各装夹定位面设置各坐标轴，按工件坐标系中的尺寸计算刀具加工轨迹并编程。加工时，当工件装夹定位后，通过对刀和坐标系偏置等操作建立起工件坐标系与机床坐标系的

关系，确定工件坐标系在机床坐标系中的位置。

选择工件原点的一般原则是：

① 工件原点选在零件的设计基准上。

② 工件原点尽可能选在尺寸精度高、粗糙度值低的工件表面上。

③ 对于结构对称的零件，工件原点应选在工件的对称中心上。

④ 选择工件原点时应便于各基点、节点坐标的计算，减小编程误差。

⑤ 工件原点的选择应方便对刀及测量。

⑥ 车床的工件原点一般设在主轴中心线上，多定在工件的左端面或右端面。

⑦ 铣床的工件原点一般设在工件外轮廓的某一个角上或工件对称中心或轴心线处，进刀深度方向上的零点，大多取在工件表面。

3.3 数控加工程序格式与标准代码

数控加工程序是由一系列机床数控系统能辨识的指令代码有序组合而成的，程序的格式、指令代码对于不同的数控系统并不完全相同，因此，具体使用某一数控机床时要仔细了解其数控系统的编程格式。

3.3.1 数控加工程序的组成及分类

(1) 程序的组成

① 程序号。每一个完整的程序必须给一个编号，供在数控装置存储器中的程序目录中查找、调用。程序号由地址符和编号数字组成，如前节例子中O3001，地址符为O，程序编号为3001。不同的数控系统程序号地址符可能不同，常用地址符有O、P和％。

② 程序段。程序段是数控加工程序的主要组成部分。每一个程序是由若干个程序段组成的，每一程序段由程序字（或叫指令字）组成，程序字由地址符和带符号的数字组成。每个程序段前冠以程序段号，程序段号的地址符为N。例如：

N30 G01 X10 Y-15 F100

其中，N30为程序段号，一般由数控系统自动生成，可以手动编辑或通过修改系统参数将其屏蔽。G01 X10 Y-15 F100均为程序字，约定数字中正号省略不写。

③ 程序结束。每一个程序必须有程序结束指令，程序结束一般用辅助功能代码M02或M30来表示。

(2) 数控加工程序格式

不同的数控系统往往有不同的程序段格式。编程时应按照数控系统规定的格式编写，否则，数控系统就会报警。常见的程序格式如图3-9所示。

(3) 数控加工程序的分类

数控程序分为主程序和子程序。在一个加工程序中，如果有几个一连串的程序段完全相同（如一个零件中有几处的几何形状相同，或顺次加工几个相同的工件），为缩短程序，可将这些重复的程序段单独抽出，按规定的

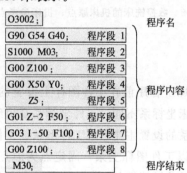

O3002;	程序名
G90 G54 G40;	程序段 1
S1000 M03;	程序段 2
G00 Z100;	程序段 3
G00 X50 Y0;	程序段 4
Z5;	程序段 5
G01 Z-2 F50;	程序段 6
G03 I-50 F100;	程序段 7
G00 Z100;	程序段 8
M30;	程序结束

图 3-9　程序的构成与格式

程序格式编成子程序，并事先存储在程序存储器中。子程序以外的程序段为主程序。主程序在执行过程中，如须执行子程序，即可用相应的数控指令调用，并可多次重复调用（一般最多可调用 999 次），从而可大大简化编程工作。

子程序结束用 M99 指令，其他方面和主程序格式上没有太大区别，但子程序只能被特定的主程序调用，自己不能被单独执行。主程序和子程序的调用关系如图 3-10 所示。

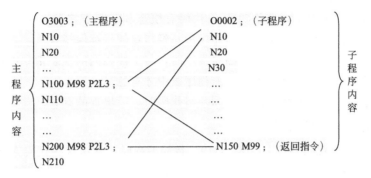

图 3-10　主程序与子程序

(4) 常用地址符及其含义

常用地址符及其含义见表 3-1，应当注意，不同的系统，其所用的地址符及其定义不尽相同。

表 3-1　常用地址符及其含义

功能	地址符	说明
程序号	O、P、%	程序编程地址
程序段号	N	程序段顺序编号地址
坐标字	X、Y、Z;	直线运动坐标轴
	A、B、C;U、V、W	附加坐标轴
	I、J、K	圆弧圆心坐标
	R	圆弧半径
准备功能	G	指令动作方式
辅助功能	M、B	机床开关量功能,多由 PLC 实现
补偿值	H、D	补偿值地址
暂停	P、X	暂停时间指定
重复次数	L、H	子程序或循环程序等的循环次数
切削用量	S、V	主轴转速或切削速度
	F	进给量或进给速度
刀具号	T	刀库中刀具编号

3.3.2　数控加工编程标准代码

近年来数控技术发展很快，市场竞争激烈，许多制造厂发展了具有自己特色的数控系统，对标准中的代码进行了功能上的延伸，或做了进一步的定义。所以编程时绝对不能死套标准，必须仔细阅读具体机床的编程手册。以下将以 FANUC 数控系统为例讲解编程标准

代码（车、铣通用）。

数控机床的各种操作是按照给定加工程序中的各项代码来完成的。这些代码包括 G 代码、M 代码，以及 F 代码（进给功能）、S 代码（主轴转速功能）、T 代码（刀具功能）。

3.3.2.1 准备功能 G 代码

G 功能指令用来规定坐标平面、坐标系、刀具和工件的相对运动轨迹、刀具补偿、单位选择、坐标偏置等多种操作。准备功能 G 代码有模态和非模态之分。所谓模态代码，也叫续效代码，是指该指令代码的功能在程序段中一经指定便持续保持有效，直到被相应的代码取消或被同组代码所取代时才失效。编写程序时，与上段相同的模态指令可省略不写。非模态代码又叫非续效代码，只有在被制定的程序段中才有意义。

同一条程序段中，出现相同代码或同一组代码时，后出现的有效。

(1) 与坐标系有关的代码

① 坐标平面选择代码 G17、G18、G19。数控编程时，常用这些代码来选择进行插补和刀具补偿运动的平面。G17 选择 XY 平面，G18 选择 ZX 平面，G19 选择 YZ 平面，如图 3-11 所示。三轴数控铣床和镗铣加工中心开机默认 XY 平面，无需程序设定 G17。同样，数控车床的刀具总是在 XZ 平面内运动，也无须设定 G18。

② 机床坐标系定位代码 G53。

格式：G53 X＿Y＿Z＿；

格式中，X、Y、Z 为机床坐标系中的坐标值。

说明：该代码使机床快速运动到机床坐标系中的指定位置。使用时仅在绝对坐标下有效，在相对坐标下无效；同时使用前还应消除刀具相关的刀具半径、长度等补偿信息。

③ 工件坐标系选择代码 G54～G59。数控铣和加工中心机床上，可以根据加工需要预先设 6 个工件坐标系，分别用 G54～G59 来表示。通过确定这些工件坐标系的原点在机床坐标系里的位置坐标值来建立工件坐标系。这些工件坐标系在机床断电重新开机时仍然存在，使用 G54～G59 指令的程序运行时与刀具的初始位置无关，因此安全可靠，在现代 CNC 机床中广泛使用。G54 设定工件坐标系的原理如图 3-12 和图 3-13 所示，G55～G59 的设置方法与 G54 相同。

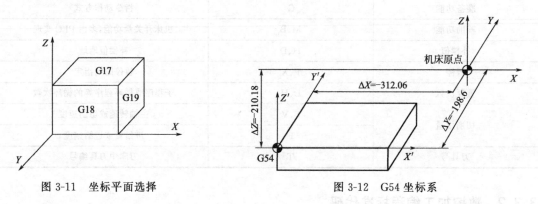

图 3-11　坐标平面选择　　　　　　　　　图 3-12　G54 坐标系

在图 3-12 中，工件坐标系原点距机床原点的三个偏置值已测出，则将工件坐标系原点的机床坐标输入到 G54 偏置寄存器中的画面如图 3-13 所示。

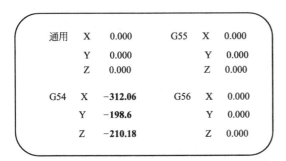

图 3-13 输入画面

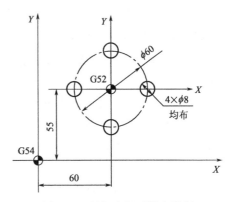

图 3-14 局部坐标系设定举例

④ 局部坐标系设定代码 G52。

格式：G52 X__ Y__ Z__；

格式中，X、Y、Z 为局部坐标系原点在当前工件坐标系中的坐标值。

说明：在工件坐标系中编程时，对某些图形，若用另一个坐标系来描述各基点坐标更方便简捷，而又不想变动原坐标系时，可用局部坐标系设定代码 G52。该代码可以在当前的工件坐标系（G54～G59）中再建立一个子坐标系，即局部坐标系。建立局部坐标系后，程序中各代码的坐标值是该局部坐标系中的坐标值，但原工件坐标系和机床坐标系仍保持不变。

注意：不能在旋转和缩放功能下使用局部坐标系，也不能在其自身的基础上再行叠加，但在局部坐标系下能进行坐标的缩放和旋转。G52 X0 Y0 Z0，用于取消局部坐标系。

如图 3-14 所示，在 G54 工件坐标系中，用 G52 代码建立局部坐标系进行孔加工，刀具安全位置距工件表面 100mm，切削深度 10mm。其程序为：

O3002；

G90 G54 S600 M03；

G00 Z100；

X0 Y0；

G52 X60. Y55；（在 G54 中建立局部坐标系）

G99 G73 X30 Y0 Z-10 R5 Q2 F100；

X0 Y30；

X-30 Y0；

G98 X0 Y-30；

G80；

G52 X0 Y0；（取消局部坐标系设定）

M30；

⑤ 坐标系旋转代码 G68、G69。

格式：G68 X__ Y__ R__；

格式中，X、Y 为旋转中心的绝对坐标值；R 为旋转角度（顺时针为负，逆时针为正）。

说明：坐标系旋转后，程序中的所有移动指令将对旋转中心作旋转，因此整个图形也将

旋转一个角度。旋转中心 X、Y 只对绝对值有效。G69 指令用于取消坐标系旋转功能。

（2）与单位相关的代码

① 尺寸单位选择代码 G20、G21　G20 为英制尺寸单位输入，G21 为公制尺寸单位输入。

说明：以上两个代码在使用时，必须放在程序的开头处，坐标系设定之前用单独的程序段设定，国内使用的多数机床开机默认 G21；G20、G21 不能在程序执行期间中途切换。

② 进给速度单位设定代码 G94、G95。

格式：G94 F__；G95 F__。

说明：G94 为每分钟进给模式，该指令指定进给速度的单位为 mm/min；G95 为每转进给模式，该指令指定进给速度的单位为 mm/r。一般数控铣和加工中心机床开机默认 G94，而数控车床默认 G95。

（3）与坐标尺寸表示方式相关的代码

① 绝对值方式 G90、增量值方式 G91 编程指令。

说明：在 G90 方式下，刀具运动的终点坐标一律用该点在工作坐标系下相对于坐标原点的坐标值表示；在 G91 方式下，刀具运动的终点坐标是相对于刀具起点的增量值（相对坐标）。

② 极坐标编程代码 G15、G16。

格式：G16 X__ Y__；（极坐标建立）

　　　G15；（极坐标取消）

格式中，X 为极坐标极径值；Y 为极坐标角度值（顺时针为负，逆时针为正）。

说明：数控编程中为了对于一些类似法兰孔等坐标的表述更加方便，可以用极坐标方式描述点的信息。G16 为指定极坐标模式开始，G15 为极坐标模式取消。

图 3-15 中，分别在 G90 和 G91 模式下，控制刀具从 A 点运动到 B 点。绝对值指令编程：G90 G00 X5 Y25；增量值指令编程：G91 G00 X-20 Y15。图 3-16 中，A 点用极坐标表示的程序段为：G16 X100 Y60。

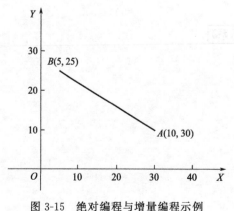

图 3-15　绝对编程与增量编程示例

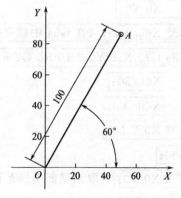

图 3-16　极坐标表示示例

（4）与运动相关的代码

① 快速点定位代码 G00。

格式：G00 X__ Y__ Z__；

格式中，X、Y、Z 是快速定位点的终点坐标值。

说明：G00 指令使刀具从当前位置快速移动到目标点，快速移动最大速度由系统预先指定，也可由进给倍率开关控制。G00 运动轨迹有两种形式，具体方式由系统参数设定。系统在执行 G00 指令时，刀具不能与工件产生切削运动。

② 直线插补代码 G01。

格式：G01 X__ Y__ Z__ F__ ；

格式中，X、Y、Z 是直线运动的终点坐标值；F 是各方向合成进给速度。

说明：G01 指令使刀具从当前位置以插补联动方式按切削进给速度 F 运动到目标点。其进给速度可由进给倍率开关在一定范围内调整。若本段与前段程序均未指定过 F，则该段程序无效。

③ 圆弧插补代码 G02、G03。

格式一：半径指定法

$$
\begin{Bmatrix} G17 \\ G18 \\ G19 \end{Bmatrix} \begin{Bmatrix} G02 \\ \\ G03 \end{Bmatrix} \begin{Bmatrix} X\_\_ \quad Y\_\_ \\ Z\_\_ \quad X\_\_ \\ Y\_\_ \quad Z\_\_ \end{Bmatrix} R\_\_ \quad F\_\_ ;
$$

格式中，G17、G18、G19 为平面选择代码；G02 指令使刀具顺时针圆弧插补切削运动；G03 指令使刀具逆时针圆弧插补切削运动；X、Y、Z 为圆弧终点坐标；R 为圆弧半径。

说明：由于使用半径方式指定圆弧时，刀具从圆弧起点运动至终点时具有不唯一性，故根据圆弧角的大小来指定 R 的正负，圆弧角≤180°时，R 用正值指定；圆弧角＞180°时，R 用负值指定。

圆弧顺逆的判定方法：沿不在圆弧平面（如 XY）的另一坐标轴的正方向向负方向（即 −Z）看去，顺时针方向为 G02，逆时针方向为 G03。

格式二：圆心指定法

$$
\begin{Bmatrix} G17 \\ G18 \\ G19 \end{Bmatrix} \begin{Bmatrix} G02 \\ \\ G03 \end{Bmatrix} \begin{Bmatrix} X\_\_ \quad Y\_\_ \\ Z\_\_ \quad X\_\_ \\ Y\_\_ \quad Z\_\_ \end{Bmatrix} \begin{Bmatrix} I\_\_ \quad J\_\_ \\ I\_\_ \quad K\_\_ \\ J\_\_ \quad K\_\_ \end{Bmatrix} F\_\_ ;
$$

格式中，I、J、K 分别为圆心在 X、Y、Z 轴上对圆弧起点的增量坐标值（有正负），也就是分别表示圆心相对于圆弧起点的相对坐标值。

说明：现代 CNC 系统中，采用 I、J、K 指令，则圆弧是唯一的；整圆只能采用圆心指定法编写。

以图 3-17 为例进行圆弧代码应用。

半径指定法：

圆弧 1：G90 G03 X0 Y50 R50 F80；

G91 G03 X-50 Y50 R50 F80；

圆弧 2：G90 G03 X0 Y50 R-50 F80；

G91 G03 X-50 Y50 R-50 F80；

圆心指定法：

圆弧 1：G90 G03 X0 Y50 I-50 J0 F80；

G91 G03 X-50 Y50 I-50 J0 F80；

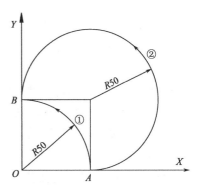

图 3-17　圆弧代码应用实例

圆弧 2：G90 G03 X0 Y50 I0 J50 F80；

G91 G03 X-50 Y50 I0 J50 F80；

④ 暂停代码 G04。

格式：G04 X＿＿；或 G04 P＿＿；

格式中，X、P 后的数值表示暂停时间，X 后面的数值带小数点，单位为 s；P 后面的数值不带小数点，单位为 ms。

3.3.2.2　辅助功能 M 指令

M 指令是控制机床做一些辅助动作的代码。如：主轴的转与停，冷却液的开与关，子程序的调用与返回等，其特点是靠继电器的通断电来实现控制过程。M 指令由地址 M 及后面的两位数字组成。FANUC 0i 系统常用 M 指令的功能如下。

(1) 程序暂停指令 M00

执行 M00 后，机床的进给、切削等运动停止，但系统保留当前信息，机床处于暂停状态，重新启动程序后，数控系统将继续执行后面的程序段。该指令主要用于加工中的一些中间检测、清理或插入必要的手工动作时使用。

(2) 选择性暂停指令 M01

M01 指令的功能与 M00 相似。不同的是，M01 只有在预先按下控制面板上"选择停止开关"按钮的情况下，才会有效。如果不按下"选择停止开关"按钮，程序执行到 M01 时不会停止，而是继续执行下面的程序。M01 停止之后，按启动按钮可以继续执行后面的程序。

(3) 程序结束指令 M02、M30

执行 M02 或 M30 后，程序运行结束，机床停止运行，并且 CNC 复位。M02 与 M30 的区别在于：M02 程序结束后，光标留在程序尾部；M30 程序结束后光标返回到程序头。

(4) 主轴正转、反转、停止指令 M03、M04、M05

主轴的正反转，不能仅靠旋向的顺逆来判定。比如前刀架与后刀架的数控车床。从 Z 轴正向向主轴方向看，前刀架数控车床的主轴正转为逆时针旋向，而后刀架数控车床的主轴正转为顺时针旋向。编写程序时，若要主轴从正转状态切换成反转时，要在 M03 与 M04 之间写入 M05 指令，先使主轴停止再换向。

(5) 换刀指令 M06

M06 为手动或自动换刀指令。当执行 M06 指令时，进给停止，但主轴、切削液不停。M06 指令不包括刀具选择功能，常用于加工中心等换刀前的准备工作。

(6) 冷却液开关指令 M07、M08、M09

M07、M08、M09 指令用于冷却装置的启动和关闭。

M07 表示 2 号冷却液或雾状冷却液开。

M08 表示 1 号冷却液或液状冷却液开。

M09 表示关闭冷却液开关，并注销 M07、M08、M50 及 M51（M50、M51 为 3 号、4 号冷却液开）。

(7) 子程序调用与返回指令 M98、M99

M98 为调用子程序指令，M99 为子程序结束并返回到主程序的指令。

3.3.2.3 其他功能指令

(1) 刀具功能 T 指令

T 指令主要用于数控编程中的换刀操作,其格式在 FANUC 0i 系统中,用 T 后跟四位数字组成,如 T0204,前两位数代表刀具号,02 为第 2 号刀,后两位数代表刀补号,04 为调用 4 号刀补值。在数控车和加工中心等机床上一般都有刀塔和刀库装置,因此 T 指令在数控车和加工中心的编程中应用较多,而数控铣床没有刀库,需手工换刀,所以刀具功能 T 指令在数控铣床中使用较少。

(2) 主轴转速功能 S 指令

S 指令主要用于指定主轴的旋转速度,单位为 r/min。如 S800 表示主轴程序转速为 800r/min,机床主轴实际转速可以借助机床控制面板上的主轴倍率开关进行修调,加工中 S 指令常和 M03、M04 等辅助功能指令配合使用。

(3) 进给功能 F 指令

进给功能 F 指令用于指定切削加工的进给速度。它由字母 F 后跟若干位数组成。进给方式可分为每分钟进给(mm/min)和每转进给(mm/r)两种。数控车床系统一般开机默认每转进给(mm/r),而数控铣和加工中心系统默认每分钟进给(mm/min),如车床编程时 F0.2 表示主轴旋转一周刀具进给 0.2mm;铣床或加工中心编程时 F200 表示刀具每分钟进给 200mm。当然,也可以根据需要,以指令方式(如 G95)在数控铣或加工中心上指定进给方式为 mm/r,在数控车床上指定进给方式为 mm/min(如指令 G98)。

3.4 数控车床加工工艺与编程

3.4.1 数控车床的组成及特点

数控车床是一种比较理想的回转体零件自动化加工机床,具有直线插补和圆弧插补功能。不仅可以方便地进行圆柱面、圆锥面、球面的切削,而且可加工由任意平面曲线组成的复杂轮廓回转体零件,还能车削任何等节距的直螺纹、锥螺纹和端面螺纹。有些数控车床还能车削增节距、减节距以及要求等节距、变节距之间平滑过渡的螺纹。

数控车床主要由车床主体、输入/输出装置、数控装置、伺服装置、检测反馈装置及辅助装置组成。

(1) 车床主体

数控车床主体包括床身、导轨、主轴箱、进给机构、卡盘、刀架、尾台。

① 床身和导轨 数控车床的床身布局一般分为平床身与斜床身。

平床身即车床导轨与水平面平行,夹角为 0°,其工艺性好,便于导轨加工,但排屑困难。如图 3-18 所示,通常用于经济型数控车床或小型精密数控车床。

斜床身的导轨与水平面呈一定角度,如图 3-19 所示,一般有 30°、45°、60°、75°、90°(立床身)斜床身的布局,减小了机床体积,提高了机床的刚性,便于排屑,但制造成本较高。

② 主轴箱 简易经济型数控车床的主轴箱,与普通车床的主轴箱类似。采用异步电动机或变频电动机,主轴箱内设有差速齿轮,以提供主轴的定速或小范围变速旋转。

图 3-18　平床身

图 3-19　斜床身

全功能型数控车床由于使用了伺服电动机，如图 3-20 所示，电动机与主轴间直接使用带传动方式。省略了主轴箱内的差速机构，简化了主轴箱的结构。

③ 进给机构　数控车床的进给传动方式和结构特点与普通车床不同。如图 3-21 所示，它采用伺服电动机，经由齿轮或齿带传动减速，带动刀架底部的滚珠丝杠螺母副产生进给运动。

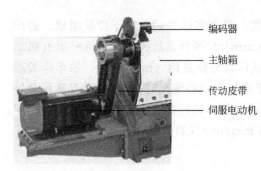

图 3-20　主轴传动系统

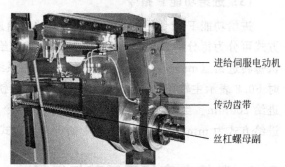

图 3-21　进给系统

进给机构的传动要求精确、稳定、灵敏、高效。因此，进给传动链中的各个环节，如伺服电动机与丝杠的连接、丝杠与螺母的配合及支持丝杠两端的轴承等都要求消除间隙。

丝杠螺母间的轴向间隙可通过施加预紧力的方法消除。预紧载荷能有效地减小弹性变形所带来的轴向位移。但过大的预紧力将增加摩擦阻力，降低传动效率，并使寿命大为缩短。所以要经过多次调整才能保证机床在最大载荷下，既消除间隙，又能灵活运转。

④ 卡盘　卡盘是数控车床上用来夹紧工件的机械装置，是利用均布在卡盘体上的活动卡爪的径向移动，把工件夹紧和定位的机床附件。

按照卡盘夹紧的驱动方式可分为手动卡盘、气动卡盘、液压卡盘、电动卡盘和机械卡盘。如图 3-22 所示，常用卡盘的卡爪数量通常为三爪或四爪。对于特殊零件加工时，会使

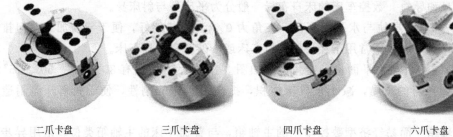

二爪卡盘　　　　　三爪卡盘　　　　　四爪卡盘　　　　　六爪卡盘

图 3-22　卡盘

用二爪或六爪卡盘。

⑤ 刀架　刀架是数控车床上安放刀具的重要部件。其结构直接影响机床的切削性能和工作效率。按照刀架换刀方式的不同，可分为排式刀架和回转刀架两种。

排式刀架一般用于小型或专用型数控车床，如图 3-23 所示，通过车床横向滑板沿 X 轴位移即可实现换刀动作。该种刀架结构简单，换刀快速省时。但对刀过程较为麻烦，且装夹刀具数量容易受到工件直径与长度方面的限制。

回转刀架是数控车床最常用的一种换刀刀架，如图 3-24 所示，一般通过液压系统或电气系统来实现机床的自动换刀动作。根据加工要求，回转刀架可设计成四方、六方刀架或圆盘式刀架。装夹刀具数量通常为 4 把、6 把、8 把、10 把、12 把。该种刀架分度准确，定位可靠，重复定位精度高，转位速度快，夹紧刚性好。可以保证数控车床的高精度和高效率车削加工。与排式刀架相比较，回转刀架机械结构复杂，造价偏高，使用中故障率相对较高。

图 3-23　排式刀架

图 3-24　回转刀架

⑥ 尾台　数控车的尾台安装在床身导轨上，它可以根据工件的长短调节纵向位置。

经济型车床的尾台与普通车床相同，需要手动调节。如图 3-25 所示，尾台套筒内安装顶尖，用来支承较长工件的一端，也可以安装钻头、铰刀等刀具进行孔加工。

全功能型数控车床的尾台可通过销钉连接于刀架下方。通过刀架的移动，带动尾台沿纵向移动。如图 3-26 所示，尾台内套筒的进退动作由液压油缸完成。

图 3-25　普通尾台

图 3-26　液压尾台

(2) 输入/输出装置

输入/输出设备主要实现程序编制、程序和数据的输入以及显示、存储和打印等功能。

一般由磁盘驱动器、操作面板按键、DNC接口、操作开关、手轮、显示器、打印机等组成。

一些高档的全功能数控车床还会配有一套自动编程或计算机辅助设计/计算机辅助制造（CAD/CAM）系统。

（3）数控装置

数控装置主要由CPU、存储器、局部总线、外围逻辑电路等部分组成。数控装置的作用是将输入装置输入的程序和数据，经过系统软件或逻辑电路进行编译，运算和逻辑处理后，输出各种信号和指令，控制车床的各个部分进行规定的、有序的动作。

（4）伺服装置

伺服装置的作用是接收来自数控装置的各种指令，并结合车床上的执行部件和机械传动部件，将各种指令转换成数控车的主运动和进给运动。它包括主轴驱动单元、进给驱动单元、主轴电动机和进给电动机等。伺服系统直接决定刀具和工件的相对位置，其性能是决定数控机床加工精度和生产力的主要因素。一般要求数控机床的伺服系统具有较好的快速响应性能，能够灵敏而准确地跟踪由数控装置发出的指令。

（5）检测反馈装置

检测反馈装置由检测元件和相应的电路组成，通常安装在数控车床的工作台或滚珠丝杠上，其作用是检测机床的实际位置、速度等信息，并将其反馈给数控装置与指令信息进行比较和校正，如果两者之间的误差超过某一个预先设定的数值，就会驱动工作台向消除误差的方向移动。在移动的过程中，检测反馈装置又向数控装置发出新的反馈信号，进行再次比较。直到误差值小于设定值为止。数控车床的伺服系统，按照其检测反馈装置，可分为开环、半闭环、闭环三类。

没有检测反馈装置的系统称为开环控制系统（如图3-27所示）。半闭环和闭环系统都有用于检测位置和速度指令执行结果的检测装置。半闭环控制系统的检测装置，安装在伺服电动机或传动丝杠上（如图3-28所示）。闭环控制系统则将其安装在运动部件上（如图3-29所示）。

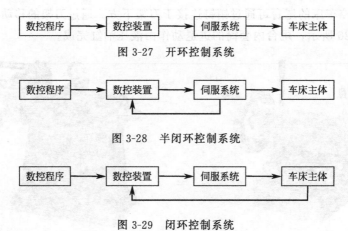

图3-27　开环控制系统

图3-28　半闭环控制系统

图3-29　闭环控制系统

（6）辅助装置

辅助装置主要完成零件加工的一些辅助动作，如液压、冷却、润滑、排屑和安全防护装置等。

① 液压系统 液压系统的主要功能是为卡盘、尾台及转塔提供压力，完成工件的装卡及刀具的更换。液压系统主要是指液压工作站。包括液压泵、液压油箱、油管、液压阀及液压表。

② 冷却系统 冷却系统的主要功能是降低车削加工过程中所产生的切削热。并能提高刀具使用寿命，降低刀具成本，提高工件表面加工质量。一般采用水冷方式，由冷却水箱、水泵、管路及出水口喷嘴组成。

③ 润滑系统 润滑系统的主要功能是减少机床各个传动部件接触面的磨损，确保机床加工精度，提高机床使用寿命。系统工作时，润滑油供给源把一定压力的润滑油，通过各主、次油路上的分配器，按所需油量分配到各润滑点。同时，系统具备对润滑的时间、次数的监控和故障报警以及停机等功能，以实现润滑系统的自动控制。

④ 排屑系统 数控车床一般选用刮板式排屑装置。该装置以滚动链轮牵引刮板链带在封闭箱中运转，将车削时产生的切屑及时排至存屑箱。刮板式排屑装置传动平稳，结构紧凑，强度好，工作效率高。

⑤ 安全防护装置 安全防护主要体现在人身安全和设备安全两个方面。

数控车床配有带安全锁的防护门罩。当车床执行程序，对零件进行自动加工时，防护门处于关闭状态，操作者可以通过观察窗监测零件的车削过程。车床运转过程中，若突然打开防护门，则车床自动终止运行，以避免对人员造成伤害。

为防止切屑溅至导轨或丝杠表面，机床内还配有铠甲皮腔或钢制伸缩防护罩。以避免切屑或其他尖锐物进入导轨或丝杠表面，从而起到保护作用。

3.4.2 数控车床的分类

数控车床属于金属切削类数控机床，经过几十年的发展，其结构功能各异，型号种类繁多，为便于分析和研究，常按照以下几种方式进行分类。

(1) 按车床主轴位置分类

立式数控车床：车床主轴垂直于水平面。如图 3-30 所示，通常配有四爪或多爪卡盘，用来装夹径向尺寸较大而轴向尺寸相对较小的大型复杂零件。如火车轮毂，大型轴流泵的叶轮，集装箱桥吊滑轮等。

卧式数控车床：车床主轴平行于水平面。如图 3-31 所示，通常配有三爪卡盘，用来装夹轴向尺寸较长或小型盘类零件。其导轨配置方式有水平导轨与倾斜导轨两种。倾斜导轨结构床身刚性较好，不易变形，并易于排除切屑。相对而言，卧式数控车床因结构形式多，加工功能丰富而应用广泛。

图 3-30 立式数控车床

图 3-31 卧式数控车床

(2) 按数控系统功能分类

经济型数控车床：采用步进电动机和单片机对普通车床的进给系统进行改造后形成的简易型数控车床，这类机床结构简单，成本较低，操作与维修方便，但加工精度一般，自动化程度和功能水平都比较差。

全功能型数控车床：一般配有网络通信接口，自动上料、排屑等功能。采用闭环或半闭环控制的伺服系统。其刚性、加工精度、效率相对较高，价格中档。

车削加工中心：是一种集车削、镗削、铣削和钻削于一体的数控车床，配置刀库、换刀装置、分度装置、铣削动力头等。自动化程度高，能满足形状复杂的零件加工。功能强大，加工精度好，效率高。但价格及维护成本较高。

(3) 按加工零件的基本类型分类

盘类数控车床：车床未设置尾座，适合车削盘类（含短轴类）零件。夹紧方式多为手动或自动（液压）控制，卡盘多配有硬爪（淬火卡爪）或软爪（不淬火卡爪）。

轴类数控车床：车床配有普通尾座或数控尾座，适合车削较长的零件及直径较小的盘、套类零件。

3.4.3 数控车床刀具及工装

数控车削加工具有高速、高效和高自动化程度等特点。合理的选择刀具与夹具对工件的表面质量、加工精度、加工效率和加工成本起着举足轻重的作用。

(1) 数控车削刀具的类型及选用

① 车刀按照车削工艺大致可分为外圆车刀，内圆车刀，切槽、切断车刀，及螺纹车刀。外圆车刀主要用于车削工件的外部轮廓，如端面、台阶、外圆弧面等，如图 3-32 所示。内圆车刀主要用于车削工件的内部轮廓，如内圆柱面、内圆弧面等，如图 3-33 所示。

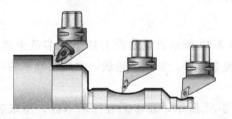

图 3-32　外圆车刀

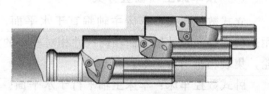

图 3-33　内圆车刀

切槽、切断车刀主要用于工件内外轮廓面上加工一定形状尺寸的槽或工件的切断，如图 3-34 所示。螺纹车刀用于加工工件上的内外螺纹，如图 3-35 所示。

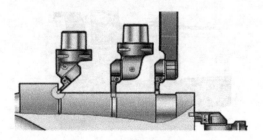

图 3-34　切槽、切断车刀

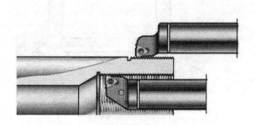

图 3-35　螺纹车刀

② 按照刀片与刀体的连接方式，车刀可分为整体车刀、焊接车刀、机夹车刀。

整体车刀主要是整体高速钢车刀，其截面为矩形或圆形（图 3-36），使用时可根据不同用途进行刃磨。

焊接车刀是将硬质合金刀片用焊接的方法固定在普通碳钢刀体上（图 3-37）。它的优点是结构简单、紧凑、刚性好、使用灵活、制造方便，缺点是由于焊接产生的应力会降低硬质合金刀片的使用性能，有的甚至会产生裂纹。

图 3-36 整体车刀

图 3-37 焊接车刀

图 3-38 机夹车刀

机械夹固车刀简称机夹车刀（图 3-38），根据使用情况不同又分为机夹重磨车刀和机夹可转位车刀。可转位车刀的刀片夹固机构应满足夹紧可靠、装卸方便、定位精确等要求。

③ 数控车削时，从刀具移动轨迹与形成轮廓的关系看，常把车刀分为三类，即尖形车刀、圆弧形车刀和成形车刀。

以直线形切削刃为特征的车刀一般称为尖形车刀。这类车刀的刀尖（同时也为其刀位点）由直线形的主、副切削刃构成，例如：刀尖倒棱很小的各种外圆和内孔车刀，切断（车槽）车刀。用这类车刀加工零件时，其零件的轮廓形状主要由一个独立的刀尖或一条直线形主切削刃位移后得到。如图 3-39 所示，尖形车刀刀尖作为刀位点，刀尖移动形成零件的曲面轮廓。

圆弧形车刀是较为特殊的数控加工用车刀。如图 3-40 所示，构成主切削刃的刀刃形状为一圆度误差或轮廓度误差很小的圆弧，该圆弧刃每一点都是圆弧形车刀的刀尖。因此，刀位点不在圆弧上，而在该圆弧的圆心上。圆弧形车刀特别适于车削各种光滑连接的成形面。例如常见的汽车与火车轮毂的车削，均需要选用圆弧车刀来完成。

成形车刀俗称样板车刀，其加工零件的轮廓形状完全由车刀刀刃的形状和尺寸决定。如图 3-41 所示。数控车削加工中，常见的成形车刀有小半径圆弧车刀（圆弧半径等于加工轮廓的圆角半径）、非矩形车槽刀和螺纹车刀等。

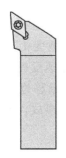

图 3-39 尖形车刀

图 3-40 圆弧形车刀

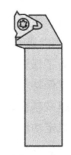

图 3-41 成形车刀

（2）数控车削工装

车床的夹具主要对工件起到定位与夹紧的作用。由于车削零件均属于回转体零件，所以按照夹具在车床上安装的位置，可将车床夹具分为两种基本类型：一类是安装在车床主轴上的夹具，这类夹具和车床主轴相连接并带动工件一起随主轴旋转。除了各种卡盘（三爪、四爪）顶尖等通用夹具或其他机床附件外，往往根据加工的需要设计出各种芯轴或其他专用夹具。另一类是安装在滑板或床身上的夹具，对于某些形状不规则和尺寸较大的工件，常常把夹具安装在车床滑板上，刀具则安装在车床主轴上作旋转运动，夹具作进给运动。

3.4.4　数控车床基本编程指令

3.4.4.1　数控车编程特点

（1）直径编程或半径编程

数控车床多数采用直径编程方式。即 X 轴上的有关尺寸均使用直径值。这是由于回转体零件径向尺寸的标注与测量通常为直径值。若采用直径编程，可以直接依据图纸上标注的尺寸进行编程，进而节省编程时间，并且便于工件的检测。若要采用半径方式编程，可通过改变机床系统参数来实现。本章数控车编程内容，均采用直径编程方式。

（2）混合坐标编程

数控车床可以使用绝对值编程、增量值编程或二者混合编程。其中绝对坐标编程用地址 X、Z 表示；增量坐标编程用地址 U、W 表示。而不像数控铣那样由 G90 和 G91 表示。混合坐标编程时用地址 X、W 或 U、Z。

（3）固定循环功能

由于车削加工常用圆棒料或锻料作为毛坯，加工余量较大，要加工到图样尺寸，需要一层一层切削，如果每层切削加工都编写程序，编程工作量会大大增加。因此，为简化编程，数控装置通常具备各种不同形式的固定循环功能，如车内、外圆柱表面固定循环，车端面、车螺纹固定循环等。

（4）刀具自动补偿功能

大多数数控车床都具有刀具自动补偿功能，利用此功能可以实现刀尖圆弧半径补偿和刀具安装的位置补偿，加工前操作人员只要将相关补偿值输入到规定的存储器中，数控系统就能自动进行刀具补偿。因而编程人员可以按照工件的实际轮廓尺寸编程。

（5）恒表面切削速度控制和主轴最高转速限定功能

一般车削时，主轴转速是恒定的，在加工端面、圆弧、圆锥以及阶梯直径相差较大的零件时，沿 X 轴方向进给，虽然进给速度不变，但切削线速度却在不断地变化，导致加工表面质量变化。为了保证加工表面质量，数控车床一般都具有恒表面切削速度控制功能。该功能可使切削速度保持恒定，而与刀尖所处的 X 坐标值无关，当刀具逐渐移近工件旋转中心时，主轴转速越来越高，工件有从卡盘中飞出去的危险，为了防止出现事故，数控车床具有主轴最高转速限定功能。

3.4.4.2　数控车刀具补偿功能

数控车床的刀具补偿分为两种情况，即刀具的位置补偿和刀尖圆弧半径补偿。

（1）刀具的位置补偿

刀具的位置补偿是指车床实际车刀刀尖位置与编程刀位点位置（工件轮廓）存在差值时，可通过刀具补偿值设定，使刀具位置在 X、Z 轴方向加以补偿。

通常在以下三种情况下，需要进行刀具位置补偿：

① 采用多把刀具连续车削零件表面时，一般以其中的一把刀具为基准刀，并以该刀的刀尖位置为依据建立工件坐标系。这样当其他刀具转位到加工位置时，由于刀具几何尺寸的差异，刀尖在空间并非同一点，因此必须对刀尖的位置偏差进行补偿，设置刀具偏置。

② 对于同一把刀具，重磨后很难准确安装到程序原设定位置，须对刀设置刀具偏置。

③ 每把刀具在其加工过程中，都会有不同程度的磨损，而磨损后的刀尖位置与磨损前实际位置有偏差，须进行补偿。

由此可见，加工前需要对刀具轴向和径向偏移量进行修正，即进行刀具位置补偿。补偿方法是在程序中事先给定各刀具及其刀具补偿号，按实际需要将每个刀补号中的 X、Z 向刀补值（即刀尖离开刀具基准点的 X、Z 向距离）输入数控装置。当程序调用刀补号时，该刀补值生效，使刀尖从偏离位置恢复到编程轨迹上，从而实现刀具位置补偿。

（2）刀尖圆弧的半径补偿

数控车削中，为了提高刀具寿命、减小加工表面的粗糙度值，车刀的刀尖都不是理想尖锐的，总有一个半径很小的圆弧。在编程和对刀时，是以理想尖锐的车刀刀尖为基准的。为了解决刀尖圆弧可能引起的加工误差，应该进行刀尖圆弧半径补偿。

① 车削端面和内、外圆柱面。如图 3-42 所示是一带圆弧的刀尖及其方位。编程和对刀使用的刀尖点是理想刀尖点，由于刀尖圆弧的存在，实际切削点是刀尖圆弧和切削表面的相切点。车端面时，刀尖圆弧的实际切削点与理想刀尖点的 Z 坐标相同；车外圆面和内孔时，实际切削点与理想刀尖点的 X 坐标值相同。因此，车端面和内外圆柱面时不需要进行刀尖圆弧半径补偿。

② 车削锥面和圆弧面。当加工锥面和圆弧面时，即加工轨迹与机床轴线不平行时，实际切削点与理想刀尖点之间在 X、Z 坐标方向都存在位置偏差，如图 3-43 所示。如果以理想刀尖点编程，会出现少切或过切现象，造成加工误差。刀尖圆弧半径越大，加工误差越大。

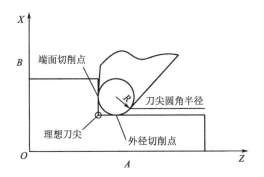

图 3-42　车削端面和外圆柱面的刀尖圆弧及其方位

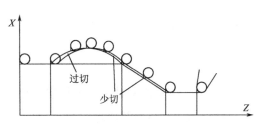

图 3-43　刀尖圆弧半径对加工精度的影响

在编制零件的加工程序时，使用刀具半径补偿指令，并在操作面板上手动输入刀尖圆弧半径值，数控装置便可控制刀具自动偏离工件轮廓一个刀具圆弧半径，从而加工出所要求的

零件轮廓。

③ 刀尖半径补偿参数。刀具半径的补偿方法是通过操作面板输入刀具参数表中，并且在程序中通过启用刀具半径补偿功能来实现的。刀具半径补偿参数包括刀尖圆弧半径参数和车刀形状与位置参数。车刀的不同形状决定车刀刀尖圆弧所处的位置不同。如图 3-44 所示，A 点为理想刀尖点，1～8 表示理想刀尖点相对于刀尖圆弧中心的八种位置，0 或 9 则表示理想刀尖点取在刀尖圆弧中心，即不进行刀尖圆弧半径补偿。

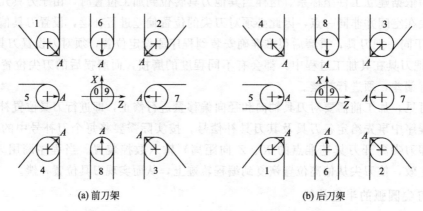

(a) 前刀架　　　　　　　　(b) 后刀架

图 3-44　车削刀尖圆弧半径补偿方向

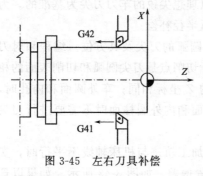

图 3-45　左右刀具补偿

因此在车削加工时，应设置相应刀具的补偿值，即 X、Z 方向的位置偏差、刀尖圆弧半径以及刀尖方位代号。

刀尖圆弧半径补偿方式通过 G40、G41、G42 代码来设定。其判定方式为：沿垂直于加工平面的第三轴的正向往负向看去，再沿刀具运动方向看，若刀具偏在工件轮廓的左侧时为左补偿，用代码 G41；偏在工件轮廓的右侧时为右补偿，用代码 G42。如图 3-45 所示。取消 G41、G42 时使用 G40 代码。

代码格式：

$$\left.\begin{cases} G41 \\ G42 \\ G40 \end{cases}\right. \left.\begin{cases} G00 \\ G01 \end{cases}\right\} X(U)\underline{\quad} Z(W)\underline{\quad};$$

说明：补偿的建立与取消，都要使用 G00 或 G01 代码，通过一段位移来实现。

3.4.4.3　主轴速度控制代码

① 主轴恒线速代码 G96。

格式：G96 S__；

格式中，S 后面的数字表示切削速度，单位为 m/min。

② 限制主轴最高转速代码 G50。

格式：G50 S__；

格式中，S 后面的数字表示限定的主轴最高转速，单位为 r/min。

说明：在车削端面、锥面和圆弧时使用恒线速控制指令，可确保工件各轮廓表面粗糙度一致。由公式 $n = 1000v_c/\pi D$ 可知，当工件直径减小时，主轴转速逐渐增大。当工件半径趋近为零时，主轴转速为无限大。因此，为防止车床发生飞车现象，在设置恒线速用 G96 指令控制后，必须用 G50 指令限制允许的主轴最高转速，以免发生危险。

③ 恒线速取消代码 G97。

格式：G97 S__；

格式中，S 后面的数字表示主轴转速，单位为 r/min。即主轴按 S 指令的速度运转。

说明：该指令用于取消 G96。

3.4.4.4　基本编程指令应用

使用基本编程指令编写车削如图 3-46 所示零件的加工程序。工件毛坯为 $\phi 40mm \times 60mm$ 铝棒料。1 号刀为外圆刀，2 号刀为切断刀，刀宽 3mm。

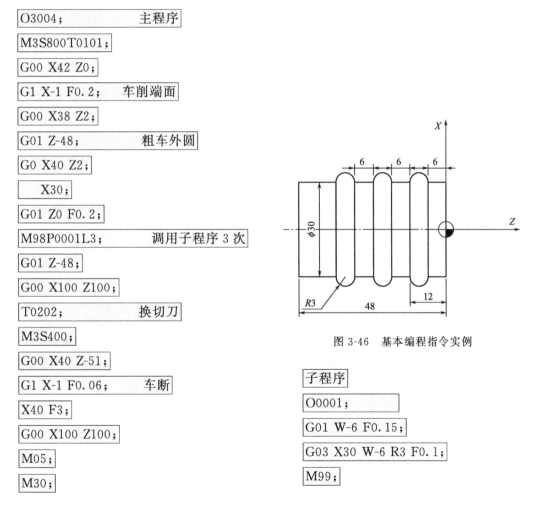

O3004；	主程序
M3S800T0101；	
G00 X42 Z0；	
G1 X-1 F0.2；	车削端面
G00 X38 Z2；	
G01 Z-48；	粗车外圆
G0 X40 Z2；	
X30；	
G01 Z0 F0.2；	
M98P0001L3；	调用子程序 3 次
G01 Z-48；	
G00 X100 Z100；	
T0202；	换切刀
M3S400；	
G00 X40 Z-51；	
G1 X-1 F0.06；	车断
X40 F3；	
G00 X100 Z100；	
M05；	
M30；	

图 3-46　基本编程指令实例

| 子程序 |
| O0001； |
| G01 W-6 F0.15； |
| G03 X30 W-6 R3 F0.1； |
| M99； |

3.4.5　数控车床固定循环指令

在数控车削过程中，当毛坯为棒料或余量较大的铸件、锻件时，常需对其进行多次车削。手工编程时，容易造成程序段过于冗长。对于形状复杂工件而言，每次的刀具路径点坐标难以计算，更是容易出错。若采用数控系统内置的循环指令编写加工程序，则可大大减少程序段的数量，缩短编程时间和提高数控机床工作效率。

根据刀具切削加工的循环路径不同，循环指令可分为单一固定循环指令和复合固定循环指令。

3.4.5.1 单一固定循环指令

① 外径/内径车削循环 G90。

格式：G90 X(U)＿Z(W)＿ F＿；

格式中，X、Z 是每次车削的终点坐标；U、W 是增量坐标编程方式；F 是进给速度。

说明：该指令适用于工件内外圆柱面和圆锥面的循环车削。其循环路径如图 3-47 所示，由 4 个步骤组成，其中 A 点为循环起点，B 点为车削起点，C 点为车削终点，D 点为退刀点。其中，AB、DA 段按快速移动；BC、CD 段按进给速度 F 车削。当车削如图 3-48 所示的零件、沿圆锥面走刀时，其指令格式为 G90 X(U)＿Z(W)＿R＿F＿；R 为车削起点与车削终点的半径差。

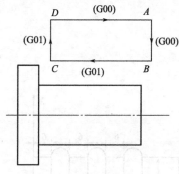

图 3-47　圆柱面车削循环路径

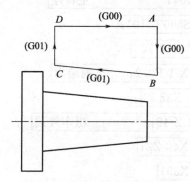

图 3-48　圆锥面车削循环路径

② 端面车削循环指令 G94。

格式：G94 X(U)＿Z(W)＿ F＿；

格式中，X、Z 是每次车削的终点坐标；U、W 是增量坐标编程方式；F 是进给速度。

说明：该指令适用于工件端面的循环车削。其循环路径如图 3-49 所示，由 4 个步骤组成。其中 A 点为循环起点，B 点为车削起点，C 点为车削终点，D 点为退刀点。其中，AB、DA 段按快速移动；BC、CD 段按进给速度 F 车削。当车削如图 3-50 所示的零件、沿圆锥端面走刀时，其指令格式为 G94 X(U)＿Z(W)＿R＿F＿；R 为车削起点与车削终点的 Z 坐标差。

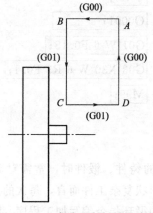

图 3-49　垂直端面车削循环路径

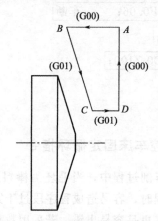

图 3-50　圆锥端面车削循环路径

③ 螺纹车削循环指令 G92。

格式：G92 X(U)＿Z(W)＿　F＿；

格式中，X(U)、Z(W) 为螺纹终点坐标；F 为螺纹的导程。

说明：该指令为螺纹车削循环指令。其循环路径如图 3-51 所示，由 4 个步骤组成，其中 A 点为循环起点，B 点为车削起点，C 点为车削终点，E 点为退刀点。其中，AB、DE、EA 段按快速移动；BC 段按导程 F 车削螺纹，CD 段为螺纹退尾量，由系统参数决定。当车削如图 3-52 所示的圆锥螺纹时，其指令格式为 G92 X(U)＿Z(W)＿R＿F＿；R 为螺纹车削起点与终点的半径差。

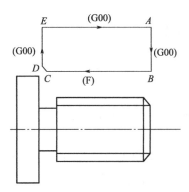

图 3-51　圆柱螺纹车削循环路径

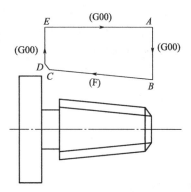

图 3-52　圆锥螺纹车削循环路径

3.4.5.2　复合固定循环指令

复合固定循环又称多重循环，可针对工件毛坯的类型特点（如棒料或铸、锻件）及加工表面特征（如圆周槽、端面槽、深孔、螺纹等），提供专门的编程指令，使编程工作得以简化。例如，只需对工件轮廓完成精加工编程，就能由粗车循环指令调用精加工程序段，完成粗车循环。

① 精车循环指令 G70。

当用粗车循环指令 G71、G72、G73 粗车工件后，可用 G70 来指定精车循环，切除粗加工后留下的余量。

格式：G70 P(n_s) Q(n_f)；

格式中，n_s 为精车循环加工路径的起始程序段号；n_f 为精车循环加工路径的结束程序段号。

说明：ⅰ.精车过程中的 F、S、T 在 $n_s \sim n_f$ 之间的程序段中指定。

ⅱ.在精车削循环期间，刀尖半径补偿功能有效。

ⅲ.在 $n_s \sim n_f$ 之间的程序段不能调用子程序。

② 外径/内径粗车循环指令 G71。

该指令适用于棒料毛坯外径的粗车和圆筒毛坯料内径的粗车。G71 粗车外径循环的进给路线如图 3-53 所示，其中 A 点是粗车循环的起点，AC 在 X 方向的投影长度为径向精车余量 $\Delta u/2$，在 Z 方向

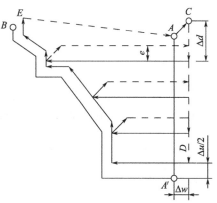

图 3-53　G71 粗车外径的进给路线

的投影长度为轴向精车余量 Δw。e 是径向退刀量，箭头虚线表示快速移动，箭头实线表示切削移动，以下类同。

格式：G71 U(Δd) R(e)；

G71 P(n_s) Q(n_f) U(Δu) W(Δw) F__ S__ ；

格式中，Δd 为粗车加工每次背吃刀量，半径值；e 为每次车削的退刀量；n_s 为精车循环加工路径的起始程序段号；n_f 为精车循环加工路径的结束程序段号；Δu 为 X 向预留的精车余量（直径值）当切削方向沿 X 轴正向时（内径粗车），取负值；Δw 为 Z 向预留的精车余量；当切削方向沿 Z 轴正向时，取负值。

说明：ⅰ．在 $n_s \sim n_f$ 之间的程序段不能调用子程序。

ⅱ．在粗车循环期间，刀尖半径补偿功能无效。但如果假想刀尖编号为 0 或 9，则刀尖半径补偿值会加到相应的 U、W 坐标方向上。

ⅲ．在 $n_s \sim n_f$ 程序段中指定的 G96 和 G97 功能及 F、S 和 T 无效，而在 G71 指令中或之前程序段指定的这些功能有效。

ⅳ．n_s 程序段必须包含 G00 或 G01 指令，且在该程序段中不能有 Z 轴方向的移动。即只能写成 G00(G01)X(U) 的形式。

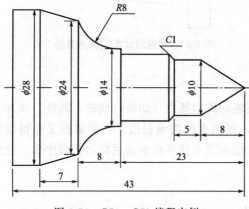

图 3-54　G70、G71 编程实例

ⅴ．G71 编程代码分为Ⅰ型与Ⅱ型，Ⅰ型中要求零件轮廓在 X 和 Z 方向坐标值必须均为单调增加或减小。若仅有 Z 方向单调变化，而 X 向不单调，零件轮廓上就会出现"凸起"或"凹槽"，此时要使用Ⅱ型。为在程序中与类型Ⅰ相区别，规定在指令 n_s 程序段时，除用 G00 或 G01 指定刀具运动外，还必须包含 Z 轴移动代码。其形式为：G00(G01)X(U)__Z(W)__；G71 程序段中 Z 向预留精车余量 Δw 必须指定为 0，否则刀尖将切入工件侧面。

G70、G71 编程实例：如图 3-54 所示，已知毛坯为 $\phi 30mm \times 70mm$ 棒料，要求编写工件外轮廓加工程序段。

O3005；	
M03 S800；	（主轴正转，800r/min）
T0101；	（调用 1 号粗车刀）
G00 X32 Z2；	（快移至工件近端，该点也是循环起刀点）
G71 U2 R0.5；	（粗车循环）
G71 P10 Q20 U0.5 W0.25 F0.2；	（指定相关车削参数）
N10 G00 X0；	（精车程序段调用开始）
G01 Z0 F0.1；	
X10 Z-8；	
X12 W-1；	

Z-23；

X14；

G02 X24 W-8 R8 F0.08；

G01X28 W-7 F0.1；

N20　　Z-43；　　　　　　　　　　　　　　　（精车程序段调用结束）

G0 X100 Z100；　　　　　　　　　（退刀）

T0202；　　　　　　　　　　　　（换 2 号精车刀）

M3S1200；　　　　　　　　　　　（提高主轴转速至 1200r/min）

G00 X32 Z2；　　　　　　　　　　（精车刀移至起刀点）

G70 P10 Q20；　　　　　　　　（精车循环）

G00 X100 Z100；　　　　　　　　（退刀）

M05；　　　　　　　　　　　　（主轴停止）

M30；　　　　　　　　　　　　（程序结束）

③ 端面粗车复合循环指令 G72。

该指令适用于圆柱棒料毛坯端面方向粗车。端面粗车循环 G72 的进给路线如图 3-55 所示。

格式：G72 W(Δd) R(e)；

　　　　G72 P(n_s) Q(n_f) U(Δu) W(Δw) F＿ S＿ ；

格式中，Δd 为轴向背吃刀量；e、n_s、n_f、Δu、Δw 的含义与指令 G71 相同。

说明：G72 指令与 G71 指令区别于调用循环时，刀具在 n_s 程序段中不能有 X 轴方向移动。

G70、G72 编程实例：如图 3-56 所示，已知毛坯为 ϕ36mm×50mm 棒料，要求编写工件外轮廓加工程序段。

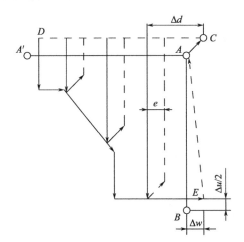

图 3-55　G72 粗车端面的进给路线

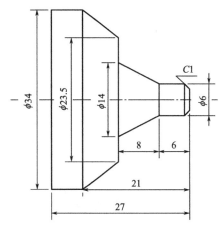

图 3-56　G70、G72 编程实例

O3006；

M03 S800；　　　　　　　　　　　（主轴正转，800r/min）

T0101;	（调用 1 号车刀）
G00 X38 Z2;	（粗车循环起刀点）
G72 U2 R0.5;	（粗车循环）
G72 P10 Q20 U0.4 W0.2 F0.2;	
N10 G00 Z-27;	（程序段调用开始）
G01 X34 F0.1;	
Z-21;	
X23.5 Z-14;	
X14;	
X6 Z-6;	
Z-1;	
X5 Z0;	
N20 X-1;	（程序段调用结束）
G0 X100 Z100;	（退刀）
T0202;	（换 2 号精车刀）
M3S1000;	（提高主轴转速至 1000r/min）
G00 X38 Z2;	（精车移至起点）
G70 P10 Q20;	（精车循环）
G00 X100 Z100;	（退刀）
M05;	（主轴停止）
M30;	（程序结束）

④ 轮廓粗车循环指令 G73。

该指令适用于工件轮廓的仿形粗加工，其进给路线如图 3-57 所示。

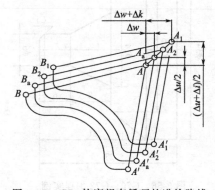

图 3-57　G73 轮廓粗车循环的进给路线

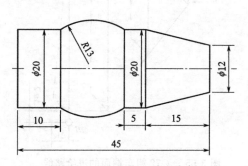

图 3-58　G70、G73 编程实例

格式：G73 U(Δi) W(Δk) R(d)；

　　　　G73 P(n_s) Q(n_f) U(Δu) W(Δw) F__ S__；

格式中，Δi 为 X 向粗车总退刀量；Δk 为 Z 向粗车总退刀量；d 为粗车次数；n_s、n_f、Δu、Δw 含义与指令 G71 相同。

说明：ⅰ. X 向粗车总退刀量（半径值编程）。若毛坯为棒料，Δi 等于毛坯直径与图纸上工件最小直径差值的一半。

ⅱ. 粗车次数根据 Δi 的大小合理确定。

G70、G73 编程实例：如图 3-58 所示，已知毛坯为 $\phi 30mm \times 70mm$ 棒料，要求编写工件外轮廓加工程序段。

```
O3007；
M03 S1000；                    （主轴正转，1000r/min）
T0101；                        （调用 1 号车刀）
G00 X34 Z4；                    （粗车循环起刀点）
G73 U9 W3 R3；                  （粗车循环）
G73 P10 Q20 U1 W0.5 F0.2；
N10 G00 X12 Z2；               （程序段调用开始）
   G01 Z0 F0.1；
      X20 Z-15；
      Z-20；
   G03 X20 Z-35 R13 F0.08；
N20  G01 Z-45；                （程序段调用结束）
   G0 X100 Z100；              （退刀）
   T0202；                     （换 2 号精车刀）
   M3S1500；                   （提高主轴转速至 1500r/min）
   G00 X34 Z4；                （精车移至起点）
G70 P10 Q20；                  （精车循环）
   G00 X100 Z100；             （退刀）
   M05；                       （主轴停止）
   M30；                       （程序结束）
```

⑤ 端面切槽、钻孔循环指令 G74。

当零件端面上槽的宽度大于切槽刀的刃宽时，利用该指令可以实现 Z 向间断进给和 X 向周期移动，达到加工端面上尺寸较宽较深的槽的目的。该指令的另一种功能是沿 Z 轴深孔的间断进给钻孔加工。

ⅰ. 端面切槽：

格式：G74 R(e)；

G74 X(U) Z(W) P(Δi) Q(Δk) R(Δd) F__；

格式中，e 为 Z 方向间断进给的回退量，单位为 mm；Δi 为刀具沿轴向退出后，X 方向周期进给每次移动量，单位为 0.001mm；Δk 为 Z 方向间断进给每次切入量，单位为 0.001mm；Δd 为刀具每次到达切削终点时沿 X 方向的退刀量，若不能回退时，此项设

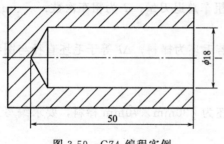

图 3-59 G74 编程实例

为 0；X(U)Z(W) 的设置与指令 G90 的用法类似，即槽切削终点的 X、Z 绝对坐标值或切削终点相对于循环起点的 U、W 增量坐标值。在执行该指令之前，先用 G00 使刀具快速定位到循环起点。

ⅱ.钻孔循环

格式：G74 R(e)；

　　　　G74 Z(W) Q(Δk) F＿；

G74 编程实例：用直径 18mm 的钻头在如图 3-59 所示棒料上钻孔，要求孔深 50mm，试编写加工程序。

O3008；	
M03 S500；	（主轴正转，500r/min）
T0303；	（调用 3 号刀位上的钻头）
G00 X0 Z2；	（钻孔循环起点）
G74 R1；	（Z 向回退 1mm）
G74 Z-50 Q10000 F0.1；	（指定孔深及间歇钻入量）
G00 Z100；	（Z 向退刀）
X100；	（X 向退刀）
M05；	（主轴停止）
M30；	（程序结束）

⑥ 外径/内径切槽循环指令 G75。

该指令适用于零件外圆或内孔中槽的宽度大于切槽刀的刃宽时使用。一般用于粗加工。

格式：G75 R(e)；

　　　　G75 X(U) Z(W) P(Δi) Q(Δk) R(Δd) F＿；

格式中，e 为 X 方向间断进给的回退量，半径值，单位为 mm；Δi 为 X 方向间断进给每次切入量，半径值，单位为 0.001mm；Δk 为刀具沿径向退出后，Z 方向周期进给每次移动量，单位为 0.001mm；Δd 为刀具切到槽底后，在槽底 Z 方向的退刀量，单位为 mm，若不能回退时，此项设为 0；X(U) Z(W) 的设置与指令 G94 的用法类似，即槽切削终点的 X、Z 绝对坐标值或切槽终点相对于循环起点的 U、W 增量坐标值。在执行该指令之前，先用指令 G00 使刀具快速定位到循环起点。

G75 编程实例：用 3mm 的槽刀（槽刀左侧刀尖为刀位点），车如图 3-60 所示的外径槽，试编写车槽程序。

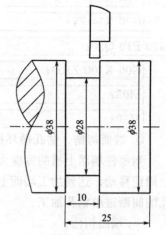

图 3-60 G75 编程实例

O3009；	
M03 S500；	（主轴正转，500r/min）

| T0404；| （调用 4 号刀位上的槽刀） |

| G00 X40 Z-18.1；| （切槽循环起点，Z 向留 0.1mm 精车余量） |

| G75 R0.2；| （径向回退 0.2mm） |

| G75 X28.1 Z-25 P2000 Q2500 R0 F0.08；| （指定车槽参数，X 向留 0.1mm 精车余量） |

| G00 Z-18；| （精车起点） |

| G01X28 F0.06； |

| Z-25； |

| X40；| （精车完成） |

| G00 X100 Z100；| （退刀） |

| M05；| （主轴停止） |

| M30；| （程序结束） |

⑦ 复合螺纹切削循环指令 G76。

该指令可根据指令中指定的螺纹底径值、螺纹 Z 向终点位置、牙深及第一次背吃刀量等加工参数，由系统自动计算完成螺纹粗、精加工的全部过程。复合螺纹切削循环指令 G76 的进给路线如图 3-61 所示，其进刀方式如图 3-62 所示。

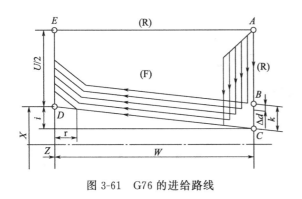

图 3-61　G76 的进给路线

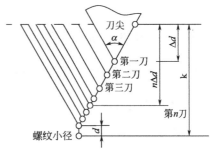

图 3-62　G76 的进刀方式

格式：G76 P$(m)(r)(a)$ Q(Δd_{min}) R(d)

　　　G76 X(U) Z(W) R(i) P(k) Q(Δd) F(L)；

格式中，m 为精加工重复次数，可以重复 1～99 次，模态量；r 为螺纹尾部倒角值（见图 3-61），该值可在 $0.0L$～$9.9L$（L 为导程）之间设定，单位为 $0.1L$（两位数 00～99），模态量；a 为刀尖角度（螺纹牙型角），可选择 80°、60°、55°、30°、29°、0° 六种中的一种，用两位整数表示，模态量；Δd_{min} 为最小切深量，半径值编程，单位为 0.001mm，在执行循环的过程中，计算的背吃刀量一旦小于此值，则按此最小切深继续执行循环；d 为精加工余量，半径值编程；i 为圆锥螺纹切削的半径差，若 $i=0$，则进行圆柱螺纹切削；k 为螺纹牙型的高度，半径值，单位为 0.001mm；Δd 为第一刀的背吃刀量，半径值，单位为 0.001mm；L 为螺纹导程。

说明：执行 G76 指令的进给路线如图 3-61 所示，刀具从循环起点 A 出发，首先快速定位到 B 点，然后按刀尖角度 α 所确定的方向（参考图 3-62），以 Δd 为 X 向切深到达螺纹切

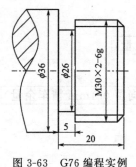

图 3-63　G76 编程实例

削起点，以螺纹切削方式到达距 D 点为 r 的位置，倒角退刀到 Z 轴终点，X 向快速退刀到 E 点，再快速返回到 A 点。若未达到螺纹切深，则循环继续。从进刀方式上看，系统可根据设置的刀尖角度，沿平行于牙型一侧的方向进刀，形成单刃切削，从而减小了切削阻力，提高了刀具寿命。而在精车阶段（图 3-62 中 d 段），仍采用径向进刀，保证了螺纹的加工质量。

G76 编程实例：用 G76 指令编制如图 3-63 所示零件的螺纹部分程序。

O3010；	
M03 S500；	（主轴正转，500r/min）
T0505；	（调用 4 号刀位上的槽刀）
G00 X32 Z2；	（螺纹车削起刀点）
G76 P011060 Q50 R50；	（指定螺纹车削循环及相关参数）
G76 X27.4 Z-17 R0 P1300 Q600 F2；	（指定螺纹车削循环及相关参数）
G00 X100 Z100；	（退刀）
M05；	（主轴停止）
M30；	（程序结束）

3.5　数控铣床及加工中心加工工艺与编程

3.5.1　数控铣床及加工中心的组成及特点

3.5.1.1　数控铣床的组成

数控铣床一般由数控系统、主传动系统（主轴部件）、进给伺服系统、辅助装置、机床基础部件等几大部分组成，如图 3-64 所示。

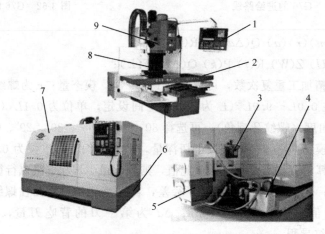

图 3-64　XKA714 型数控铣床的基本结构组成

1—机床（系统）面板；2—工作台；3—润滑系统；4—冷却系统；5—液压系统；
6—机床床身；7—防护罩；8—立柱；9—主轴箱

(1) 主轴部件

主轴部件是切削加工切削主运动的功率输出部件。它由主轴电动机、主轴箱、主轴、主轴轴承及装、卸刀装置等零部件组成。主轴的启、停和调速等动作均由数控系统控制，并且通过装在主轴上的刀具参与切削运动。

(2) 进给伺服系统

它是由进给电动机和进给执行机构组成，按照程序设定的进给速度实现刀具和工件之间的相对运动，进给运动包括直线运动和旋转运动。

(3) 控制系统

控制系统部分是由 CNC 装置、可编程序控制器、伺服驱动装置以及操作面板等组成。它是执行顺序控制动作和完成加工过程的控制中心。

(4) 辅助装置

辅助装置包括润滑、冷却、排屑、防护、液压及气动等部分。这些装置虽然不直接参与切削运动，但对数控机床的加工效率、加工精度和可靠性起着保障作用，因此也是数控机床中必不可少的部分。

(5) 机床基础部件

机床基础部件通常是指底座、立柱、横梁、工作台等，是整个机床的基础和框架。它们主要承受机床的静载荷以及在加工过程中产生的切削负荷，因此必须有足够的刚度和强度。这些基础部件可以是铸铁件，也可以是焊接的钢结构件，它们是机床中体积和重量最大的部件。

3.5.1.2　数控铣床的特点

(1) 结构特点

数控铣床在结构上要比普通铣床复杂得多，与其他数控机床（如数控车床）相比，数控铣床在结构上有以下特点：

① 控制机床的坐标轴数特征。为了将工件中复杂的曲面轮廓连续加工出来，必须控制刀具沿设定的直线、圆弧或空间直线、圆弧轨迹运动。这就要求数控铣床的伺服系统能在多坐标方向同时协调动作并保持预定的相互关系，即要求机床能实现多坐标联动。

② 数控铣床的主轴特性。在数控铣床的主轴一端的套筒内一般都设有自动拉刀、卸刀装置，能在数秒内完成装卸刀操作，使换刀操作省力、方便、快捷。此外，多坐标联动数控铣床的主轴还可以绕 X、Y 或 Z 轴做摆动，扩大了主轴自身的运动范围，但主轴的结构也更加复杂。

(2) 加工特点

数控铣床结构上的特点决定了数控铣床的加工对象非常广泛，它不仅可以加工各种平面、沟槽、螺旋槽、成形表面和孔，而且还能加工各种平面和空间等复杂型面，适合于加工各种模具、凸轮、板类及箱体类零件。

3.5.1.3　加工中心的组成

加工中心是在数控铣床的基础上发展起来的，目前世界各国生产出了各种类型的加工中心，虽然它们外形结构各异，但从结构组成来看，加工中心在数控铣床的基础之上增加了自

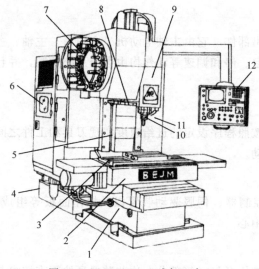

图 3-65 JCS-018A 立式加工中心

动换刀系统。

自动换刀系统（ATC）由刀库、换刀机械手等部件组成。当需要换刀时，数控系统发出指令，由换刀机械手（或通过其他方式）将加工所需刀具从刀库内取出装入主轴孔中。

图 3-65 为原机械工业部北京机床研究所生产的 JCS-018A 立式加工中心（带有自动换刀装置的数控机床）外观图，床身 1、立柱 5 为该机床的基础部件，交流变频调速电动机将运动经主轴箱 9 内的传动件传给主轴 10，实现旋转主运动。3 个宽调速直流伺服电动机分别经滚珠丝杠螺母副将运动传给工作台 3、滑座 2，实现 X、Y 坐标的进给运动，主轴箱 9 使其沿立柱导轨作 Z 坐标的进给运动。立柱左上侧的圆盘形刀库 7 可容纳 16 把刀，由机械手 8 进行自动换刀。立柱的左后部为数控柜 6，右侧为驱动电柜 11、机床（系统）面板 12，左下侧为润滑油箱 4。

3.5.1.4 加工中心的特点

(1) 结构特点

① 加工中心的刚度高、抗振性好。为了满足加工中心高自动化、高速度、高精度、高可靠性的要求，加工中心的静刚度、动刚度和机械结构系统的阻尼比都高于普通机床。

② 加工中心的传动系统结构相对简单，满足传动精度高、速度快的要求。

③ 加工中心的导轨都采用耐磨材料和新结构、新工艺，能长期保持导轨精度，在高速切削下，保证运动部件不振动，低速进给时不爬行及运动中的高灵敏度。

④ 设置有刀库和换刀机构。刀库用于存储刀具并根据要求将各工序所用的刀具运送到取刀位置；机械手可自动装卸刀具。

⑤ 具有主轴准停机构、刀杆自动夹紧松开机构和刀柄切屑自动清除装置。这是加工中心机床主轴部件中三个主要组成部分，也是加工中心机床能够顺利实现自动换刀所需具备的结构保证。

(2) 加工特点

① 全封闭防护，减少人为干扰，加工精度高。

② 能自动进行刀具交换，加工用时短，生产效率高。

③ 加工工序集中，减少工件搬运、装卡次数，加工精度更高，操作者的劳动强度更低。

④ 机床功能强大，趋向或实现复合加工，对加工对象的适应性强。

⑤ 机床具有网络功能，利于生产管理的现代化。

3.5.2 数控铣床及加工中心的分类

3.5.2.1 数控铣床的分类

(1) 按照数控铣床的主轴布置形式分类

① 立式数控铣床 立式铣床的主轴垂直于水平面。立式数控铣床是数控铣床中数量最

多的一种，应用范围最广。

② 卧式数控铣床　卧式数控铣床的主轴水平布置。为了扩大加工范围和使用功能，通常采用增加数控转盘或万能数控转盘来实现 4～5 轴加工，该类机床对箱体类零件或在一次装夹中需要改变工位的工件来说非常适合。

③ 立、卧两用数控铣床　该机床的主轴方向可以变换，能达到在一台机床上既可以进行立式加工，又可以进行卧式加工。其使用范围更广、功能更全，给生产批量小、品种多的用户带来很多方便。

立、卧两用数控铣床的主轴方向更换有手动和自动两种。采用数控万能主轴头的铣床，其主轴头可以任意转换方向，可以加工出与水平面呈各种不同角度的工件表面；当立、卧两用数控铣床增加数控转盘后，就可以实现对工件的"五面加工"，其加工性能非常优越。

(2) 按照数控系统控制的坐标轴数量分类

① 二轴半联动数控铣床　该类机床只能进行 X、Y、Z 三个坐标中的任意两个坐标轴联动加工，通常 X、Y 坐标联动，Z 轴单独运动。

② 三轴联动数控铣床　该类机床能进行 X、Y、Z 三个坐标的轴联动加工，适合平面及曲面类零件的加工，目前在数控铣床中的占比较大。

③ 四轴联动数控铣床　机床在进行 X、Y、Z 三个坐标轴联动（平动）加工的同时，机床主轴可以绕 X、Y、Z 三个坐标轴中的一个轴做数控摆角运动。

④ 五轴联动数控铣床　机床在进行 X、Y、Z 三个坐标轴联动（平动）加工的同时，机床主轴可以绕 X、Y、Z 三个坐标轴中的两个轴做数控摆角运动。

通常情况下，数控机床的联动轴数越多，机床的功能越强，加工范围越广，但随之而来的是机床的结构越复杂，编程的难度也更大，设备的价格也更高。

3.5.2.2　加工中心的分类

(1) 按照加工中心布局方式分类

① 立式加工中心　立式加工中心是指主轴轴心线为垂直状态布置的加工中心（图3-66）。立式加工中心主要适合加工盘类、套类、板类零件，其结构相对简单，占地面积小、价格低、便于操作及观察，因此应用较广。

② 卧式加工中心　卧式加工中心是指主轴轴心线为水平状态布置的加工中心。该类机床通常都带有可进行分度回转运动的分度工作台，使工件在一次装夹后，完成除安装面及顶面以外其余面的加工。与立式加工中心相比，卧式加工中心的结构复杂，占地面积大，价格也较高。

③ 复合加工中心　复合加工中心具有立式和卧式加工中心的功能，工件一次装夹后能完成除安装面以外所有侧面及顶面五个面的加工，因此也称为五面体加工中心。复合加工中心主要适用复杂外形、复杂曲线的中小型零件的加工，如各种复杂模具。但由于其机构复杂、价格高、编程难等缺点，所以其市场占有率远不

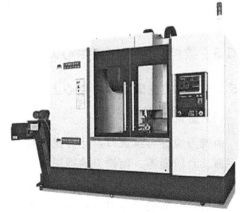

图 3-66　VMC850 立式加工中心

如其他类型的加工中心。

④ 虚拟轴加工中心 虚拟轴加工中心改变了以往传统机床的结构，通过多连杆的运动，实现主轴多自由度的运动，从而完成对复杂曲面类零件的加工。实质上是机器人技术和机床技术相结合的产物。

(2) 按加工中心的功能用途分类

① 数控镗铣加工中心机床 主要用于镗削、铣削、钻孔、扩孔、铰孔及攻螺纹等工序，特别适合于加工箱体类及形状复杂、工序集中的零件。

② 数控钻削加工中心机床 主要用于钻孔加工，也可进行小面积的端铣。该类机床具有高刚性、高精度、高速度、高效率、高可靠性等特点。被广泛适用于汽车、摩托车、仪器仪表、电子等行业的阀类、板盘类和箱壳类零件的快速钻孔、攻螺纹等加工工序及小型模具的端面高速铣削。

③ 数控车铣削加工中心 数控车铣加工中心是建立在传统数控加工方式上的一种新型加工方法，除主要用于加工轴类零件外，还可进行铣、钻（如横向钻孔）等工序的加工，并能实现 C 轴功能。和传统的数控加工相比，数控车铣加工中心的优势主要在于：减少了工件装夹次数，提高了工件加工精度，缩短了产品制造工艺链，提高了产品生产效率以及减少了机床占地面积，降低生产成本等几个方面。

(3) 按照运动坐标轴数和同时控制的坐标轴数分类

加工中心可分为三轴两联动加工中心、三轴三联动加工中心、四轴三联动加工中心、五轴四联动加工中心、六轴五联动加工中心等。

(4) 按工作台的数量分类

加工中心可分为单工作台加工中心、双工作台加工中心和多工作台加工中心。

多工作台加工中心有两个以上可更换的工作台，通过运送轨道可把加工完的工件连同工作台（也称托盘）一起移出加工部位，然后把装有待加工工件的工作台（托盘）送到加工部位，这种可交换的工作台可设置多个，实现多工作台加工。其优点是效率高，即在一个工作台进行加工的同时，下边的工作台进行装、卸工件；另外还可在其他工作台上都装上待加工的工件，开动机床后，能完成对这一批工件的自动加工，工作台上的工件可以是相同的，也可以是不同的，都可由程序进行处理。多工作台加工中心有立式的，也有卧式的。无论立式或卧式，它们采用的都是最先进的 CNC 系统，控制系统功能全面，计算速度快，内存容量大，所以价格昂贵。

3.5.3 数控铣床及加工中心刀具和工装

3.5.3.1 数控铣床及加工中心上常用铣刀的种类

(1) 面铣刀

面铣刀也称为盘铣刀，此类铣刀具有直径大、刚性好的特点，在数控铣床上主要用于加工平面、台阶面等。面铣刀的圆周表面和端部上都有切削刃，端部切削刃为副切削刃。面铣刀多制成套式镶齿结构，刀齿为高速钢或硬质合金，刀体多为 40Cr。

硬质合金面铣刀按刀片和刀齿的安装方式不同，可分为整体焊接式、机夹焊接式和可转位式三种，由于整体焊接式和机夹焊接式面铣刀难于保证焊接质量，刀具寿命低，重磨较费

时，目前已逐渐被可转位式面铣刀所取代。如图
3-67 所示。

（2）立铣刀

立铣刀是数控机床上用得最多的一种铣刀，其
结构如图 3-68 所示。立铣刀的圆柱表面和端面上都
有切削刃，它们可同时进行切削，也可单独进行
切削。

立铣刀分为硬质合金立铣刀和高速钢立铣刀两
种（见图 3-68），主要用于加工沟槽、台阶面、平
面和二维曲面（例如平面凸轮的轮廓）。习惯上用

图 3-67　可转位式硬质合金面铣刀

直径表示立铣刀名称，如 $\phi15$ 立铣刀，表示直径为 15mm 的立铣刀。

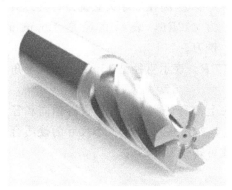

(a) 高速钢立铣刀

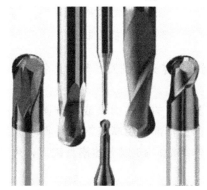

(b) 硬质合金立铣刀

图 3-68　立铣刀

立铣刀通常由 3～6 个刀齿组成。每个刀齿的主切削刃分布在圆柱面上，呈螺旋线形，
其螺旋角在 30°～45°之间，这样有利于提高切削过程的平稳性，提高加工精度；刀齿的副切
削刃分布在端面上，用来加工与侧面垂直的底平面。立铣刀的主切削刃和副切削刃可以同时
进行切削，也可以单独进行切削。

（3）键槽铣刀

键槽铣刀（图 3-69）有两个刀齿，圆柱面上和端面上都有切削刃。端面刃延至圆中心，
使铣刀可以沿其轴向进刀，切出键槽深，又可以用铣刀圆柱面上刀刃铣削出键槽长度。铣削

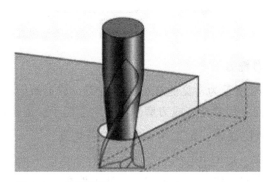

图 3-69　键槽铣刀

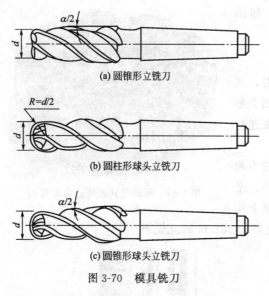

(a) 圆锥形立铣刀

(b) 圆柱形球头立铣刀

(c) 圆锥形球头立铣刀

图 3-70　模具铣刀

时，铣刀先对工件铣孔，然后沿工件轴线铣出键槽全长。

(4) 模具铣刀

模具铣刀是由立铣刀发展而成的，其直径一般为 4～63mm。主要用于加工三维的模具型腔或凸凹模成形表面。通常有以下三种类型（图 3-70）。

① 圆锥形立铣刀（圆锥半角可为 3°、5°、7°、10°等），其刀具名称通常记为 $\phi 10 \times 5°$，表示直径是 10mm，圆锥半角为 5°的圆锥立铣刀。

② 圆柱形球头立铣刀，其刀具名称通常为 $\phi 12 R 6$，表示直径是 12mm 的球头立铣刀。

③ 圆锥形球头立铣刀，其刀具名称 $\phi 15 \times 7° R$，表示直径是 15mm，圆锥半角为 7°的圆锥形球头立铣刀。

在模具铣刀的圆柱面（或圆锥面）和球头上都有切削刃，可以进行轴向和径向进给切削。铣刀的工作部分用高速钢或硬质合金制造，如图 3-71 所示。小尺寸的硬质合金模具铣刀制成整体结构；$\phi 6$ 以上的模具铣刀，可制成可转位刀片形式。

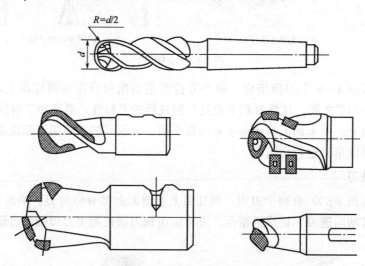

图 3-71　硬质合金模具铣刀

(5) 成形铣刀

如图 3-72 所示为常见的几种成形铣刀，成形铣刀一般为专用刀具，即为某个工件或某项加工内容而专门制造（或刃磨）的。它适用于加工特定形状面和特形的孔、槽等。

3.5.3.2　数控铣床、加工中心常用工装夹具

数控铣床、加工中心的工件装夹一般都是以平面工作台为安装的基础，定位夹具或工件，并通过夹具最终定位夹紧工件，使工件在整个加工过程中始终与工作台保持正确的相对

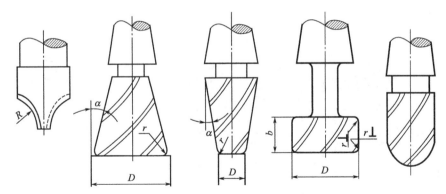

图 3-72　成形铣刀

位置。数控铣床、加工中心的工件装夹方法基本相同，装夹原理是相通的。

（1）数控铣床、加工中心工件装夹的基本要求

为适应数控铣床、加工中心对工件铣、钻、镗等加工工艺的特点，数控铣床、加工中心加工对夹具和工件装夹通常有如下的基本要求：

① 数控铣床、加工中心夹具应有足够的夹紧力、刚度和强度　为了承受较大的铣削力和断续切削所产生的振动，数控铣床、加工中心的夹具要有足够的夹紧力、刚度和强度。

夹具的夹紧装置尽可能采用扩力机构；夹紧装置的自锁性要好；尽量用夹具的固定支承承受铣削力；工件的加工表面尽量不超出工作台；尽量降低夹具高度。

② 尽量减小夹紧变形　加工中心有集中工序加工的特点，一般是一次装夹完成粗、精加工。工件在粗加工时，切削力大，需要的夹紧力也大。但夹紧力又不能太大，否则松开夹具后零件会发生变形。因此，必须慎重选择夹具的支承点、定位点和夹紧点。如果采用了相应措施仍不能控制工件变形，只能将粗、精加工分开，或者粗、精加工使用不同的夹紧力。

③ 夹具在机床工作台上定位连接　数控机床在加工中机床、刀具、夹具和工件之间应有严格的相对坐标位置。数控铣床、加工中心的工作台是夹具和工件定位与安装的基础，应便于夹具与机床工作台的定位连接。

加工中心工作台上设有基准槽、中央 T 形槽，可把标准定位块插入工作台上的基准槽、中央 T 形槽中，使安装的工件或夹具紧靠标准块，达到定位的目的，作为工件或夹具的定位基准。

数控机床还常在工作台上装固定基础板，方便工件、夹具在工作台上的定位。基础板预先调整好相对数控机床的坐标位置，板上有已加工出准确位置的一组定位孔和一组紧固螺孔，方便夹具安装。如图 3-73 所示为数控机床工作台上装固定基础板。

④ 夹紧机构或其他元件不得影响进给　加工部位要敞开，夹紧元件的空间位置能低就低，要求夹持工件后夹具上一些组成件不影响刀具进给。

⑤ 装卸方便，辅助时间尽量短　由于加工中心效率高，装夹工件的辅助时间对加工效率影响较大，所以要求配套夹具结构力求简单，装卸快而方便。

（2）数控铣床、加工中心常用的通用夹具

① 用平口虎钳装夹工件　数控铣床常用夹具是平口虎钳，先把平口虎钳固定在工作台上，找正钳口，再把工件装夹在平口虎钳上，这种方式装夹方便，应用广泛，适于装夹形状规则的小型工件。在机床上用平口虎钳装夹工件，如图 3-74 所示。

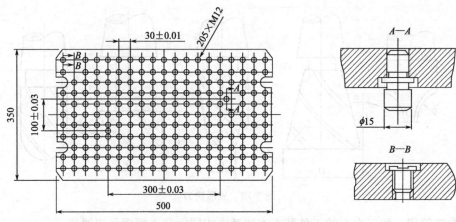

图 3-73 数控机床工作台上装固定基础板

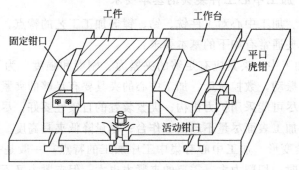

图 3-74 平口虎钳装夹工件操作

工件在平口虎钳上装夹时，应注意以下事项：

a. 装夹工件时，必须将工件的基准面紧贴固定钳口或导轨面；在钳口平行于刀杆的情况下，承受铣削力的钳口必须是固定钳口。

b. 工件的铣削加工余量层必须高出钳口，以免铣刀触及钳口，以致铣坏钳口和损坏铣刀。如果工件低于钳口平面时，可以往工件下面垫放适当厚度的平行垫铁，垫铁应具有合适的尺寸和较小的表面粗糙度值。

c. 工件在平口虎钳上装夹的位置应适当，使工件装夹后稳固可靠，不致在铣削力的作用下产生移动。

② 压板装夹工件　对中型、大型和形状比较复杂的零件，一般采用压板将工件紧固在数控铣床工作台台面上，压板装夹工件时所用工具比较简单，主要是压板、垫铁、T形螺栓（或 T 形螺母和螺栓）及螺母。但为满足不同形状零件的装夹需要，压板的形状种类也较多。例如：箱体零件在工作台上安装，通常用三面安装法，或采用一个平面和两个销孔的安装定位，而后用压板压紧固定。

如图 3-75 所示，设置圆柱销、定位块定位工件，用压板夹紧工件。

压板和螺栓的设置过程是：

a. 将定位销固定到机床的 T 形槽中，并将垫板放到工作台上。

b. 选择合适的压板、台阶形垫块和 T 形螺栓，并将它们安放到对应的位置上。

c. 将零件夹紧。

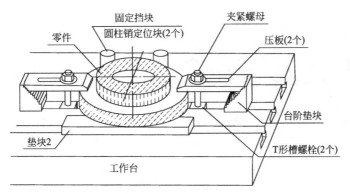

图 3-75　压板夹紧工件操作

当使用压板装夹工件时，应注意下列事项：

a. 将工件的铣削部位一定要让出来，切忌被压板压住，以免妨碍铣削加工的正常进行。

b. 压板垫铁的高度要适当，防止压板和工件接触不良。

c. 装夹薄壁工件时，夹紧力的大小要适当。

d. 螺栓要尽量靠近工件，以增大夹紧力。

e. 在工件的光洁表面与压板之间，必须放置铜垫片，以免损伤工件表面。

f. 工件受压处不能悬空，如有悬空处应垫实。

g. 在铣床工作台台面上直接装夹毛坯工件时，应在工件和工作台台面之间加垫纸片或铜片。这样不但可以保护铣床工作台台面，而且还可以增加工作台台面和工件之间的摩擦力，使工件夹紧牢固可靠。

③ 铣床上的三爪卡盘应用　在需要夹紧圆柱表面时，使用安装在机床工作台上的三爪卡盘最为适合。如果已经完成圆柱表面的加工，应在卡盘上安装一套软卡爪。使用端铣刀加工卡爪，直至达到需要夹紧的圆柱表面的准确直径。应记住在加工卡爪时，必须夹紧卡盘。最好使用一块棒料或六角螺母，一定要保证卡爪紧固，并给刀具留有空间，以便切削至所需深度。

如图 3-76 所示，在工作台安放三爪卡盘，并用卡盘定位、夹紧圆柱工件。

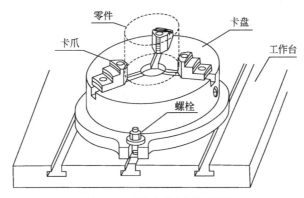

图 3-76　三爪卡盘夹圆柱工件

（3）专用夹具、组合夹具、可调夹具的选用

① 专用夹具　对于工厂的主导产品，批量较大、精度要求较高的关键性零件，在加工

图 3-77　连杆加工专用夹具

中心上加工时，选用专用夹具是非常必要的。

专用夹具是根据某一零件的结构特点专门设计的夹具，具有结构合理、刚性强、装夹稳定可靠、操作方便，能提高安装精度及装夹速度等优点。选用这种夹具，一批工件加工后，尺寸比较稳定，互换性也较好，可大大提高生产率。但是，专用夹具所固有的只能为一种零件的加工所专用的狭隘性，与产品品种不断变型更新的形势不相适应，特别是专用夹具的设计和制造周期长，花费的劳动量较大，加工简单零件时不太经济。

② 组合夹具　组合夹具是一种标准化、系列化、通用化程度很高的工艺装备。组合夹具由一套预先制造好的不同形状、不同规格、不同尺寸的标准元件及部件组装而成，组合夹具元件具有完全互换性及高耐磨性。各种标准元件、部件及作用如表 3-2。

表 3-2　组合夹具的标准元件、部件及作用

序号	类别	作　用	序号	类别	作　用
1	基础件	夹具的基础元件	5	压紧件	作压紧元件或工件的元件
2	支撑件	作夹具骨架的元件	6	紧固件	作紧固元件或工件的元件
3	定位件	元件间定位和工件正确安装用的元件	7	其他件	在夹具中起辅助作用的元件
4	导向件	在夹具上确定切削工具位置的元件	8	合件	用于分度、导向、支撑等的组合件

组合夹具一般是为某一工件的某一工序组装的夹具，组合夹具把专用夹具的设计、制造、使用、报废的单向过程变为组装、拆散、清洗入库、再组装的循环过程。可用几小时的组装周期代替几个月的设计制造周期，从而缩短了生产周期，节省了工时和材料，降低了生产成本；还可减少夹具库房面积，有利于管理。

组合夹具的元件精度一般为 IT6～IT7 级。用组合夹具加工的工件，位置精度一般可达 IT8～IT9 级，若精心调整，可以达到 IT7 级。

由于组合夹具有很多优点，又特别适用于新产品试制和多品种小批量生产，所以近年来发展迅速，应用较广。组合夹具的主要缺点是体积较大，刚度较差，一次投资多，成本高，这使组合夹具的推广应用受到一定限制。

组合夹具分为槽系和孔系两大类。

a.槽系组合夹具。槽系组合夹具是元件间主要靠键和槽定位的组合夹具。槽系夹具根据 T 形槽宽度分大（16mm）、中（12mm）、小（8mm）三种系列，槽系组合夹具由八大类元件组成，即基础件、合件、定位件、紧固件、压紧件、支承件、导向件和其他件。槽系组合夹具应用示例如图 3-78 所示。

b.孔系组合夹具。孔系组合夹具是元件间通过孔与销来定位的组合夹具。孔系根据孔径分四种系列（d=10mm、12mm、16mm、24mm）。孔系组合夹具的元件类别与槽系组合夹具相似，也分为八大类元件，但没有导向件，而增加了辅助件。

如图 3-79 所示为部分孔系组合夹具元件的分解图。由图 3-79 中可以看出孔系组合夹具元件间孔、销定位和螺纹连接的方法。孔系组合夹具元件上定位孔的精度为 H6，定位销的精度为 K5，而定位孔中心距误差为±0.01mm。

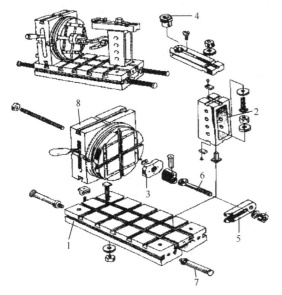

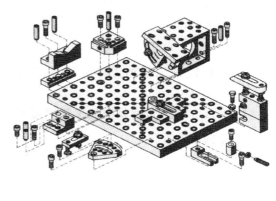

图 3-78　槽系组合夹具

图 3-79　孔系组合夹具

1—长方形基础板；2—方形支撑件；3—菱形定位盘；

4—快换钻套；5—叉形压板；6—螺栓；

7—手柄杆；8—分度合件

孔系组合夹具具有精度高、刚性好、易于组装等特点，特别是它可以方便地提供数控编程的基准——编程原点，因此在数控机床上得到广泛应用。

③ 可调夹具　通用可调夹具与成组夹具都属于可调夹具。其特点是只要更换或调整个别定位、夹紧或导向元件，就可用于形状和工艺相似、尺寸相近的多种零件的加工。不仅适合多品种、小批量生产的需要，也能应用在少品种、较大批量的生产中。采用可调夹具，可以大大地减少专用夹具的数量，缩短生产准备周期，降低产品成本。可调夹具是比较先进的新型夹具。

a.通用可调夹具。通用可调夹具是在调节范围内可无限调节的夹具。通用可调夹具的加工对象较广，但加工对象不十分确定。

通用可调夹具由基础部分和调整部分所组成。基础部分一般包括夹具体、夹紧机构及传动机构等，调整部分一般包括定位、夹紧、导向元件中的一些可换件或可调件。通过对可调、换部件的调整或更换，可适合工艺、形状、尺寸、精度相似的不同零件的加工。

b.成组夹具。成组夹具是为适合一组零件某工序的加工而设计的夹具，同组零件有相似加工结构，成组夹具根据组内的典型零件进行设计，并能保证适合同组零件加工的技术要求。

成组夹具力求结构紧凑，使用方便，在考虑成组生产批量和经济性的条件下，应尽可能提高成组夹具的使用性能，并能通过简单夹具调整适应产品的更新换代，加速新产品的投产。

成组夹具的调整性能在很大程度上决定了夹具的使用效果。简易可行、迅速、精确是成组夹具调整性能最主要的要求。

④ 数控铣床、加工中心用夹具选用　在选择夹具时，根据产品的生产批量、生产效率、质量保证及经济性等，可参照下列原则选用。

a. 在单件或研制新产品且零件较简单时，尽量采用平口虎钳和三爪卡盘等通用夹具。

b. 在生产量小或研制新产品时，应尽量采用通用组合夹具。

c. 成批生产时可考虑采用专用夹具，但应尽量简单。

d. 在生产批量较大时，可考虑采用多工位夹具和气动、液压夹具。

3.5.4　数控铣床及加工中心基本编程指令

(1) G25/G26 可编程的加工范围限制指令

指令的格式如下：

G25 X_ Y_ Z__；下加工区域限制（在一个单独的 NC 程序段内编程）

G26 X_ Y_ Z__；上加工区域限制（在一个单独的 NC 程序段内编程）

WALIMON：工作区域限制有效

WALIMOF：工作区域限制无效

G25/G26 的功能如图 3-80 所示。这个功能在工作区域内为刀具运动设置一个保护区。

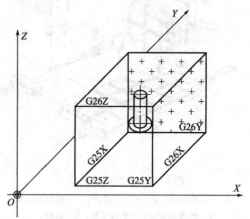

图 3-80　G25/G26 应用实例

G25/G26 限制所有的轴，所确定的值立即生效，复位和重新启动功能也不丢失。

N5 G53 G17 G90 G40 D0；	（程序初始化）
N10 T4；	（选 4 号刀）
N15 L6；	（换刀）
N20 S600；	（主轴转速 600r/min）
N25 M03；	（主轴正转）
N30 G54；	（用 G54 建立工件坐标系）
N35 G25 X-80 Y-70 Z30；	（为每一根轴定义下限）
N40 G26 X280 Y360 Z120；	（为每一根轴定义上限）
N45 L100；	（调用子程序 L100 加工零件）
N50 G00 Z200；	（快速移动到 Z200，准备换刀）
N55 T5；	（选 5 号刀）
N60 L6；	（换刀）
N65 WALIMOF；	（取消工作区域限制）
N70 G01 Z-15 F30；	（钻孔）
N75 G00 Z200；	（快速移动到 Z100）
N80 WALIMON；	（工作区域限制有效）
N85 M30；	（主程序结束）

（2）系设定指令（G92）

坐标系编程时，有三种方法可以设置工件坐标系，第一种方法是在 G92 之后指定坐标值。指定的坐标值一般是开始加工时刀具刀位点在工件坐标系中的坐标值。程序在执行 G92 坐标系设定指令时，可将该坐标值输入至数控系统的存储器内，从而在机床上建立起工件坐标系。坐标系设定指令的格式如下：

G92 X__ Y__ Z__ ；

X__ Y__ Z__ 为刀具上刀位点在工件坐标系中的初始位置，即刀具起刀点的位置。在执行 G92 指令之前应确认刀具刀位点已处于该位置。零件在加工之前，操作者通常要通过测量对刀等手段将刀具刀位点调整到刀具起始点的位置，否则加工就不正确了。如图 3-81 所示，该图中设刀具刀位点经测量已调整到工件对称中心到顶面距离为 50mm 的位置，如果程序中坐标系设定指令为 G92X0Y0Z50.0；则工件坐标系设置在工件顶面的位置，如果为 G92X50.0Y40.0Z50.0；则工件坐标系原点位于工件左下角位置。使用 G92 坐标系设定指令编程时，应注意在程序结束之前一定要使刀具返回到刀具起始点的位置，以便于程序继续加工。

执行 G92 指令时，机床不动作，即 X、Y、Z 轴均不移动。但屏幕显示器上绝对坐标系的坐标值却发生了变化。为了验证坐标值的变化情况，可以选择单段运行方式，然后执行 G92 程序段，此时在屏幕显示器上，绝对坐标系的坐标值将发生变化，即执行后的显示值应与 G92 程序段中 X、Y、Z 所写坐标值一致。

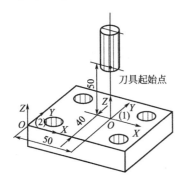

图 3-81　设定工件坐标系

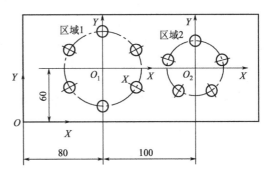

图 3-82　多程序原点编程举例

利用 G92 可以实现多程序原点编程，如图 3-82 所示为多程序原点编程的应用情况。为了便于编程中的数值计算，程序中首先在零件定位基准点建立坐标系，刀具在定位基准点对刀，对区域 1 加工时，刀具快速定位到 O_1 点；对区域 2 加工时，刀具又快速定位到 O_2 点，再以 O_2 点为原点建立坐标系。加工完成后刀具又返回到程序起始位置。程序如下：

N01 G92 X0 Y0 Z100.0；	（程序原点定义在定位基准点 O）
N02 G90 G00 X80.0 Y60.0；	（刀具快速移动到 O_1 点）
N03 G92 X0 Y0 Z100.0；	（程序原点定义在 O_1 点）
·········	（完成区域 O_1 加工）
N10 G00 X100.0 Y0 Z100.0；	（刀具快速移动到 O_2 点）
N11 G92 X0 Y0 Z100.0；	（程序原点定义在 O_2 点）

········	（完成区域 O_2 加工）
N20 G00 X-180.0 Y-60.0 Z100.0；	（刀具快速返回到定位基础点 O）
N21 M30；	（程序结束）

以上程序中，如考虑安全因素，N10 与 N20 程序段中的 Z100.0 快速提刀运动可安排在前一程序段完成；而且这个提刀运动是必需的，否则下一程序段中程序原点设定的位置就不正确了。

利用 G92 设定工件坐标系的编程方法在单件手动换刀的加工条件下尚有应用，每次手动换刀后，无须设置参数，程序中也不使用刀具长度偏置指令。当一个工件加工需多工序多刀加工时，只需在第 1 次对刀时调整好 XY 平面原点位置，每次换刀后仅刀长会发生变化，因此仅在 Z 轴方向对刀即可。用 G92 编程的不足之处是，当因某种原因而造成程序中途停止时，再次启动程序前必须再次手动将刀具刀位点调整到起刀点位置。

与用 G92 设定工件坐标系类似的方法是自动设置工件坐标系，这是设定工件坐标系的第二种方法，无需任何指令。当执行手动返回参考点后，就自动设定了工件坐标系。其结果是，刀具夹头的基准点或刀具的刀位点即位于 $X=a$，$Y=B$，$Z=r$ 处，这与在参考点位置执行 G92 X a Y B Z r；的结果是一致的。尽管这种编程方法在数控铣床或加工中心的编程中极少应用，但它会对用 G54～G59 编程时的编程习惯产生一些影响。由于加工中心的换刀点大多设置在参考点位置，当用 G28 执行自动参考点返回时，已设置的工件坐标系就会被这个坐标系所取代，因此每次换刀后在刀具运动之前，还要再次使用 G54～G59 之一选择工件坐标系，即使工件坐标系的选择没有变化，与此形成对照的是数控车床的编程，由于数控车床的刀具偏置是在 X、Z 轴方向共同进行的，通过刀具长度补偿完全取代工件零点偏置，因此加工中可以不用 G50，同时也不用 G54～G59。

3.5.5 数控铣床及加工中心刀具补偿功能

铣削加工中，应用不同的刀具时，其半径、长度一般是不同的。为了编程方便，使数控程序与刀具尺寸尽量无关，数控系统一般都具有刀具半径和长度补偿功能。

3.5.5.1 刀具半径补偿

数控机床在加工过程中，它所控制的是刀具中心的轨迹，为了方便起见，用户总是按零件轮廓编制加工程序，因此为了加工所需的零件轮廓，在进行内轮廓加工时，刀具中心必须向零件的内侧偏移一个刀具半径值；在进行外轮廓加工时，刀具中心必须向零件的外侧偏移一个刀具半径值。这种根据零件轮廓编制程序，并在程序中只给出刀具偏置的方向指令 G41（左偏）或 G42（右偏）以及代表刀具半径值的寄存器地址号 D××，数控装置能实时自动生成刀具中心轨迹的功能称为刀具半径补偿功能。

根据 ISO 标准，沿着刀具前进的方向观察，见图 3-83，刀具中心轨迹偏在工件轮廓的左边时，用左补偿指令 G41 表示；刀具中心轨迹偏在工件轮廓的右边时，用右补偿指令 G42 表示；G40 用于取消刀具半径补偿功能。

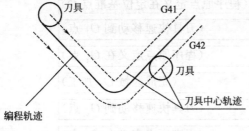

图 3-83 刀具半径补偿

（1）指令格式

$$\begin{Bmatrix} G17 \\ G18 \\ G19 \end{Bmatrix} \begin{Bmatrix} G41 \\ G42 \end{Bmatrix} \begin{Bmatrix} G00 \\ G01 \end{Bmatrix} \begin{Bmatrix} X\_\_\ \ Y\_\_ \\ X\_\_\ \ Z\_\_ \\ Y\_\_\ \ Z\_\_ \end{Bmatrix} \begin{Bmatrix} D\_\_ \end{Bmatrix};$$

格式中，G41 为刀具半径左补偿；G42 为刀具半径右补偿；D 为刀具半径补偿值的寄存器地址代码。

用 G17、G18、G19 平面选择指令，选择进行刀具半径补偿的工作平面。例如：当执行 G17 命令之后，刀具半径补偿仅影响 X、Y 轴移动，而对 Z 轴没有作用。

（2）刀具半径补偿的注意事项

① 使用刀具半径补偿和取消刀具半径补偿时，刀具必须在所补偿的平面内移动，且移动距离应大于刀具补偿值。

② G40、G41、G42 须在 G00 或 G01 模式下使用，不得使用 G02 和 G03（个别特殊系统除外）。

③ D00～D99 为刀具半径补偿值的寄存器地址号，D00 意味着刀具补偿取消，刀具半径补偿值在加工或试运行之前须设定在补偿存储器中。

④ 当指定 G41 或 G42 时，其后面的两句程序段被预读作为判断方向之用，因此 G41 或 G42 后面不能出现连续两句非移动指令，如指令 M、S、G04 等，否则会出现过切现象。

⑤ 当前面有 G41 或 G42 时，如要转换为 G42 或 G41 时一定要指定 G40，不能由 G41 直接转换到 G42。

⑥ 加工半径小于刀具半径的内圆弧时，进行半径补偿将产生过切，见图 3-84，只有过渡圆角 R 大于等于刀具半径 r 加工余量的情况下才能正常切削。

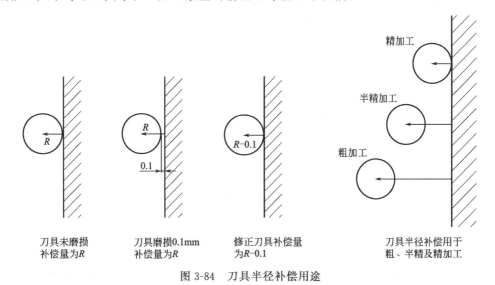

刀具未磨损
补偿量为 R

刀具磨损 0.1mm
补偿量为 R

修正刀具补偿量
为 $R-0.1$

刀具半径补偿用于
粗、半精及精加工

精加工

半精加工

粗加工

图 3-84　刀具半径补偿用途

（3）刀具半径补偿功能的主要用途

在零件加工过程中，采用刀具半径补偿功能，可大大简化编程的工作量。具体体现在以下三个方面：

① 实现根据编程轨迹对刀具中心轨迹的控制，避免了烦琐的数学计算。

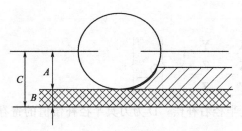

图 3-85　粗精加工补偿值设定示意图

A—刀具半径；B—精加工余量；C—补偿值

② 可避免在加工中由于刀具半径的变化而重新编程的麻烦，如由于刀具磨损时，只需修正刀具半径补偿值即可，见图 3-84。

③ 减少粗、精加工程序编制的工作量。可以通过改变刀具半径补偿值大小的方法，实现利用同一程序进行粗、精加工，而不必为粗、精加工各编制一个程序，见图 3-85。在图 3-85 中，设定的补偿值为：粗加工补偿值 $C＝A＋B$；精加工补偿值 $C＝A$。

（4）刀具半径补偿过程

刀具半径补偿一般分为三个过程：启动刀补、补偿模式、取消补偿。

① 启动刀补　当程序满足下列条件时，机床以移动坐标轴的形式开始补偿动作：

a. 有 G41 或 G42 指令；

b. 在补偿平面内有轴的移动；

c. 指定一个补偿编号或已经确定了一个补偿编号，但不能是 D00；

d. 在 G00 或 G01 模式下（若用 G02 或 G03，机床会报警；但是目前有些机床的数控系统也可以用 G02 或 G03）。

补偿模式：在补偿开始后，进入补偿模式，此时半径补偿在 G00、G01、G02、G03 模式下均有效。

② 取消补偿　当满足下面两个条件中任意一个时，补偿模式被取消，称此过程为取消刀补：

a. 指令 G40，同时要有补偿平面内坐标轴的移动；

b. 刀具补偿号为 D00。与建立刀具半径补偿类似，取消刀补也必须在 G00 或 G01 模式下进行，若使用 G02 或 G03 则机床会报警。

如图 3-86 所示，刀具起始点在（X0，Y0），高度 50mm，使用刀具半径补偿时，由于接近工件和切削工件时要有 Z 轴的移动，这时容易出现过切现象，编程时应注意避免。程序如下：

O0001;

N5　G90 G54（G17）G00 X0 Y0;

N10 S1000 M03;

N15 Z100.;

N20 G41 X20. Y10. D01;

N25 Z5.;

N30 G01 Z-10. F100;

N35 G01 Y50. F200;

N40 X50.;

N45 Y20.;

N50 X10.;

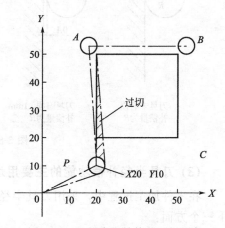

图 3-86　刀具半径补偿的过切现象

N55 G40 G00 X0 Y0（M05）；

N60 Z100.；

N65 M30；

当半径补偿从 N20 句开始建立的时候，数控系统只能预读下面两个程序段判断方向，而这两个程序段（N25、N30）都为 Z 轴移动，没有补偿平面 XY 内的坐标移动，系统无法判断下一步补偿的矢量方向，这时系统并不报警，补偿继续进行，只是 N20 程序段的目标点发生变化，刀具中心将移动到（20，10）点，其位置是 N20 程序段中目标点，当程序执行到 N35 句时，系统能够判断补偿方向，刀具中心运行到 A 点，于是产生了图中阴影表示区域的过切。

3.5.5.2　刀具长度补偿

当在加工中心上使用多把刀完成一道或几道工序的加工时，所有刀具测得的 X、Y 值均不改变，但测得的 Z 值是变化的，原因是每把刀的长度都不同，刀柄的长短也有区别，因此现代数控系统引入刀具长度补偿功能来补正刀具实际长度的差异。实际编程中通过设定轴向长度补偿，使 Z 轴移动指令的终点位置比程序给定值增加或减少一个补偿量。刀具长度补偿分为正向补偿和负向补偿，分别用 G43（正向补偿）和 G44（负向补偿）指令表示。

指令格式：

G43 Z__ H__；刀具正向补偿。

G44 Z__ H__；刀具负向补偿。

格式中，Z 为指令终点坐标值，H__ 为刀具长度偏置寄存器的地址，该寄存器存放刀具长度的偏置值。

G49 指令用于刀具长度补偿取消。当程序段中调用 G49 时，则 G43 和 G44 均从该程序段起被取消。H00 也可以作为 G43 和 G44 的取消指令。

执行 G43 时，系统认为刀具加长，刀具远离工件

$$Z_{实际值}=Z_{编程值}+(H\times\times)$$

执行 G44 时，系统认为刀具缩短，刀具趋近工件

$$Z_{实际值}=Z_{编程值}-(H\times\times)$$

其中（H××）为 ×× 寄存器中的补偿量，其值可以为正或者为负，当长度补偿值为负值时，G43 和 G44 的功效将互换。

如图 3-87 所示，用刀具长度偏置编程镗图 3-87 中的 1♯、2♯、3♯孔，程序如下：

O0001；

N5 G91 G00 X120.0 Y80.0；

N10 G43 Z-32.0 H1；

N15 G01 Z-21.0 F1000；

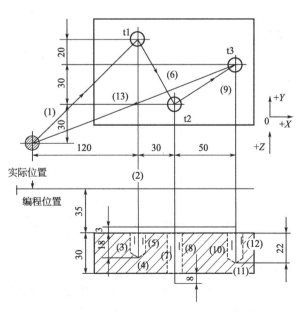

图 3-87　刀具长度偏置编程

```
N20 G04 P2000;
N25 G00 Z21.0;
N30 X30.0 Y-50.0;
N35 G01 Z-41.0;
N40 G00 Z41.0;
N45 X50.0 Y30.0;
N50 G01 Z-25.0;
N55 G04 P2000;
N60 G00 Z57.0 H0;
N65 X-200.0 Y-60.0;
N70 M02;
```

3.5.6 数控铣床及加工中心固定循环功能

在数控加工中,某些加工动作已经典型化,这一系列动作已经由数控系统预先编好程序,存储在内存中,可用相应的 G 指令调用,从而简化了编程工作,这种包含了典型动作循环的 G 代码称为固定循环指令。孔加工主要包括钻孔、镗孔、攻螺纹等。利用固定循环功能,在一个程序段中就能编写出孔加工的全部动作,从而使编程工作得到简化。多孔加工时,如果某些数据没有变化,在下面的程序段中就可以省略不写,因而可以进一步简化程序。

3.5.6.1 固定循环的动作

如图 3-88 所示,孔加工固定循环由 6 个顺序动作组成。

动作 1——孔中心定位 X 轴和 Y 轴,使刀具快速定位到孔加工位置。

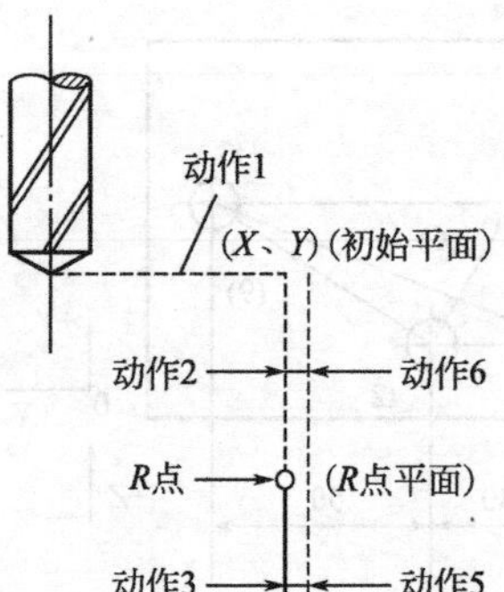

动作 2——快进到 R 点平面 -Z 方向的运动,刀具自初始点快速定位到 R 点。

动作 3——孔加工以切削进给的方式执行孔加工动作。

动作 4——在孔底的动作包括暂停、主轴准停、刀具移位等动作。

动作 5——返回到 R 点孔加工后,可以用快速、工进、手动等方式返回到 R 点。

动作 6——返回到初始平面,从 R 点平面快速移动到初始平面。

图 3-88 固定循环的动作

图 3-88 中用虚线表示快速进给,用细线表示切削进给。孔加工时需要正确设置三个高度平面,分别称为初始平面、R 点平面、孔底平面。

(1) 初始平面

初始平面是为安全下刀而规定的平面,在执行孔加工循环功能之前,就应使刀具定位到该平面。初始平面又称为安全平面或安全高度,可以在安全高度的范围内任意设定。

(2) R点平面

R点平面又叫做R参考平面或进给平面。这个平面是刀具下刀时从快进转为工进的高度平面,也是刀具返回时选择的一个高度平面,确定其到工件表面尺寸的变化,一般可取2~5mm。

(3) 孔底平面

加工盲孔时孔底平面就是孔底的位置高度,加工通孔时一般刀具还要伸出工件底平面一段距离,以保证全部孔深都加工到尺寸,钻削加工时还应考虑钻头钻尖对孔深的影响。以普通麻花钻钻孔为例,钻尖处的锋角约为116°~118°。如图3-88所示,加工通孔时的轴向超越距离可按 $0.3d + (1 \sim 2)$ mm 确定。

3.5.6.2 固定循环的代码组成

孔加工固定循环的一般格式如下:

$$\begin{Bmatrix} G17 \\ G18 \\ G19 \end{Bmatrix} \begin{Bmatrix} G90 \\ G91 \end{Bmatrix} \begin{Bmatrix} G98 \\ G99 \end{Bmatrix} \quad G73/G89 \ X\_\ Y\_\ R\_\ Z\_\ K\_\ P\_\ Q\_\ F\_\ ;$$

(1) 孔定位平面和钻孔轴的指令

孔定位平面由坐标平面选择 G17/G18/G19 指令,钻孔轴为选择平面的垂直轴。固定循环取消之后才能更换定位平面和钻孔轴。若将参数 No. 5101♯0 (FXY) 设置为 0 时,Z 轴总是钻孔轴。

(2) 孔加工循环方式

由 G73、G74、G76、G81~G89 选择孔加工循环方式。取消固定循环用 G80 或 01 组 G代码。孔加工方式中的代码除 K 之外都是模态的,一旦在钻孔方式中钻孔数据被指定,数据被保持,直到被修改或清除。在循环开始时要指定全部所需的钻孔数据。在固定循环执行期间,只能用指令修改数据。

(3) 孔定位和钻孔的数据形式

X、Y、Z、R 的指定可以用绝对值,也可以用增量值。编程时一般选择绝对值,当沿线性分布有多个等距孔时,为简化编程可考虑采用增量值。图3-89表示了当选择 Z 轴为钻孔轴时,用绝对值或增量值时 Z 坐标与 R 坐标的计算方法,选择 G90 绝对值方式时是从

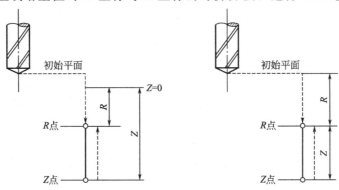

图 3-89 G90 和 G91 的坐标计算

$Z=0$ 平面计算 R 坐标与 Z 坐标，选择 G91 增量值方式时是从初始平面到 R 点平面计算 R 坐标，从 R 点平面到孔底平面计算 Z 坐标。

(4) 返回点平面

由 G98 或 G99 决定刀具在返回时到达的平面。如果指定了 G98 则从该程序段开始，刀具返回时就返回到初始平面，如果指定了 G99 则返回到 R 点平面。多孔重复加工时，一般用 G99 指定。只有孔间存在障碍需要跳跃或全部孔加工结束时才使用 G98 使刀具返回到初始平面。

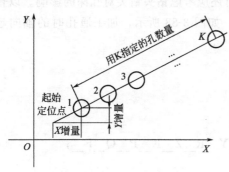

图 3-90　沿线性等间距分布的孔

(5) 钻孔

该指令为可选项，可以指定重复钻孔，最多可重复 9999 次。如图 3-90 所示，如果以增量方式（G91）指令了第 1 个孔，并由 K 指定孔加工重复次数，按照先定位再钻孔的动作顺序执行钻孔，可钻出沿线性分布的 K 个等距孔。注意在初始定位点无孔。

如果指定 K0，钻孔数据被存储，但不执行钻孔动作。这是 K 指令的另一个重要功能，可为子程序编程或宏程序编程事先准备数据，以后一旦出现孔加工定位程序段（X__ Y__;）就执行定位和钻孔动作。

如果无须重复钻孔，K 指令可以省略不写。如果在 G90 方式执行 K 指令，则在相同位置重复钻孔。K 指令为非模态代码，仅在被指定的程序段内有效。

(6) 其余孔加工数据

Q__ 在 G73 或 G83 方式中用来指定每次钻孔深度；在 G76 或 G87 方式中指定位移量，移动方向由参数设置。Q 值使用无符号数且与 G90 或 G91 的选择无关。

P__ 用来指定刀具在孔底的暂停时间，与 G04 中指定 P 的时间单位一样，以 ms 为单位，不使用小数点。

F__ 指定孔加工的切削进给速度 u，单位为 mm/min。若为攻螺纹方式，u 值应由主轴转速和螺距值经过计算确定。

3.5.6.3　固定循环中数据的保持与取消

以孔加工轴为 Z 轴，对孔加工数据的保持与取消举例如下：

N1 G91 G00 X__ M03；先主轴正转，再按增量方式沿 X 轴快速点定位。

N2 G81 X__ Y__ Z__ R__ F__；规定固定循环的原始数据，按 G81 执行钻孔动作。

N3 Y__；钻削方式与钻削数据与 N2 相同，按 Y__ 移动后执行 N2 的钻孔动作。

N4 G82 X__ P__ K__；先移动 X 再按 G82 执行钻孔动作，并重复执行 K 次。

N5 G80 X__ Y__；这时不执行钻孔动作，除 F 代码之外全部钻削数据被清除。

N6 G85 X__ Z__ R__ P__；必须再一次指令 Z 和 R，在本段中不需要的 P 值也被存储。

N7 X__ Z__；移动 X 后按本段的 Z 值执行 G85 的钻孔动作，前段的 R 值仍有效。

N8 G89 X__ Y__；执行 X、Y 移动后按 G89 方式钻孔，前段的 Z 与 N6 中的 R 值仍有效。

N9 G01 X__ Y__；这时孔加工方式及孔加工数据（F 值除外）全部被删除。

另外，在固定循环执行过程中，如果按下"复位"键，则孔加工方式、孔加工数据、孔位置数据、重复次数均被取消。

3.5.6.4 固定循环指令

以 Z 轴加工为例，对各种孔加工方式的指令格式作以简要说明。

(1) 高速深孔往复钻循环

指令格式： G73 X_ Y_ Z_ R_ Q_ F_ ；

孔加工的动作如图 3-91 (a) 所示，通过 Z 轴方向的间断进给实现断屑与排屑，Q 值为每次切深（增量值且用正值表示），退刀量"d"由参数设定。加工钢件时为了便于断屑，钻浅孔也常采用此方法。

(2) 深孔往复钻循环

指令格式： G83 X_ Y_ Z_ R_ Q_ F_ ；

孔加工的动作如图 3-91 (b) 所示，与 G73 不同的是每次刀具间断进给后回退至 R 点平面。此处的"d"表示刀具间断进给每次下降时由快进转为工进的那一点到前次切深的距离，距离大小由参数设定。加工较深的孔时，此功能可使切屑充分排出后再继续钻孔。

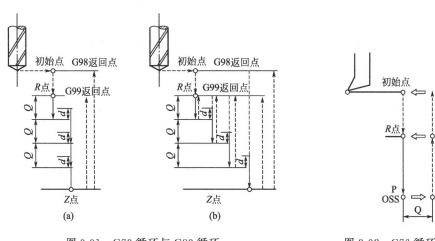

图 3-91 G73 循环与 G83 循环　　　　　图 3-92 G76 循环

(3) 精镗循环

指令格式： G76 X_ Y_ Z_ R_ Q_ F_ ；

孔加工的动作如图 3-92 所示，图中 P 表示在孔底有暂停；OSS 表示主轴准停；Q 表示刀具移动量。刀具在孔底定向停止后，刀头按地址 Q 所规定的偏移量（规定总为正值，若使用了负值则负号被忽略）移动，然后提刀。偏移时刀头移动的方向预先由参数决定。采用这种方式镗孔可以保证提刀时不划伤内孔表面，实现高效率、高精度加工。

(4) 钻孔循环与锪孔、镗阶梯孔循环

G81 指令格式： G81 X_ Y_ Z_ R_ F_ ；

G82 指令格式： G82 X_ Y_ Z_ R_ P_ F_ ；

G81 是用于一般的钻孔或点窝（钻中心孔）。G82 与 G81 比较，唯一不同之处是在孔底

增加了暂停（延时），因而适用于锪孔或镗阶梯孔，以便得到平整的孔底表面。暂停时间由 P 指定，单位为 ms，不使用小数点。

(5) 精镗孔循环 G85 与精镗阶梯孔循环 G89

G85 指令格式：　G85　X＿Y＿Z＿R＿F＿；

G89 指令格式：　G89　X＿Y＿Z＿R＿P＿F＿；

这两种孔加工方式，刀具是以切削进给速度加工到孔底，然后再以切削进给速度返回到 R 点平面，因此适用于精镗孔等情况，G89 在孔底时有延时。

(6) 攻右旋螺纹循环 G84 与攻左旋螺纹循环 G74

① 普通攻螺纹循环（使用专用攻螺纹夹头）。

指令格式：　G84（或 G74）　X＿Y＿Z＿R＿（P）＿F＿；

G84 指令为主轴在孔底反转，返回到 R 点平面后主轴恢复为正转；G74 指令为主轴在孔底正转，返回到 R 点平面后主轴恢复为反转。如果在程序段中用 P＿指定了停止（在使用专用的攻螺纹装置时这是非常必要的），则在刀具到达孔底和返回 R 点时先执行停止的动作。在攻螺纹期间进给倍率不起作用，也不要变化主轴倍率。如果按下"进给保持"按钮，加工也不立即停止，直至完成该固定循环。在攻螺纹循环指令中设置 v 值时，不能任意设定，必须按主轴转速与螺纹螺距间的关系计算 v 值，即 $v=n×P$。例如，攻 M10 的粗牙普通螺纹时，其螺距 $P=1.5$mm，若加工时选择主轴转速为 $n=200$r/min，程序中用 S200 指定主轴转速且必须用 F300 指定切削进给速度。若修改主轴转速，F 值必须同时修改。

② 刚性攻螺纹循环（主轴配编码器）。

使用指令 M29 S＿；设定为刚性攻螺纹方式，在下一个程序段中指定攻左旋螺纹（用 G74）或攻右旋螺纹（用 G84）。执行 G80 或 G 代码以及复位等操作后，刚性攻螺纹方式被关闭，注意此时主轴也停止转动，若要继续加工，必须再用 M30 S＿；使主轴旋转。当使用 G94 时，F 值计算同上；当使用 G95 时，F 可直接指定螺纹导程值。使用刚性攻螺纹功能，必须配备主轴编码器，刚性攻螺纹方式仅能用于 Z 轴孔加工。

(7) 镗孔循环 G86

指令格式：　G86　X＿Y＿Z＿R＿F＿；

使用 G86 编程与 G81 不同的是，刀具到达孔底后主轴停止，快速回到 R 点平面（用 G99 时）或初始平面（用 G98 时）后，主轴再重新启动。采用这种方式加工，如果连续加工的孔间距很小，可能出现刀具已经定位到下一个孔加工的位置而主轴尚未达到规定的转速，显然不允许出现这种情况，为此可以在各孔动作之间加入暂停 G04，以使主轴获得固定的速度。

(8) 镗孔循环 G88

指令格式：　G88　X＿Y＿Z＿R＿P＿F＿；

刀具到达孔底后延时，主轴停止且系统进入进给保持状态，在手动方式下可以执行手动操作，将刀具从孔中退出。为了再启动加工，手动操作后应再转换到自动方式，按"循环启动"按钮，此时刀具快速移动到 R 点（G99）或初始点（G98），然后主轴正传。为避免退刀时，刀尖划伤内孔表面，在孔底表面、孔底处通过手动操作，使刀尖略作反方向移动后再沿 Z 轴退刀。

（9）反镗孔循环 G87

指令格式：　G87　X_Y_Z_R_Q_F_；

反镗孔的动作如图 3-93 所示，X 轴和 Y 轴定位后，主轴定向停止，刀具以与刀尖相反的方向按 Q 值给定的偏移量偏移，并快速定位到孔底（R 点），在这里刀具按原偏移量（Q 值）返回，然后主轴正转，沿 Z 轴正方向加工到 Z 点，在这个位置主轴再次定向停止后，刀具再次按原偏移量反向移动，然后主轴向孔的正方向快速移动到达初始平面，并按原偏移量返回后主轴正转，继续执行下一个程序段。采用这种循环方式时，只能让刀具返回到初始平面而不能返回到 R 点平面，因为 R 点平面低于 Z 点平面。本指令的参数设计与 G76 通用。

3.5.6.5　孔加工编程实例

【例 3-1】试采用固定循环方式加工图 3-94 所示各孔。工件材料为 HT300，使用刀具 T01 为镗孔刀，长度补偿号为 H01；T02 为 φ13mm 钻头，长度补偿号为 H02；T03 为锪钻，长度补偿号为 H03。工件坐标系用 G54，工件坐标系原点选在工件顶平面对称中心处。

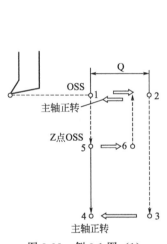

图 3-93　例 3-1 图（1）

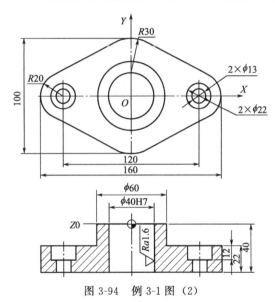

图 3-94　例 3-1 图（2）

程序如下：

O0001；

T01；

M06；

G54 G90 G00 X0 Y0 T02；

G43 H01 Z20 M03 S500；

G98 G85 X0 Y0 R3 Z-45 F40；

G80 G91 G28 Z0 M06；

G54 G90 G00 X-60 Y0 T03；

G43 H02 Z10 M03 S600；

G98 G83 X-60 Y0 R-15 Z-48 Q6 F40；

```
X60；
G80 G91 G28 Z0 M06；
G54 G90 G00 X-60 Y0；
G43 H03 Z10 M03 S350；
G98 G82 X-60 Y0 R-15 Z-30 P100 F25；
X60；
G80 G91 G28 Z0 M05；
G91 G28 X0 Y0；
M30；
```

【例3-2】 使用 G73 指令完成图 3-95 所示孔的加工编程，孔深 20mm。

参考程序：

```
O0001；
G90 G54 G40 G80；
M03 S600 G00 X0 Y0 Z50；
G99 G73 X25 Y25 Z-20 R3 Q6 F50；
G91 X40 L3；
Y35；
X-40 L3；
G90 G80 G0 Z50；
X0 Y0 M05；
M30；
```

【例3-3】 完成图 3-96 所示零件 4 个孔的加工，孔深 10mm，为其编程。

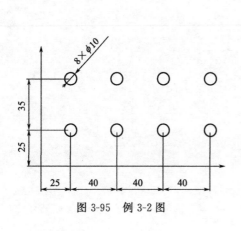

图 3-95 例 3-2 图

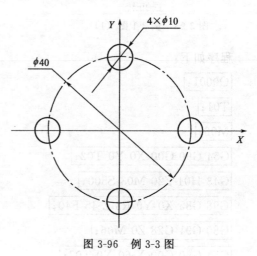

图 3-96 例 3-3 图

参考程序：

```
O0002；
```

G90 G54 G40 G80；

M03 S600 G00 X0 Y0 Z50；

G99 G81 X20 Y0 Z-10 R3　F50；

X0 Y20；

X-20 Y0；

G98 X0 Y-20；

G80 G0 X0 Y0 M05；

M30；

3.5.7　数控铣床及加工中心子程序

程序分主程序和子程序。两者的区别在于子程序以 M99 结束。子程序是相对主程序而言的，主程序可以调用子程序。当一次装夹加工多个零件或一个零件有重复加工部分时，可以把这个图形编成一个子程序存储在存储器中，使用时反复调用。子程序的有效使用可以简化程序并缩短检查时间。

（1）子程序的构成：

O××××；

…

…

M99；　　　子程序结束

（2）子程序的调用

M98 P×××× L__；

格式中，P 后面的数字为子程序编号；L 为调用次数；L1 可省略，子程序最多可调用 999 次。子程序可以多重嵌套，当主程序调用子程序时，它被认为是一级子程序。子程序调用可以嵌套 4 级，如图 3-97 所示。

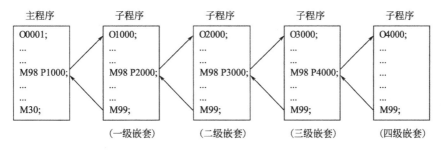

图 3-97　子程序调用嵌套

（3）子程序应用举例

【例 3-4】如图 3-98 所示，*Z* 起始高度 100mm，切削深度 5mm，轮廓外侧切削，编程如下：

O0001；（主程序）

G90 G54 G00 X0 Y0 S500 M03；

G00 Z100;

M98 P100 K2;

G90 X120;

M98 P100 L2;

G90 G00 X0 Y0 M05

M30;

O0100；（子程序）

G91 G00 Z-95;

G41 X20 Y10 D01;

G01 Z-10 F50;

Y70;

X20;

Y-60;

X-30;

Z105;

G00 G40 X-10 Y-20;

X40;

M99;

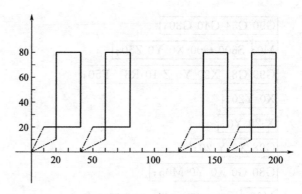

图 3-98　例 3-4 图

【例 3-5】 如图 3-99 所示，Z 起始高度 100mm，切削深度 50mm，每层切削深度 5mm，共切 10 层结束，编写加工程序（D01 为粗加工刀补、D02 为精加工刀补）。

编程如下：

O0002；（主程序）

G90 G54 G00 X0 Y0 S500 M03;

G00 Z100;

Z5;

G01 Z0.2 F50;

D01 M98 P200 K10;

G90 G00 Z-45　　;

D02 M98 P200　　;

G90 G00 Z100　M05;

M30;

O0200；（子程序）

G91 G01 Z-5;

G41 G01 X10 Y5;

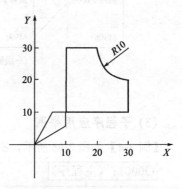

图 3-99　例 3-5 图

Y25;

X10;

G03 X10 Y-10 R10;

G01 Y-10;

X-25;

G40 X-5 Y-10;

M99;

3.6 实训/Training

3.6.1 数控车编程实训/Training of the NC Programming

如图 3-100 所示，数控车零件装配体由工件 1 和工件 2 组成，毛坯为 $\phi 60$mm × 130mm 铝合金圆棒，试编制工件 1 和工件 2 的数控加工程序。

As shown in Fig. 3-100, the parts' assembly of the CNC lathe is composed of workpiece 1 and workpiece 2. The roughcast is an aluminum alloy round bar with the size of $\phi 60$mm × 130mm, which is the NC machining program of workpiece 1 and workpiece 2.

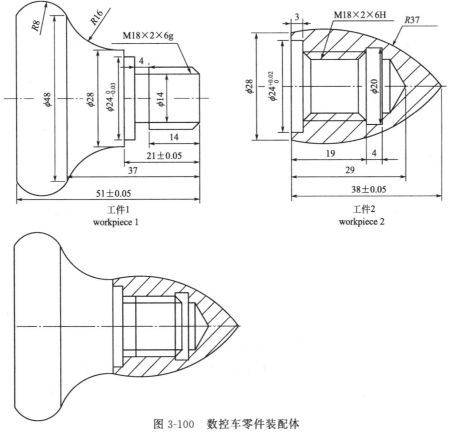

工件1
workpiece 1

工件2
workpiece 2

图 3-100 数控车零件装配体

Fig. 3-100 CNC Lathe Parts of the Assembly

（1）零件图样分析

装配体由工件 1 和工件 2 两部分组成。工件 1 的加工表面包含外圆柱面、圆弧面及外螺纹；工件 2 的加工表面包含内圆柱面、内螺纹、圆弧面。其中工件 1 的长度 51mm 有公差要求，外圆 ϕ24mm 有公差要求；工件 2 的长度 38mm 有公差要求，内圆柱面 ϕ24mm 有公差要求。零件形状描述清晰，尺寸标注完整，材料切削加工性能较好，适合在数控车床上完成加工。

（2）加工工艺性分析和制定加工方案

工件 1 与工件 2 要装配使用，为确保装配体零件的圆弧面光顺过渡，应先加工工件 2 的左侧内圆部分，再加工工件 1 的右侧外螺纹部分。然后将工件 2 旋入工件 1。加工装配体圆弧面。

加工时使用三爪卡盘装卡毛坯零件。首先加工工件 2 的左侧内圆部分，主要工步为钻孔、车内圆、车内槽、车内螺纹之后车断。然后加工工件 1 的右侧螺纹部分，主要工步为车外圆柱面、车外槽、车外螺纹。最后将车断部分（工件 2）旋入工件 1，最后车削装配体 $R37$、$R16$ 和 $R8$ 部分圆弧面。

（1）Pattern Analysis of the Parts

The assembly is composed of two parts: workpiece 1 and workpiece 2. The machining surface of the workpiece 1 includes cylindrical surface, circular surface and external thread. The machining surface of the workpiece 2 includes cylindrical surface, internal thread and circular surface. The length of the workpiece 1 is 51mm with tolerance requirements, and the outer circle is ϕ24mm with tolerance requirements. The length of the workpiece 2 is 38mm with tolerance requirements, and the inner cylindrical surface is ϕ24mm with tolerance requirements. The shape description of the parts is clear, the dimensions are complete, and the material cutting performance is relatively good, so it is suitable for machining on the CNC lathe.

（2）Analysis of the Technique of Machining and Project of Machining Plan

Since the workpiece 1 and the workpiece 2 need to be assembled, in order to ensure the smooth transition of the arc surface of the assembly parts, the left inner circle part of the workpiece 2 should be machined first, and then the right external thread part of the workpiece 1 needs to be machined. Afterwards, screw the workpiece 2 into the workpiece and process the assembly arc surface.

The three jaw chuck is adopted to clamp the roughcast parts during the machining. Firstly, the left inner circle part of the workpiece 2 is machined. The main steps are drilling, turning inner circle, turning inner groove, turning inner thread, and then cutting. Then, the right side thread part of the workpiece 1 is machined. The main steps are turning outer cylindrical surface, outer groove and outer thread. Finally, the broken part (workpiece 2) is turned into workpiece 1 and the arc surfaces of $R37$, $R16$ and $R8$ parts of the assembly are turned.

（3）选择刀具和确定进给路线

（3）Selection of the Tool and Determination of the Feed Route

所有工序使用的加工刀具卡片如表 3-3 所示。钻孔用 G74、车端面用 G94、内圆加工用 G90、外圆粗车用 G71、精车用 G70、车槽用 G75、内外螺纹加工用 G76。

The machining tool cards used in all the operations are shown in Table 3-3. G74 is used for drilling. G94 is used for turning end face. G90 is used for machining inner circle. G71 is used for rough turning outer circle. G70 is used for finishing turning. G75 is used for grooving and G76 is used for machining inner and outer thread.

表 3-3　工件 2 数控加工刀具卡片

Table 3-3　NC Machining Tool Card of Workpiece 2

零件号 Number of the Parts	零件名称 Name of the Parts	工件 2 Workpiece 2	零件材料 Material of the Parts	铝合金 Aluminum Alloy	程序号 Program Number	O3011
序号 Sequence	刀具号 Tool Number	刀具名称及规格 Tool Name and Specification	加工表面 Machined Surface	数量/个 Amount/one	刀尖圆弧半径/mm Radius of Tool Tip Arc/mm	偏置号 Offset Number
1	T01	93°外圆车刀 93° cylindrical turning tool	外圆 outer circle	1	0.4	01
2	T02	ϕ15.5 钻头 ϕ15.5 drill bit	钻孔 drill hole	1		02
3	T03	ϕ12 内孔刀 ϕ12 inner hole cutter	内孔 internal hole	1	0.4	03
4	T04	2.5mm 切槽车刀 2.5mm slotting tool	内孔槽 internal hole groove	1	0.2	04
5	T05	内螺纹车刀 internal thread turning tool	内螺纹 internal thread	1	0.144	05
6	T06	切断刀 cutter	车断 cutting	1	0.3	06
7	T01	93°外圆车刀 93 ° cylindrical turning tool	外圆 outer circle	1	0.4	09
8	T07	2.5mm 切槽车刀 2.5mm slotting tool	外圆槽 cylindrical groove	1	0.2	07
9	T08	外螺纹车刀 external thread turning tool	外螺纹 external thread	1	0.144	08
10	T01	93°外圆车刀 93 ° cylindrical turning tool	外圆 outer circle	1	0.4	10
11	T06	切断刀 cutter	车断 cutting	1	0.3	11
编制 Compiled by			审核 Reviewed by		批准 Approved by	

（4）切削用量选择

切削用量的选择可参考切削用量手册或刀具样本。本例具体切削参数见表3-4～表3-6。

（4）Selection of Cutting Parameters

The selection of cutting parameters can refer to the manual of cutting parameters or the tool samples. The specific cutting parameters of this example are shown in Table 3-4～Table 3-6.

表 3-4　工件2工步卡片

Table 3-4　Work Step Card of Workpiece 2

（企业名称）(Name of the Enterprise)	数控加工工序卡 NC Machining Process Card		产品名称 Name of the Product		零件名称 Name of the Parts	零件图号 Part Drawing Number
					工件2 workpiece 2	
			车间 Workshop		设备名称 Name of Equipment	设备型号 Model of Equipment
					数控车床 CNC Lathe	HTC2050
			工序名称 Name of the Process		夹具名称 Name of the Fixture	夹具编号 Number of the Fixture
			车工件2端面、内圆、槽、螺纹 The end of the Workpiece 2, Inner Circle, Groove, Thread		三爪卡盘 Three Jaw Chuck	
			工序号 Number of the Process		程序号 Number of the Program	
			1		O3011	

工步号 Number of the Process	工步内容 Content of the Process	刀具号 Tool Number	刀片型号 Model of the Tool	主轴转速 Spindle Speed /(r/min)	进给量 Feed Rate /(mm/r)	背吃刀量 Cutting Death /mm	备注 Note
1	车端面 Surfacing	T0101	DCGX11T304	1500	0.2	1	
2	钻孔 Drill Hole	T0202	ϕ15.5	500	0.1		
3	车内圆 Inner Circle	T0303	CCMT09T304	1000	0.1	0.5	
4	车内槽 Inner Groove	T0404	9GR300	600	0.06	3	
5	车内螺纹 Inner Thread	T0505	11IR2.0ISO	600	2		
6	车断 Cutting	T0606	ZPHS0503-MG	500	0.06	5	

编制 Compiled by	审核 Reviewed by	批准 Approved by		年　月　日 Y　M　D___	共　页 Total Pages:	第　页 Page___

表 3-5　工件 1 工步卡片 1

Table 3-5　Work Step Card 1 of Workpiece 1

（企业名称） (Name of the Enterprise)	数控加工工序卡 NC Machining Process Card	产品名称 Name of the Product		零件名称 Name of the Parts	零件图号 Part Drawing Number
				工件 1 Workpiece 1	
		车间 Workshop		设备名称 Name of Equipment	设备型号 Model of Equipment
				数控车床 CNC Lathe	HTC2050
		工序名称 Name of the Process		夹具名称 Name of the Fixture	夹具编号 Number of the Fixture
		车工件 1 外圆、槽、螺纹 Outer Circle of the Workpiece 1，Groove，Thread		三爪卡盘 Three Jaw Chuck	
		工序号 Number of the Process		程序号 Number of the Program	
		2		O3012	

工步号 Number of the Process	工步内容 Content of the Process	刀具号 Tool Number	刀片型号 Model of the Tool	主轴转速 Spindle Speed /(r/min)	进给量 Feed Rate /(mm/r)	背吃刀量 Cutting Death /mm	备注 Note
1	车外圆 Outer Circle	T0109	DCGX11T304	1500	0.2	3	
2	车外槽 Outer Groove	T0707	ZTFD0303-MG	600	0.06	3	
3	车外螺纹 Outer Thread	T0808	16ER2.0ISO	600	2		

编制 Compiled by	审核 Reviewed by	批准 Approved by	年　月　日 Y＿＿ M＿＿ D＿＿	共　　页 Total Pages：	第　　页 Page＿＿

（5）拟定工序卡片

将上述各项内容综合后，填写相关工序卡片。表 3-4 为第一序（工件 2 内圆部分）的工序卡片，表 3-5 为第二序（工件 1 螺纹部分）的工序卡片，表 3-6 为第三序（装配体外圆部分）的工序卡片。

（5）Draw-up of the Process Card

After synthesizing the above contents，fill in the relevant process card. Table 3-4 is the process card of the first sequence (inner circle part of the workpiece 2)，Table 3-5 is the process card of the second sequence (thread part of the workpiece 1)，Table 3-6 is the process card of the third sequence (outer circle part of the assembly).

表 3-6　工件 1 工步卡片 2

Table 3-6　Work Step Card 2 of Workpiece 1

（企业名称）(Name of the Enterprise)	数控加工工序卡 NC Machining Process Card	产品名称 Name of the Product		零件名称 Name of the Parts	零件图号 Part Drawing Number
				工件 1 Workpiece 1	
		车间 Workshop		设备名称 Name of Equipment	设备型号 Model of Equipment
				数控车床 CNC Lathe	HTC2050
		工序名称 Name of the Process		夹具名称 Name of the Fixture	夹具编号 Number of the Fixture
		车装配体外圆 Outer circle of the assembly		三爪卡盘 Three Jaw Chuck	
		工序号 Number of the Process		程序号 Number of the Program	
		3		O3013	

工步号 Number of the Process	工步内容 Content of the Process	刀具号 Tool Number	刀片型号 Model of the Tool	主轴转速 Spindle Speed /(r/min)	进给量 Feed Rate /(mm/r)	背吃刀量 Cutting Death /mm	备注 Note
1	车外圆 Outer Circle	T0110	DCGX11T304	1500	0.2	3	
2	车断 Cutting	T0611	ZPHS0503-MG	500	0.06	5	

编制 Compiled by	审核 Reviewed by	批准 Approved by		年　月　日 Y___M___D		共　页 Total Pages:	第　页 Page ___

（6）编制数控加工程序　　　　（6）Programming of NC Machining

第一序/First Step

O3011；

M03 S1500 T0101；（主轴正转，调 1 号外圆刀/Spindle rotates clockwise, and switch to No. 1 cylindrical cutter）

G00 X32 Z2；（刀具快速定位至起刀点/Position the tool quickly to the tool starting point）

G94 X-1 Z0 F0.2；（车端面/End turning）

G00 X100 Z100；（退刀至换刀点/Retract the tool to the tool changing）

M05；（主轴停止/Spindle stops）

M04 S500 T0202；（主轴反转，调 2 号/Spindle rotates anticlockwise, and switch to No. 2 cutter）

G00 X0 Z2；（刀具快速定位至起刀点/Position the tool quickly to the tool starting point）

G74 R1；（指定钻孔循环及间断进给的回退量/Specify the return amount of the drilling cycle and the intermittent feed)

G74 Z-29 Q10000 F0.1；（指定孔深及间歇钻入量/Specify the hole depth and the intermittent penetration)

G00 Z100；（Z 向退刀/Retract the tool in Z-direction)

　　X100；（X 向退刀/Retract the tool in X-direction)

M05；（主轴停止/Spindle stops)

M03 S1000 T0303；（主轴正转，调 3 号刀/Spindle rotates clockwise, and switch to No. 3 cutter)

G00 X15 Z2；（刀具快速定位至起刀点/Position the tool quickly to the tool starting point)

G90 X16 Z-23 F0.1；（内圆车削循环/Inner-cycle turning cycle)

G00 X100 Z100；（退刀至换刀点/Retract the tool to the tool changing)

M03 S600 T0404；（主轴正转，调 4 号刀/Spindle rotates clockwise, and switch to No. 4 cutter)

G00 X15 Z2；（刀具快速定位至端面附近/Position the tool quickly to the end turning)

　　Z-21.5；（刀具快速定位至起刀点/Position the tool quickly to the tool starting point)

G75 R0.2；（指定车槽循环及间断进给的回退量/Specify the return amount of groove cycle and intermittent feed)

G75 X20 Z-23 P2000 Q1500 R0 F0.06；（指定车槽参数/Specify the slot parameters)

G00 Z100；（Z 向退刀/Retract the tool in Z-direction)

　　X100；（X 向退刀/Retract the tool in X-direction)

M05；（主轴停止/Spindle stops)

M04 S600 T0505；（主轴反转，调 5 号刀/Spindle rotates anticlockwise, and switch to No. 5 cutter)

G00 X15 Z2；（刀具快速定位至起刀点/Position the tool quickly to the tool starting point)

G76 P011060 Q50 R50；（指定螺纹车削循环及相关参数/Specify the thread turning cycle and related parameters)

G76 X20 Z-21 R0 P1300 Q600 F2；（指定螺纹车削循环及相关参数/Specify the thread turning cycle and related parameters)

G00 X100 Z100；（退刀/Retract the tool)

M05；（主轴停止/Spindle stops)

M03 S500 T0606；（主轴正转，调 6 号刀/Spindle rotates clockwise, and switch to No. 6 cutter)

G00 X62 Z-44；（刀具快速定位至起刀点/Position the tool quickly to the tool starting point)

G75 R0.2；（指定车槽循环及间断进给的回退量/Specify the return amount of groove cycle and intermittent feed)

G75 X-1 P10000 F0.06; （指定车槽参数/Specify the slot parameters)

G00 X62; (X 向退刀/Retract the tool in X-direction)

Z100; (Z 向退刀/Retract the tool in Z-direction)

M05; （主轴停止/Spindle stops)

M30; （程序结束/End)

第二序/Second Step

O3012;

M03 S1500 T0109; （主轴正转，调1号外圆刀/Spindle rotates clockwise, and switch to No. 1 cylindrical cutter)

G00 X60 Z2; （刀具快速定位至起刀点/Position the tool quickly to the tool starting point)

G94 X-1 Z0 F0.2; （车端面/End turning)

G71 U3 R1; （指定外径粗车循环/Specify the rough turning cycle)

G71 P10 Q20 U0.2 0.1W F0.25; （指定相关车削参数/Specify relative slot parameters)

N10 G00 X14; （精车程序段调用开始/Fine turning program section transferring begins)

G01 Z0 F0.1;

X17.8 Z-2;

Z-18;

X24;

Z-21;

N20 X60;

G70 P10 Q20; （精车程序段调用结束/Fine turning program section transferring ends)

G00 X100 Z100; （退刀/Retract the tool)

M03 S600 T0707; （主轴正转，调7号刀/Spindle rotates clockwise, and switch to No. 7 cutter)

G00 X25 Z-16.5; （刀具快速定位至起刀点/Position the tool quickly to the tool starting point)

G75 R0.2; （指定车槽循环及间断进给的回退量/Specify the return amount of groove cycle and intermittent feed)

G75 X20 Z-18 P2000 Q1500 R0 F0.06; （指定车槽参数/Specify the slot parameters)

G00 X100 Z100; （退刀/Retract the tool)

M05; （主轴停止/Spindle stops)

M04 S600 T0808; （主轴反转，调8号刀/Spindle rotates anticlockwise, and switch to No. 8 cutter)

G00 X20 Z2; （刀具快速定位至起刀点/Position the tool quickly to the tool starting point)

G76 P011060 Q50 R50; （指定螺纹车削循环及相关参数/Specify the thread turning cycle and related parameters）

G76 X15. 4 Z-20 R0 P1300 Q600 F2；（指定螺纹车削循环及相关参数/Specify the thread turning cycle and related parameters）

G00 X100 Z100；（退刀/Retract the tool）

M05；（主轴停止/Spindle stops）

M30；（程序结束/End）

第三序 Third Step

O3013；

M03 S1500 T0110；（主轴正转，调 1 号外圆刀/Spindle rotates clockwise，and switch to No. 1 cylindrical cutter）

G00 X60 Z2；（刀具快速定位至起刀点/Position the tool quickly to the tool starting point）

G94 X-1 Z0 F0. 2；（车端面/End turning）

G71 U3 R1；（指定外径粗车循环/Specify the rough turning cycle）

G71 P10 Q20 U0. 2 0.1W F0. 25；（指定相关车削参数/Specify relevant turning parameters）

N10 G00 X0；（精车程序段调用开始/Fine turning program section transferring begins）

G01 Z0 F0. 1；

G03 X28 Z-38 R37；

G02 X48 Z-54 R16；

N20 G03 X48 Z-68 R8；（精车程序段调用结束/Fine turning program section transferring ends）

G70 P10 Q20；（精车循环/Cycle of fine turning）

G00 X100 Z100；（退刀/Retract the tool）

M03 S600 T0611；（主轴正转，调 6 号刀/Spindle rotates clockwise，and switch to No. 6 cutter）

G00 X62 Z-73；（刀具快速定位至起刀点/Position the tool quickly to the tool starting point）

G75 R0. 2；（指定车槽循环及间断进给的回退量/Specify the return amount of groove cycle and intermittent feed）

G75 X-1 P10000　F0. 06；（指定车断参数/Specify the cutting parameters）

G00 X62；（X 向退刀/Retract the tool in X-direction）

Z100；（Z 向退刀/Retract the tool in Z-direction）

M05；（主轴停止/Spindle stops）

M30；（程序结束/End）

3.6.2 数控铣及加工中心编程实训/NC Milling and Training of Machining Center Programming

3.6.2.1 数控铣实训/Training of NC milling

（1）零件图样分析

如图 3-101 所示，数控铣削零件。该零件由圆角、台阶、沟槽等轮廓面组成，虽然零件的表面质量要求不是太高，用普通铣床可以实现，但由于零件多处存在圆弧面，且圆弧面有轮廓度形状公差要求，沟槽（尺寸 16）、凸台（尺寸 55）等型面有较高的（8 级）对称度位置公差要求，在加工中为了很好地达到零件要求的尺寸精度及各种形位公差，并根据零件毛坯的总体尺寸和形状，我们选择中小型数控铣床加工。

（1）Pattern Analysis of the Part

As shown in Fig. 3-101, CNC milling parts. This part is composed of fillet, step, groove and other contour surfaces. The surface quality requirement of the part is not too high, which can be realized by ordinary milling machines. However, there are many arc surfaces in the part, and the arc surface has contour shape tolerance requirements. In addition, groove (size 16), boss (size 55) and other profiles have relatively high (level 8) symmetry position tolerance requirements. Therefore, in order to achieve the required dimensional accuracy and various geometric tolerances of parts during the processing, and according to the overall size and shape of parts, we select the small and medium-sized CNC milling machine for processing.

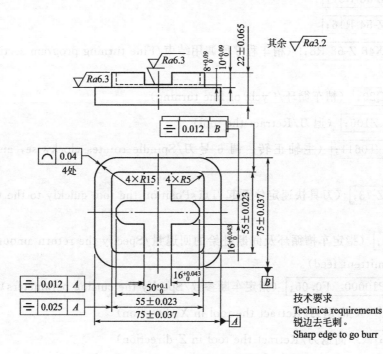

图 3-101　数控铣削零件图

Fig. 3-101　NC Milling Parts

（2）加工工艺性分析和制定加工方案

由于工件为凹凸形状，应先加工反面外轮廓，为保证反面粗糙度要求和清理毛坯毛刺；再加工形槽、正面外轮廓 75mm×75mm、圆弧；接下来加工正面外轮廓 55mm×55mm；最后加工十字槽，此顺序可以防止工件因为夹紧使工件变形。

加工时使用平口虎钳装夹毛坯零件，之后安装寻边器，确定工件零点为坯料上表面的中心，设置零件偏置；安装 ϕ20mm 粗立铣刀并对刀，设定刀具参数，输入程序，选择自动加工方式；粗铣环形槽至 60mm×60mm，深 10.5mm；再铣"75mm×75mm"及"4×R15"圆弧。

调头装夹，钳口夹持 9mm 左右，用百分表找正；安装寻边器，确定工件零点为坯料上表面的中心，设置零件偏置；安装 ϕ20mm 粗立铣刀并对刀，设定刀具参数，选择程序，粗铣轮廓，留 0.50mm 单边余量；安装 ϕ20mm 精立铣刀并对刀，设定刀具参数，选择程序，半精铣轮廓，留 0.10mm 单边余量；实测工件尺寸，调整刀具参数，精铣轮廓至要求尺寸；调头装夹，钳口夹持 10mm 左右，用百分表找正；安装寻边器，确定工件零点为坯料上表面向下 1.0mm 的中心，设置零件偏置；安装 ϕ80mm 面铣刀并对刀，设定刀具

（2）Analysis of the Technique of Machining and Project of Machining Plan

Due to the concave-convex structure of the workpiece, the outer contour of the reverse side should be machined first to ensure the roughness of the reverse side and clean the burr of the roughcast. Then the groove and the outer contour of the front side 75mm × 75mm and the arc should be machined, and the outer contour of the front side 55mm × 55mm should be machined, and finally the cross groove should be machined. This sequence can prevent the deformation of the workpiece due to tightening.

During the machining, the roughcast parts are clamped with flat pliers, and then the edge detector is installed to determine that the zero point of the workpiece is the center of the upper surface of the roughcast, and set the part offset. Install the ϕ20mm rough end milling cutter and align the cutter, set the tool parameters, input the program, and select the automatic machining mode. Rough milling the circular groove to 60mm × 60mm, and to the depth of 10.5mm. Then, milling the "75mm × 75mm" and "4×R15" circular arc.

Turn around to clamp about 9mm with pliers, and align with dial indicator. The edge detector is installed to determine that the zero point of the workpiece is the center of the upper surface of the roughcast, and set the part offset. Install the ϕ20mm rough end milling cutter and align the cutter, set the tool parameters, select the program, and rough milling contour with 0.50mm unilateral allowance. Install and align the ϕ20mm finish end milling cutter, set the cutter parameters, select the program, semifinish milling the profile, and leave 0.10 mm unilateral allowance. Measure the size of the workpiece, adjust the tool parameters, and finish milling the contour to the required size. Turn around to clamp about 10mm with pliers, and align with dial indicator. The edge detector is installed to determine that

参数，选择程序，粗、精铣上表面至尺寸；安装 φ20mm 精立铣刀并对刀，设定刀具参数，选择程序，半精铣轮廓，留 0.10mm 单边余量；实测工件尺寸，调整刀具参数，精铣外轮廓至要求尺寸；安装 φ12mm 粗立铣刀并对刀，设定刀具参数，选择程序；粗铣十字槽，留 0.50mm 单边余量；安装 φ12mm 精立铣刀并对刀，设定刀具参数，选择程序，半精铣十字槽，留 0.10mm 单边余量；实测工件尺寸，调整刀具参数，精铣十字槽至要求尺寸。

the zero point of the workpiece is the center of the upper surface of the roughcast 1.0 mm downward, and set the tool parameters. Install the φ80mm surface milling cutter and set the cutter parameters, select the program, rough and finish milling the upper surface to the size. Install the φ20mm end milling cutter and set the tool parameters, select the program, and semi-finish milling the profile with 0.10 mm unilateral allowance. Measure the size of the workpiece, adjust the tool parameters, and finish milling the outer contour to the required size. Install the φ12mm rough end milling cutter and align the cutter, set the tool parameters, and select the program. Rough milling the cross groove with 0.50 mm unilateral allowance. Install the φ12mm end milling cutter and align the cutter, set the tool parameters, select the program, and semi-finish milling the cross groove with 0.10 mm unilateral allowance. Measure the size of the workpiece, adjust the tool parameters, and finish milling the cross groove to the required size.

（3）工具、量具、刀具清单

所有工序使用的加工工具、量具、刀具等规格卡片，如表 3-7 所示。

（3）List of Machining Tools, Measuring Tools and Cutting Tools

The specification cards of the machining tools, measuring tools and cutting tools used in all processes are shown in Table 3-7.

表 3-7 工具、量具、刀具规格卡片
Table 3-7 Work, Quantity and Cutting Tool Specification Card

工具、量具、刀具清单 Tools for Machining, Measuring and Cutting				图号 Drawing Number		MCG03
序号 Sequence	名称 Name	规格 Specification /mm	精度 Precision /mm	单位 Unit	数量 Amount	
1	Z 轴设定器 Z-axis Setter	50	0.01	个 one	1	
2	带表卡尺 Dail Caliper	1～150	0.01	把 one	1	
3	深度游标卡尺 Depth Vernier Caliper	0～200	0.02	把 One	1	
4	外径千分尺 Micrometer Outside Diameter	0～25	0.01	把 one	1	

续表

工具、量具、刀具清单 Tools for Machining, Measuring and Cutting				图号 Drawing Number		MCG03
序号 Sequence	名称 Name	规格 Specification /mm	精度 Precision /mm	单位 Unit	数量 Amount	
5	杠杆百分表 Lever Dial Indicator	0～0.8	0.01	个 One	1	
6	寻边器 Edge Detector	φ10	0.002	个 One	1	
7	粗糙度样板 Roughness Template	N0～N1	12 级	副 One	1	
8	半径规 Radius Gauge	R7～R14.5		套 One	各 1 1 each	
9	塞规 Plug Gauge	φ16	H9	个 One	1	
10	立铣刀 End Mill	φ20		个 One	各 2 2 each	
11	面铣刀 Face Milling Cutter	φ80		个 One	1	
12	平口虎钳 Flat Vise	QH125		个 One	1	
13	磁性表座 Magnetic Stand			个 One	1	
14	平行垫铁 Parallel Pad Iron			副 One	若干 several	
15	固定扳手 Fixed Spanner			把 one	若干 several	
16	毛坯 Roughcast	尺寸为(75±0.037) mm×(75±0.037)mm×23mm；长度方向侧面对宽度方向侧面和底面的垂直度公差为0.05mm。材料为45钢。表面粗糙度为 $Ra1.6\mu m$ The dimension is(75 ± 0.037) mm × (75 ± 0.037) mm × 23mm, and the perpendicularity tolerance of length direction side to width direction side and bottom is 0.05mm. The material is 45 steel. The surface roughness is $Ra1.6\mu m$				
17	数控铣床 CNC Milling Machine	J1VMC40M、XJK8125				
18	数控系统 Numerical Control System	FANUC-0i、SINUMERIK802S 或 802D、华中数控 FANUC-0i, SINUMERIK802S or 802D, Huazhong CNC				

（4）切削用量选择

切削用量的选择可参考切削用量手册或刀具样本。本例具体切削参数见表 3-7 和表 3-8。

（4）Selection of Cutting Parameters

The selection of cutting parameters can refer to the manual of cutting parameters or tool samples. The specific cutting parameters of this example are shown in Table 3-7 and Table 3-8.

（5）拟定工序卡片

将上述各项内容综合后，填写相关工序卡片。表 3-8 为工序卡片。

（5）Draw-up of the Process Card

After the above contents are integrated, fill in the relevant process card. The process card is shown in Table 3-8.

表 3-8　数控加工工步卡片 1

Table 3-8　CNC Machining Work Step Card 1

××××× 机械厂 Machinery Plant	数控加工工序卡 NC Machining Process Card	产品名称或代号 Product Name or Code		零件名称 Part Name	零件图号 Part Drawing Number
		×××××		×××××	×××××
工艺序号 Process Number	程序编号 Program Number	夹具名称 Fixture Name	夹具编号 Fixture Number	使用设备 Equipment	车间 Workshop
×××××	P××××	螺栓、压板等 Bolt, pressing plate, etc.	×××××	数控铣床 CNC milling machine	J1VMC40M、 XJK8125

工步号 Number of the Process	工步内容 Content of the Process	加工面 Machined Surfaces	刀位号 Tool Location Number	刀具规格 Tool Specification	主轴转速 Spindle Speed $S/(r/min)$	进给速度 Feed Speed $F/(mm/min)$	切削深度 Cutting Depth a_p/mm	备注 Note
1	粗铣轮廓 Rough Milling Profile	正面 Topside	立铣刀 End Milling Cutter	$\phi20$	500	200	10.50	
2	粗铣"75×75"及"4×R5"圆弧 Rough Milling "75×75" and "4×R5" Arc	正面 Topside	立铣刀 End Milling Cutter	$\phi20$	500	200	9.50	
3	半精铣轮廓 Semi-finish Milling Profile	正面 Topside	立铣刀 End Milling Cutter	$\phi20$	500	200	10.90	
4	铣表面 Milling Surface	正面 Topside	面铣刀 Face Milling Cutter	$\phi80$	500	200	0	
5	粗铣"55×55"及"4×R5"圆弧 Rough Milling "55 × 55" and "4×R5" Arc	正面 Topside	立铣刀 End Milling Cutter	$\phi20$	500	200	10.90	

续表

工步号 Number of the Process	工步内容 Content of the Process	加工面 Machined Surfaces	刀位号 Tool Location Number	刀具规格 Tool Specification	主轴转速 Spindle Speed $S/(r/min)$	进给速度 Feed Speed $F/(mm/min)$	切削深度 Cutting Depth a_p/mm	备注 Note
6	粗铣十字槽主程序 Main Program of Rough Milling Cross Groove	正面 Topside	立铣刀 End Milling Cutter	$\phi 20$	500	200	7.90	
7	精铣轮廓 Finish Milling Profile	正面 Topside	立铣刀 End Milling Cutter	$\phi 20$	500	200	11	
8	精铣"55×55"及"4×R5"圆弧 Finish Milling "55 × 55" and "4×R5" Arc	正面 Topside	立铣刀 End Milling Cutter	$\phi 20$	500	200	11	
9	精铣十字槽主程序 Main Program of Precision Milling Cross Groove	正面 Topside	立铣刀 End Milling Cutter	$\phi 20$	500	200	8	

（6）编制数控加工程序

粗铣、半精铣和精铣时使用同一加工程序，只需调整刀具参数，分 3 次调用相同的程序进行加工即可。

① 粗铣轮廓主程序：

O0001；（程序名/Program name）

N5 G54 G90 G17 G21 G94 G49 G40；（建立工件坐标系，选用 ϕ20mm 立铣刀/Set up the coordinate system of the workpiece and select the end milling cutter with 20mm diameter)

N10 S500 M30；

N15 G00 Z30；

N20 X50 Y-40；

N25 Z1；

N30 G01 Z-5.5 F200；

（6）Programming of NC Machining

During the rough milling, semi finish milling and finish milling, the same machining program is adopted, which only needs to adjust the tool parameters and call the same program three times for processing.

① Main program of rough milling profile：

N35 G41 G01 X39 Y-30 D1 F50; （N35～N65 粗铣轮廓至 5.5mm 深度处/From N35 to N65，rough milling the profile to 5.5mm depth）

N40 X-30;

N45 Y30;

N50 X30;

N55 Y-30;

N60 G00 Z1;

N65 G40 G01 X40.5 Y-32;

N70 G01 Z-11 F200;

N75 G41 G01 X39 Y-30 D1 F50; （N85～N105 粗铣轮廓至 11mm 深度处/From N85 to N105，rough milling the profile to 11mm depth）

N80 X-30;

N85 Y30;

N90 X30;

N95 Y-30;

N100 G00 Z1;

N105 G40 G01 X40.5 Y-32;

N110 G00 Z100 M05;

N115 M30; （程序结束/End）

② 铣 "75×75" 及 "4×R15" 圆弧主程序（毛坯调头安装）：

② Main program of milling the "75 × 75" and "4×R15" arc：

O0002; （程序名/Program name）

N5 G54 G90 G17 G21 G94 G49 G40; （建立工件坐标系，选用 φ20mm 立铣刀）（Set up the coordinate system of the workpiece and select the end milling cutter with φ20mm diameter）

N10 S500 M03;

N15 G00 Z30;

N20 X50 Y-48;

N25 Z1;

N30 G01 Z-4 F200;

N35 G41 G01 X38 Y-37.5 D1 F50; （N35～N195 铣 "75×75" 及 "4×R15" 圆弧至 10mm 深度处/From N35 to N195，milling the "75 × 75" and "4×R15" arc to the 10mm depth）

N40 X-22.5;

N45 G02 X37.5 Y22.5 R15;

N50 G01 Y22.5;

N55 G02 X-22.5 Y37.5 R15;

N60 G01 X22.5；

N70 G02 X37.5 Y22.5 R15；

N75 Y-22.5；

N80 G02 X22.5 Y-37.5 R15；

N85 G00 Z1；

N90 G40 G01 X20 Y-48.5；

N95 G01 Z-8 F200；

N100 G41 G01 X38 Y-37.5 D1 F50；

N105 X-22.5；

N110 G02 X-37.5 Y-22.5 R15；

N115 G01 Y22.5；

N120 G02 X-22.5 Y37.5 R15；

N125 G01 X22.5；

N130 G02 X37.5 Y22.5 R15；

N135 Y-22.5；

N140 G02 X22.5 Y-37.5 R15；

N145 G00 Z1；

N150 G40 G00 X20 Y-48.5；

N155 G01 Z-10 F200；

N160 G41 G01 X38 Y-37.5 D1 F50；

N165 X-22.5；

N170 G02 X-37.5 Y-22.5 R15；

N175 G01 Y22.5；

N180 G02 X-22.5 Y37.5 R15；

N185 G01 X22.5；

N190 G02 X37.5 Y22.5 R15；

N195 Y-22.5；

N200 G02 X22.5 Y-37.5 R15；

N205 G00 Z1；

N210 G40 G00 X20 Y-48.5

N215 G00 Z100 M05；

N220 M30；（程序结束/End）

③ 铣上表面主程序：

O0003；（程序名/Program name）

③ Main program of milling upper surface：

N5 G54 G90 G17 G21 G94 G49 G40；（建立工件坐标系，选用 φ80mm 面铣刀/Set up the workpiece coordinate system，select the face milling cutter with φ80mm diameter）

N10 S500 M03；

N15 G00 Z30；

N20 X72 Y0；

N25 Z1；

N30 G01 Z0 F200；

N35 X-72 F100；

N40 G00 Z100 M05；

N45 M30；（程序结束/End）

④ 铣"55×55"及"4×R5"主程序：

④ Main program of milling "55 × 55" and "4×R5":

O00004；（程序名/Program name）

N5 G54 G90 G17 G21 G94 G49 G40；（建立工件坐标系，选用 φ20mm 立铣刀/Set up the coordinate system of the workpiece and select the end milling cutter with φ20mm diameter）

N10 S2000 M03；

N15 G00 Z30；

N20 X42 Y-38；

N25 Z1；

N30 G01 Z-5 F200；

N35 G41 G01X30Y-27.5D1F50；（N35～N135 铣"55×55"及"4×R5"圆弧至 11mm 深度处/From N35 to N135，milling the "55 × 55" and "4×R5" arc to 11mm depth）

N40 X-25；

N45 G02 X-27.5 Y-22.5 R5；

N50 G01 Y25；

N55 G02 X-27.5 Y-22.5 R5；

N60 G01 X22.5；

N65 G02 X27.5 Y22.5 R5；

N70 G01 Y-22.5；

N75 G02 X22.5 Y-27.5 R5；

N80 G00 Z1；

N85 G40 G01 X20 Y-38.5；

N90 G01 Z-11 F200；

N95 G41 G01 X30 Y-27.5 D1 F50；

N100 X-25；

N105 G02 X-27.5 Y-22.5 R5；

N110 G01 Y25；

N115 G02 X-27.5 Y27.5 R5；

N120 G01 X22.5；

N125 G02 X27.5 Y22.5 R5；

N130 G01 Y-22.5；

N135 G02 X22.5 Y-27.5 R5；

N140 G00 Z1；

N145 G40 G01 X20 Y-38.5；

N150 G00 Z100 M05；

N155 M30；（程序结束/End）

⑤ 铣十字槽主程序：　　　　　　　　⑤ Main program of milling cross groove：

O0005；（程序名/Program name）

N5 G54 G90 G17 G21 G94 G49 G40；（建立工件坐标系，选用 ϕ20mm 立铣刀/Set up the coordinate system of the workpiece and select the end milling cutter with ϕ20mm diameter)

N10 S2000 M03；

N15 G00 Z30；

N20 X1.5 Y-36；

N25 Z1；

N30 G01 Z-4 F200；

N35 G41 G01 X8 Y-28 D1 F80；（N35～N95 铣垂直键槽至 8mm 深度处/From N35 to N95，milling the vertical keyway to 8mm depth)

N40 Y35.5；

N45 X-8；

N50 Y-28；

N55 G00 Z1；

N60 G40 G00 X-1.5 Y-36；

N65 G01 Z-8 F200；

N70 G41 G01 X8 Y-28 D1 F80；

N75 Y35.5；

N80 X-8；

N85 Y-28；

N90 G00 Z1；

N95 G40 G00 X-8 Y18；

N100 G41 G01 X-8 Y8 D1 F80；

N105 Z-4；

N110 X-17；

N115 G03 X-17 Y-8 R8；

N120 G01 X17；

N125 G03 X17 Y8 R8；

N130 G01 X-8；

N135 G00 Z1；

N140 G40 G00 X-8 Y18；

N145 G41 G01 X-8 Y8 D1 F80；

N150 Z-8；

N155 X-17；

N160 G03 X-17 Y-8 R8；

N165 G01 X17；

N170 G03 X17 Y8 R8；

N175 G01 X-8；

N180 G00 Z1；

N185 G40 G00 X-8 Y18；

N190 G00 Z100 M05；

N195 M30； （程序结束/End)

3.6.2.2 加工中心实训/Training of Machining Center

(1) 零件图样分析

如图 3-102 所示，该零件主要由圆弧槽、沟槽等组成，零件的表面粗糙度要求不是太高，最高 $Ra3.2\mu m$，但零件有圆弧槽面需要加工，且圆弧的两侧轮廓有 8 级同轴度位置公差要求，圆弧槽中心对零件外轮廓尺寸 80 有对称度位置公差要求，在加工中为了达到零件要求的尺寸精度及各种形位公差，结合零件毛坯的总体尺寸和形状，非常适合选择中小型数控铣床加工。

(1) Pattern Analysis of the Parts

As shown in Fig. 3-102, this part is mainly composed of arc groove, groove and other profiles. The surface quality requirement of the part is not too high, with the maximum of $Ra3.2$. But the part has arc groove surface to be processed, and the two sides of the arc have 8-level tolerance requirements of the coaxiality. The center of circular arc groove has the requirement of symmetry position tolerance for the outer contour dimension 80 of the part. In order to achieve the required dimensional accuracy and various geometrical tolerance of the parts, and combined with the overall size and shape of the part blank, it is very suitable for the selection of small and medium-sized CNC milling machine.

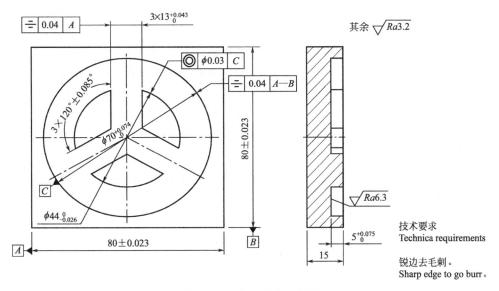

图 3-102　加工中心零件图

Fig. 3-102　Parts Drawing of Machining Center

（2）加工工艺性分析和制定加工方案

由于工件为凹凸形状，应先加工环形槽，再加工 Y 形槽，此过程需要更换键槽铣刀进行加工，此顺序可以防止工件因为夹紧使工件变形。

加工时使用平口虎钳装夹毛坯零件，用平口虎钳装夹工件，伸出钳口 5mm 左右，用百分表找正；安装寻边器，确定工件零点为坯料上表面的中心，设置零件偏置；安装 φ12mm 键槽铣刀并对刀，设定刀具参数，选择自动加工方式；粗铣环形槽，留单边余量 0.40mm；安装 φ12mm 粗立铣刀并对刀，设定刀具参数，粗铣 Y 形槽，留单边余量 0.40mm；安装 φ12mm 精立铣刀并对刀，设定刀具参数，半精铣 Y 形槽，留 0.10mm 单边余量；实测 Y 形槽尺寸，调整刀具参数，精铣各槽至要求尺寸；设定

（2）Analysis of the Technique of Machining and Project of Machining Plan

Since the workpiece is concave-convex structure, the annular groove should be processed first, and then the Y groove should be processed. During the process, the keyway milling cutter needs to be replaced for processing. This sequence can prevent the deformation of the workpiece due to tightening.

During the processing, the blank parts and the workpiece are clamped with flat tongs. The jaw is extended about 5mm, and the dial indicator is used for alignment. The edge detector is installed to determine that the zero point of the workpiece is the center of the upper surface of the blank, and the part offset is set. The φ12mm keyway milling cutter is installed and aligned, the cutter parameters are set, and the automatic processing mode is selected. The annular groove is roughly milled, leaving 0.40mm unilateral allowance; Install and align the φ12mm rough end mill, set the tool parameters, rough mill the Y groove, and leave 0.40mm unilateral allowance. Install and align the φ12mm finish end mill, set the tool parameters, semi-finish mill the Y groove, and

刀具参数，半精铣环形槽，留0.10mm单边余量；实测环形槽尺寸，调整刀具参数，精铣环形槽至要求尺寸。

leave 0.10mm unilateral allowance. Measure the size of the Y groove, adjust the tool parameters, and finish mill the groove to the required size. Set the tool parameters, semi-finish mill the annular groove, and leave 0.10mm unilateral allowance. Measure the size of the annular groove, adjust the tool parameters, and finish milling the annular groove to the required size.

(3) 工具、量具、刀具清单

(3) List of Machining Tools, Measuring Tools and Cutting Tools

所有工序使用的加工工具、量具、刀具等规格卡片，如表 3-9 所示。

The specification cards of the machining tools, measuring tools and cutting tools used in all processes are shown in Table 3-9.

表 3-9 工具、量具、刀具规格卡片
Table 3-9 Work, Quantity and Cutting Tool Specification Card

工具、量具、刀具清单 Tools for Machining, Measuring and Cutting			图号 Drawing Number		MCG03
序号 Sequence	名称 Name	规格 Specification/mm	精度 Precision /mm	单位 Unit	数量 Amount
1	Z 轴设定器 Z-axis Setter	50	0.01	个 One	1
2	带表卡尺 Dail Caliper	1～150	0.01	把 One	1
3	深度游标卡尺 Depth Vernier Caliper	0～200	0.02	把 One	1
4	杠杆百分表 Lever Dial Indicator	0～0.8	0.01	个 One	1
5	寻边器 Edge Detector	φ10	0.002	个 One	1
6	粗糙度样板 Roughness Template	N0～N1	12 级 Level 12	副 One	1
7	塞规 Plug Gauge	φ13	H9	个 One	1
8	立铣刀 End Mill	φ12		个 One	2
9	键槽铣刀 Keyway Milling Cutter	φ12		个 One	1

续表

序号 Sequence	名称 Name	规格 Specification/mm	精度 Precision /mm	单位 Unit	数量 Amount
工具、量具、刀具清单 Tools for Machining, Measuring and Cutting				图号 Drawing Number	MCG03
10	平口虎钳 Flat Vise	Q12200		个 One	各1 1 each
11	磁性表座 Magnetic Stand			个 One	1
12	平行垫铁 Parallel Pad Iron			副 One	若干 several
13	固定扳手 Fixed Spanner			把 One	若干 several
14	平口虎钳扳手 Vice Wrench			把 one	1
15	塑料榔头 Plastic Hammer			把 one	1
16	毛坯 Roughcast	尺寸为(80±0.023)mm×(80±0.023)mm×15mm；长度方向侧面对宽度方向侧面和底面的垂直度公差为0.05mm。材料为45钢。表面粗糙度为 $Ra1.6\mu m$ The dimension is(80 ± 0.023) mm × (80 ± 0.023) mm × 15mm, and the perpendicularity tolerance of length direction side to width direction side and bottom is 0.05mm. The material is 45 steel. The surface roughness is $Ra1.6\mu m$				
17	加工中心 Machining Center	DMC 64V TH5660A			
18	数控系统 Numerical Control System	SIEMENS 810D、FANUC-0i、华中数控 SIEMENS 810D、FANUC-0i、Huazhong CNC			

（4）切削用量选择

切削用量的选择可参考切削用量手册或刀具样本。本例具体切削参数见表 3-9 和表 3-10。

（5）拟定工序卡片

将上述各项内容综合后，填写相关工序卡片。表 3-10 为工序卡片。

（4）Selection of Cutting Parameters

The selection of cutting parameters can refer to the manual of cutting parameters or tool samples. The specific cutting parameters of this example are shown from Table 3-9 and Table 3-10.

（5）Draw-up of the Process Card

After the above contents are integrated, fill in the relevant process card. The process card is shown in Table 3-10.

表 3-10　数控加工工步卡片 2

Table 3-10　CNC Machining Work Step Card 2

××××× 机械厂 Machinery Plant	数控加工工序卡 NC Machining Process Card		产品名称或代号 Product Name or Code		零件名称 Part Name	零件图号 Part Drawing Number
			×××××		×××××	×××××
工艺序号 Process Number	程序编号 Program Number	夹具名称 Fixture Name	夹具编号 Fixture Number		使用设备 Equipment	车间 Workshop
×××××	P××××	螺栓、压板等 Bolt, Pressing Plate, etc.	×××××		加工中心 Machining Center	DMC 64V TH5660A

工步号 Number of the Process	工步内容 Content of the Process	加工面 Machined Surfaces	刀位号 Tool Location Number	刀具规格 Tool Specification	主轴转速 Spindle Speed S/(r/min)	进给速度 Feed Speed F/(mm/min)	切削深度 Cutting Depth a_p/mm	备注 Note
1	粗铣形槽 Rough Milling Groove	正面 Topside	槽铣刀 Slot Milling Cutter	$\phi12$	500	20	4.60	
2	铣 Y 形槽 Milling Y-groove	正面 Topside	立铣刀 End Milling Cutter	$\phi12$	500	75	4.60	
3	半精铣形槽 Semi Finish Milling Groove	正面 Topside	槽铣刀 Slot Milling Cutter	$\phi12$	500	20	4.90	
4	半精铣 Y 形槽 Semi Finish Milling Y-groove	正面 Topside	立铣刀 End Milling Cutter	$\phi12$	500	75	4.90	
5	精铣形槽 Finish Milling Groove	正面 Topside	槽铣刀 Slot Milling Cutter	$\phi12$	500	20	5	
6	精铣 Y 形槽 Finish Milling Y-groove	正面 Topside	立铣刀 End Milling Cutter	$\phi12$	500	75	5	

(6) 编制数控加工程序

粗铣、半精铣和精铣时使用同一加工程序，只需调整刀具参数分 3 次调用相同的程序进行加工即可。铣环形槽主程序：

(6) Programming of NC Machining

During the rough milling, semi finish milling and finish milling, the same machining program is adopted, which only needs to adjust the tool parameters and call the same program three times for processing. Main program of milling annular groove：

%_N_01_MPF；（程序名/Program name)

SPATH=/_N_MPF_DIP；（程序传输格式/Transmission format of program)

N5 G53 G90 G17 G94 G40；（程序初始化，机床坐标系/Program initialization, machine tool coordinate system)

N10 T1 D1；（选 ϕ12mm 键槽铣刀/Select the ϕ12mm keyway milling cutter)

N15 M06；

N20 G54；（建立工件坐标系/Set up the workpiece coordinate system）

N25 G54；

N30 S500 M03；

N35 G00 Z30；

N40 X28 Y2；

N45 Z1；

N50 G41 G00 X35 Y0 D1；（N50～N80 铣环形槽/N50～N80 milling annular groove）

N55 G01 Z-5 F20；

N60 G03 I-5 F50；

N65 G00 Z1；

N70 G40 G00 X28.5 Y-2；

N75 G41 G01 X22 Y0 D1；

N80 G02 I-22；

N85 G00 Z1；

N90 G40 G01 X2 Y28；

N95 G00 Z100 M05；

N100 T2 D1；（选 ϕ12mm 立铣刀/Select the ϕ12mm end mill cutter）

N105 M06；

N110 G54；（建立工件坐标系/Set up the workpiece coordinate system）

N115 S500 M03；

N120 G00 Z30；

N125 X0 Y28；

N130 Z1；

N135 G01 Z-5 F100；

N140 G41 G01 X-6.5 Y23 D1 F75；（N140～N205 铣 Y 形槽/Milling Y-groove with N140～N205）

N145 Y-6；

N150 X6.5；

N155 Y23；

N160 G00 Z1；

N165 G40 G00 X0 Y-28；

N170 G41 G00 X-21.452 Y-4.880 D1；

N175 G01 Z-5 F60；

机床数控技术

N180 X0 Y7.506;

N185 X6.5 Y3.753;

N190 X21.452 Y4.880;

N195 X14.952 Y-16.138;

N200 X0 Y-7.506;

N205 X-14.952 Y-16.138;

N210 G00 Z1;

N215 G40 G00 X0 Y28;

N220 G00 Z100 M05;

N225 M30; （程序结束/End）

习　题

3-1　什么是机床坐标系、工件坐标系、机床原点、机床参考点、工件原点？

3-2　手工编程的一般步骤是什么？

3-3　一个完整的数控加工程序由哪些部分组成？

3-4　数控车削刀具一般分为哪几种类型？

3-5　试述数控车削加工的主要对象。

3-6　简述使用 G96 指定主轴线速度时，为什么必须限定主轴最高转速。

3-7　G96 S100 和 G97 S1000 分别表示什么意思？

3-8　复合循环 G71 指令与 G73 指令，在使用中有哪些异同点？

3-9　如图 3-103 所示，已知工件毛坯为 φ32mm×70mm 棒料，试编写其加工程序。

3-10　如图 3-104 所示，已知工件毛坯为 φ80mm×26mm 棒料，试编写其加工程序。

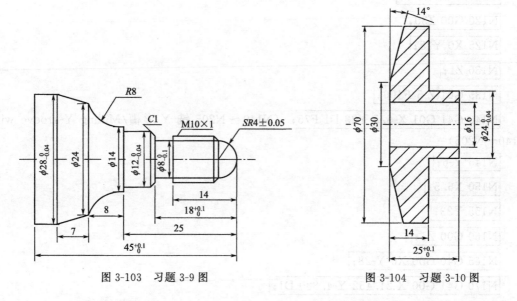

图 3-103　习题 3-9 图　　　　　图 3-104　习题 3-10 图

3-11　如图 3-105 所示，已知工件毛坯为 φ45mm×50mm 棒料，试编写其加工程序。

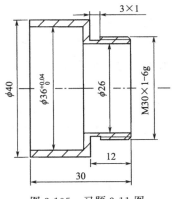

图 3-105　习题 3-11 图

3-12　编制如图 3-106 所示零件的加工程序（毛坯 ϕ30mm 棒料，45 钢）。

3-13　编制如图 3-107 所示零件的加工程序（毛坯 ϕ25mm 棒料，45 钢）。

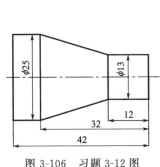

图 3-106　习题 3-12 图

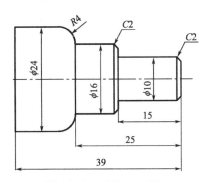

图 3-107　习题 3-13 图

3-14　编制如图 3-108 所示零件的加工程序，螺纹部分分别用 G32、G82、G76 三种方式编程（毛坯 ϕ25mm 棒料，45 钢）。

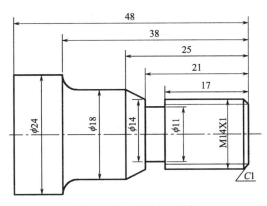

图 3-108　习题 3-14 图

3-15　数控铣与加工中心的主要区别是什么？

3-16　常用的孔加工固定循环指令都有哪些？各自的加工特点是什么？

3-17　XKA714 数控铣床的开机、回零、点动等操作的注意事项有哪些？

3-18　数控铣床图形模拟操作的目的是什么？XKA714 数控铣床图形模拟的操作步骤有

哪些?

3-19 数控编程中主程序与子程序有什么区别? 子程序的主要作用是什么?

3-20 数控铣床加工中为什么要对刀? 对刀操作中常用哪些仪器?

3-21 什么是刀具半径补偿功能? 它的主要作用有哪些?

3-22 用 ϕ6 的立铣刀加工如图 3-109 所示的异形槽, 深度 5mm, 试编写加工程序。

3-23 用 ϕ4 的立铣刀加工如图 3-110 所示的三个字母, 深度 3mm, 试编写加工程序。

3-24 用 ϕ10 的立铣刀精铣如图 3-111 所示的内、外表面, 用刀具半径补偿功能编写加工程序。

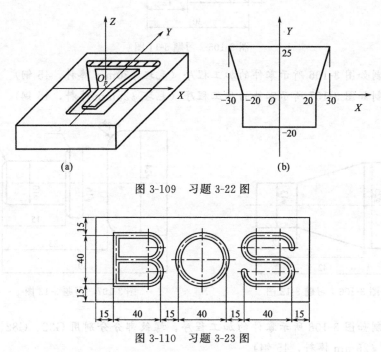

图 3-109 习题 3-22 图

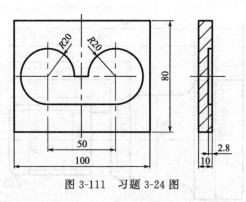

图 3-110 习题 3-23 图

图 3-111 习题 3-24 图

第4章

数控检测装置

4.1 概述

4.1.1 对位置检测装置的要求

数控机床中，数控装置是依靠指令值与位置检测装置的反馈值进行比较，来控制工作台运动的。位置检测装置是 CNC 系统的重要组成部分。在闭环系统中，它的主要作用是检测位移量，并将检测的反馈信号和数控装置发出的指令信号相比较，若有偏差，经放大后控制执行部件，使其向着消除偏差的方向运动，直到偏差为零。为提高数控机床的加工精度，必须提高测量元件和测量系统的精度，不同的数控机床对测量元件和测量系统的精度要求、允许的最高移动速度各不相同。当前检测元件与系统的最高水平是：被检测部件的最高移动速度至 240m/min 时，其检测位移的分辨率（能检测的最小位移量）可达 $1\mu m$，如 24m/min 时可达 $0.1\mu m$。最高分辨率可达 $0.01\mu m$。因此，研制和选用性能优越的检测装置是很重要的。

数控机床对位置检测装置的要求如下：

① 受温度、湿度的影响小，工作可靠，能长期保持精度，抗干扰能力强；
② 在机床执行部件移动范围内，能满足精度和速度的要求；
③ 使用维护方便，适应机床工作环境；
④ 成本低。

4.1.2 检测装置的分类

按工作条件和测量要求的不同，测量方式亦有不同的划分方法，如表 4-1 所示。

表 4-1　位置检测装置分类

位置检测装置	按检测信号的类型分类	数字式测量	光栅、光电码盘、接触式码盘
		模拟式测量	旋转变压器、感应同步器、磁栅
	按测量装置编码方式分类	增量式测量	光栅、增量式光电码盘
		绝对式测量	接触式码盘、绝对式光电码盘
	按检测方式分类	直接测量	光栅、感应同步器、编码盘(测回转运动)
		间接测量	编码盘、旋转变压器

(1) 数字式测量和模拟式测量

数字式测量以量化后的数字形式表示被测的量。数字式测量的特点是测量装置简单，信号抗干扰能力强，且便于显示处理。模拟式测量是将被测的量用连续的变量表示，如用电压变化、相位变化来表示。

（2）增量式测量和绝对式测量

按测量装置编码的方式可以分为增量式测量和绝对式测量。增量式测量的特点是只测量位移增量，即工作台每移动一个测量单位，测量装置便发出一个测量信号，此信号通常是脉冲形式。绝对式测量的特点是被测的任一点的位置都由一个固定的零点算起，每一测量点都有一对应的测量值。

（3）直接测量和间接测量

测量传感器按形状可以分为直线型和回转型。若测量传感器所测量的指标就是所要求的指标，即直线型传感器测量直线位移，回转型传感器测量角位移，则该测量方式为直接测量。若回转型传感器测量的角位移只是中间量，由它再推算出与之对应的工作台直线位移，那么该测量方式为间接测量，其测量精度取决于测量装置和机床传动链两者的精度。

数控机床检测元件的种类很多，在数字式位置检测装置中，采用较多的有光电编码器、光栅等。在模拟式位置检测装置中，多采用感应同步器、旋转变压器和磁尺等。随着计算机技术在工业控制领域的广泛应用，目前感应同步器、旋转变压器和磁尺在国内已很少使用，许多公司已不再经营此类产品。然而旋转变压器由于其抗振、抗干扰性好，在欧美仍有较多的应用。数字式的传感器（如光电编码器和光栅等）使用方便可靠，因而应用最为广泛。

在数控机床上除位置检测外，还有速度检测，其目的是精确地控制转速。转速检测装置常用测速发电机，回转式脉冲发生器。本章主要介绍各种常用的位置检测元件的结构和工作原理，以及其应用的有关情况。

4.2　旋转变压器

旋转变压器是一种常用的转角检测元件，由于它结构简单，工作可靠，且其精度能满足一般的检测要求，因此被广泛应用在数控机床上。

旋转变压器的结构和两相绕线式异步电动机的结构相似，可分为定子和转子两大部分。定子和转子的铁芯由铁镍软磁合金或硅钢薄板冲成的槽状芯片叠成。它们的绕组分别嵌入各自的槽状铁芯内。定子绕组通过固定在壳体上的接线柱直接引出。转子绕组有两种不同的引出方式。根据转子绕组两种不同的引出方式，旋转变压器分为有刷式和无刷式两种结构形式。

有刷式旋转变压器，它的转子绕组通过滑环和电刷直接引出，其特点是结构简单，体积小，但因电刷与滑环是机械滑动接触的，所以旋转变压器的可靠性差，寿命也较短。而无刷式旋转变压器却避免了上述缺陷，在此仅介绍无刷式旋转变压器。

4.2.1　旋转变压器的结构和工作原理

旋转变压器又称分解器，是一种控制用的微型旋转式的交流电动机，它将机械转角变换成与该转角成某一函数关系的电信号的一种间接测量装置。在结构上与两相线绕式异步电动机相似，由定子和转子组成。如图 4-1 所示是一种无刷旋转变压器的结构，左边为分解器，右边为变压器。变压器的作用是将分解器转子绕组上的感应电动势传输出来，这样就省掉了电刷和滑环。分解器定子绕组为旋转变压器的原边，分解器转子绕组为旋转变压器的副边，励磁电压接到原边，励磁频率通常为 400Hz、500Hz、1000Hz、5000Hz。旋转变压器结构

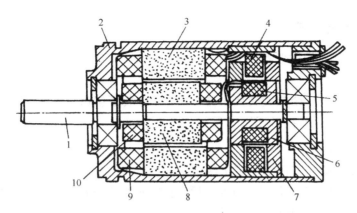

图 4-1 无刷旋转变压器的结构图

1—电动机轴；2—外壳；3—分解器定子；4—变压器定子绕组；5—变压器转子绕组；6—变压器转子；

7—变压器定子；8—分解器转子；9—分解器定子绕组；10—分解器转子绕组

简单，动作灵敏，对环境无特殊要求，维护方便，输出信号的幅度大，抗干扰性强，工作可靠。由于旋转变压器的以上特点，可完全替代光电编码器，被广泛应用在伺服控制系统、机器人系统、机械工具、汽车、电力、冶金、纺织、印刷、航空航天、船舶、兵器、电子、矿山、油田、水利、化工、轻工、建筑等领域的角度、位置检测系统中。

旋转变压器是根据互感原理工作的。它的结构设计与制造保证了定子与转子之间的空气隙内的磁通分布呈正（余）弦规律，当定子绕组上加交流励磁电压（为交变电压，频率为 2～4kHz）时，通过互感在转子绕组中产生感应电动势，如图 4-2 所示。其输出电压的大小取决于定子与转子两个绕组轴线在空间的相对位置 θ 角。两者平行时互感最大，副边的感应电动势也最大；两者垂直时互感为零，感应电动势也为零。感应电动势随着转子偏转的角度呈正（余）弦变化，故有

$$U_2 = KU_1\cos\theta = KU_m\sin(\omega t)\cos\theta \tag{4-1}$$

式中　U_2——转子绕组感应电势；

　　　U_1——定子的励磁电压；

　　　U_m——定子励磁电压的幅值；

　　　θ——两绕组轴线之间的夹角；

　　K——变压比，即两个绕组匝数比 N_1/N_2。

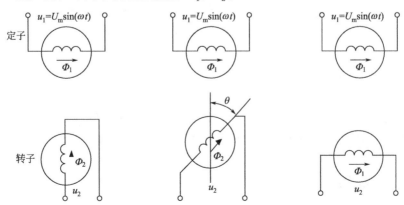

图 4-2 两级旋转变压器的工作原理

4.2.2　旋转变压器的应用

使用旋转变压器作为位置检测元件，有两种方法：鉴相型和鉴幅型应用。

一般采用的是正弦、余弦旋转变压器，其定子和转子绕组中各有互相垂直的两个绕组，如图4-3所示。

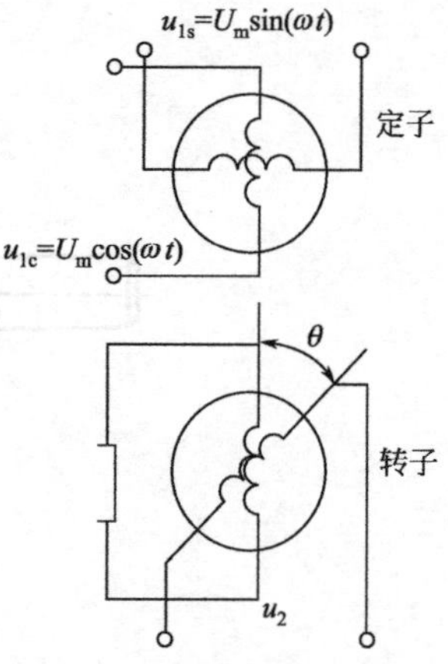

（1）鉴相型应用

在这种状态下，旋转变压器的定子两相正交绕组即正弦绕组 S 和余弦绕组 C 中分别加上幅值相等、频率相同而相位相差90°的正弦交流电压，如图4-3所示，即

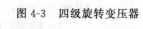

$$U_s = U_m \sin(\omega t) \qquad (4-2)$$
$$U_c = U_m \cos(\omega t) \qquad (4-3)$$

图4-3　四级旋转变压器

因为此两相励磁电压会产生旋转磁场，所以在转子绕组中（另一绕组短接）感应电动势为

$$U_2 = U_s \sin\theta + U_c \cos\theta$$

上式可变换为

$$U_2 = KU_m \sin(\omega t)\sin\theta + KU_m \cos(\omega t)\cos\theta = KU_m \cos(\omega t - \theta)$$

测量转子绕组输出电压的相位角θ，便可测得转子相对于定子的空间转角位置。在实际应用时，把对定子正弦绕组励磁的交流电压相位作为基准相位，与转子绕组输出电压相位作比较，来确定转子转角的位移。

（2）鉴幅型应用

在这种应用中，定子两相绕组的励磁电压为频率相同、相位相同而幅值分别按正弦、余弦规律变化的交变电压，即

$$U_s = U_m \sin\theta \sin(\omega t) \qquad (4-4)$$
$$U_c = U_m \cos\theta \sin(\omega t) \qquad (4-5)$$

激磁电压频率为2～4kHz。定子励磁信号产生的合成磁通在转子绕组中产生感应电动势U_2，其大小与转子和定子的相对位置θ_m有关，并与励磁的幅值$U_m\sin\theta$和$U_m\cos\theta$有关，即

$$U_2 = KU_m \sin(\theta - \theta_m)\sin(\omega t) \qquad (4-6)$$

如果$\theta_m = \theta$，则$U_2 = 0$。从物理意义上理解，$\theta_m = \theta$表示定子绕组合成磁通Φ与转子绕组的线圈平面平行，即没有磁力线穿过转子绕组线圈，故感应电动势为零。当Φ垂直于转子绕组线圈平面，即$\theta_m = \theta \pm 90°$时，转子绕组中感应电动势最大。

在实际应用中，根据转子误差电压的大小，不断修改定子励磁信号的θ（即励磁幅值），使其跟踪θ_m的变化。当感应电动势U_2的幅值$KU_m\sin(\theta - \theta_m)$为零时，说明$\theta$角的大小就是被测角位移$\theta_m$的大小。

相位伺服系统在数控机床中应用广泛，旋转变压器在相位伺服系统中可作为相位检测器。此时旋转变压器可以按照在丝杠上或者和直流电动机组装在一起检测转角。

4.3　感应同步器

感应同步器是一种电磁式位置检测元件，按其结构特点一般分为直线式和旋转式两种。

直线式感应同步器由定尺和滑尺组成；旋转式感应同步器由转子和定子组成。前者用于直线位移测量，后者用于角位移测量。它们的工作原理都与旋转变压器相似。感应同步器具有检测精度比较高、抗干扰性强、寿命长、维护方便、成本低、工艺性好等优点，广泛应用于数控机床及各类机床数显改造。本节仅以直线式感应同步器为例，对其结构特点和工作原理进行叙述。

4.3.1　感应同步器的结构和工作原理

直线式感应同步器用于直线位移的测量，其结构相当于一个展开的多极旋转变压器。它的主要部件包括定尺和滑尺，定尺安装在机床床身上，滑尺则安装于移动部件上，随工作台一起移动。两者平行放置，保持 0.2～0.3mm 的间隙。如图 4-4 所示。

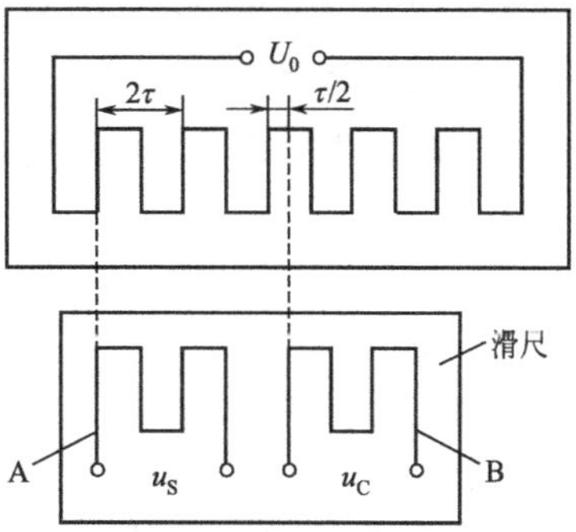

标准的感应同步器定尺长 250mm，是单向、均匀、连续的感应绕组；滑尺长 100mm，尺上有两组励磁绕组，一组叫正弦励磁绕组，如图 4-4 中 A 所示，一组叫余弦励磁绕组，如图 4-4 中 B 所示。定尺和滑尺绕组的节距相同，用 τ 表示。当正弦励磁绕组与定尺绕组对齐时，余弦励磁绕组与定尺绕组相差 1/4 节距。

由于定尺绕组是均匀的，故表示滑尺上的两个绕组在空间位置上相差 1/4 节距。即 $\pi/2$ 相位角。

定尺和滑尺的基板采用与机床床身材料的热胀系数

图 4-4　感应同步器的结构示意图

A—正弦励磁绕组；B—余弦励磁绕组

相近的低碳钢，上面有用光学腐蚀方法制成的锯齿形的铜箔印刷电路绕组，铜箔与基板之间有一层极薄的绝缘层。在定尺的铜绕组上面涂一层耐腐蚀的绝缘层，以保护尺面。在滑尺的绕组上面用绝缘的粘接剂粘贴一层铝箔，以防静电感应。

感应同步器的工作原理与旋转变压器的工作原理相似。当励磁绕组与感应绕组间发生相对位移时，由于电磁耦合的变化，感应绕组中的感应电压随位移的变化而变化，感应同步器和旋转变压器就是利用这个特点进行测量的。所不同的是，旋转变压器是定子、转子间的旋转位移，而感应同步器是滑尺和定尺间的直线位移。

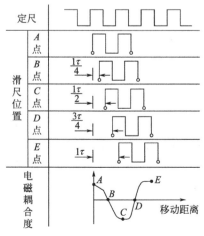

图 4-5　感应同步器的工作原理

图 4-5 说明了定尺感应电压与定、滑尺绕组的相对位置的关系。若向滑尺上的正弦绕组通以交流励磁电压，则在定子绕组中产生励磁电流，因而绕组周围产生了旋转磁场。这时，如果滑尺处于图中 A 点位置，即滑尺绕组与定尺绕组完全对应重合，则定尺上的感应电压最大。随着滑尺相对定尺做平行移动，感应电压逐渐减小。当滑尺移动至 B 点的位置时，即与定尺绕组刚好错开 1/4 节距时，感应电压为零。再继续移至 1/2 节距处，即图中 C 点位置时，为最大的负值电压（即感应电压的幅值与 A 点相同，但极性相反）。再移至 3/4 节距，即图中 D 点的位置时，感应电压又变为零。当移动到一个节距位置即图中 E 点，又恢复初始状态，即与 A 点情况相同。显然在定尺和滑尺的相对位移中，感应电压呈

周期性变化，其波形为余弦函数。在滑尺移动一个节距的过程中，感应电压变化了一个余弦周期。

同样，若在滑尺的余弦绕组中通以交流励磁电压，也能得出定尺绕组中感应电压与两尺相对位移 θ 的关系曲线，它们之间为正弦函数关系。

4.3.2 感应同步器的应用

根据励磁绕组中励磁供电方式的不同，感应同步器可分为鉴相工作方式和鉴幅工作方式。鉴相工作方式即将正弦绕组和余弦绕组分别通以频率相同、幅值相同，但相位相差 $\pi/2$ 的交流励磁电压；鉴幅工作方式，则是将滑尺的正弦绕组和余弦绕组分别通以相位相同、频率相同，但幅值不同的交流励磁电压。

(1) 鉴相方式

在这种工作方式下，将滑尺的正弦绕组和余弦绕组分别通以幅值相同、频率相同、相位相差 90° 的交流电压

$$U_s = U_m \sin(\omega t) \tag{4-7}$$

$$U_c = U_m \cos(\omega t) \tag{4-8}$$

励磁信号将在空间产生一个以 ω 为频率移动的行波。磁场切割定尺导片，并在其中感应出电势，该电势随着定尺与滑尺相对位置的不同而产生超前或滞后的相位差 θ。按照叠加原理可以直接求出感应电势

$$U_o = KU_m \sin(\omega t) \cos\theta - KU_m \cos(\omega t) \sin\theta = KU_m \sin(\omega t - \theta) \tag{4-9}$$

在一个节距内，θ 与滑尺移动距离是一一对应的，通过测量定尺感应电势相位 θ，便可测出定尺相对滑尺的位移。

(2) 鉴幅方式

在这种工作方式下，将滑尺的正弦绕组和余弦绕组分别通以频率相同、相位相同，但幅值不同的交流电压

$$U_s = U_m \sin\alpha_1 \sin(\omega t) \tag{4-10}$$

$$U_c = U_m \cos\alpha_1 \sin(\omega t) \tag{4-11}$$

上式中的 α_1 相当于式（4-4）中的 θ。此时，如果滑尺相对定尺移动一个距离 d，其对应的相移为 α_2，那么在定尺上的感应电势为

$$U_o = KU_m \sin\alpha_1 \sin(\omega t) \cos\alpha_2 - KU_m \cos\alpha_1 \sin(\omega t) \sin\alpha_2$$
$$= KU_m \sin(\omega t) \sin(\alpha_1 - \alpha_2) \tag{4-12}$$

由上式可知，若电气角 α_1 已知，则只要测出 U_o 的幅值 $KU_m \sin(\alpha_1 - \alpha_2)$，便可间接地求出 α_2。

感应同步器直接对机床进行位移检测，无中间环节影响，所以精度高；其绕组在每个周期内的任何时间都可以给出仅与绝对位置相对应的单值电压信号，不受干扰的影响，所以工作可靠，抗干扰性强；定尺与滑尺之间无接触磨损，安装简单，维修方便，寿命长；通过拼接方法，可以增大测量距离的长度；其成本低，工艺性好。正因为其具有如此之多的优点，感应同步器在实践中应用非常广泛。

4.3.3 感应同步器的特点

① 测量精度高。感应同步器极对数多，其输出电压为各对极感应电压的平均值，这样

得到的测量精度高于元件本身制造精度。其次，对机床位移的测量是直接测量，不经过任何机械传动装置，测量结果只受本身精度的影响。目前直线感应同步器的精度可达 ± 0.001mm，重复精度 0.0002mm。直径为 12in 的圆感应同步器精度可达 $0.5''$，灵敏度 $0.05''$。

② 工作可靠，抗干扰性强。在感应同步器绕组的每个周期内，测量信号与绝对位置有一一对应的单值关系，不受干扰影响。

③ 测量长度不受限制。可根据测量长度需要，任意拼接成 250mm（标准型定尺的长度）的倍数。通过电气补偿的方法，合理选择感应同步器的误差特性，使拼接后总长度的精度保持（或稍低于）单块定尺的精度。在拼接时，若定尺接长少于 10 块（每块 250mm），则所有绕组用图 4-6(a) 所示串联方式连接。若多于 10 块，为了不使绕组阻抗过高，可采用图 4-6(b) 所示串、并联方式连接。

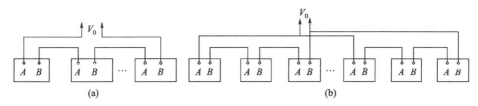

图 4-6　定尺绕组连接方式

④ 对环境适应性强。直线感应同步器的金属基板与安装部件材料热胀系数接近，使测量精度不受环境温度变化的影响。圆感应同步器的基板受热后各方向的膨胀量对称于圆心，也不影响测量精度。感应同步器是非接触式的空间电磁耦合器件，可选择耐温性能良好的非导磁性涂料作保护层，加强感应同步器的抗温防湿能力。

⑤ 使用寿命长，维护简单。感应同步器的定尺和滑尺互不接触，没有任何摩擦、磨损。不怕油污、灰尘和冲击振动的影响，不须经常清扫，在机械设备上使用时，仅须装防护罩，防止切屑进入定、滑尺之间。

⑥ 工艺性好，便于复制和成批生产。

⑦ 应注意励磁电压对称性和失真度对精度的影响，对鉴相系统，对称性指励磁电压幅值相等，相位差 90°；对鉴幅系统，指 $V_m\cos\theta_e$ 和 $V_m\sin\theta_e$ 的精确性。

4.4　光栅

光栅是一种最常见的测量装置，具有精度高、响应速度快等优点，是一种非接触式测量。光栅利用光学原理进行工作，按形状可分为圆光栅和长光栅。圆光栅用于角位移的检测，长光栅用于直线位移的检测。光栅的检测精度较高，可达 $1\mu m$ 以上。

4.4.1　光栅的结构和工作原理

(1) 光栅的种类和特点

光栅是一条上面刻有一系列平行等间隙密集线纹的透明玻璃片，或是在长条形金属镜面上制成全反射与漫反射间隙相等的密集线纹制品。前者称为透射光栅，后者称为反射光栅。

① 透射光栅的特点。光源可以采用垂直入射光，光电元件能够直接接受，因此信号幅

值比较大，信噪比好，光电转换器（读数头）结构简单。同时透射光栅每毫米的线纹数多，一般常用的黑白光栅可做到每毫米 100 条线，再经过电路细分，可做到微米级的分辨率，但其长度不能做得太长，目前可达 2m 左右。

② 金属反射光栅的特点。金属反射光栅的线胀系数很容易做到与机床用的普通钢或铸铁一致，接长方便。甚至可用钢带制成整根的长光栅，不易碰碎。标尺光栅需要的机床安装面积小，安装调整方便，可直接用螺钉或压板固定在机床床身上。常用的每毫米线纹数为 4、10、25、40、50。

计量光栅还包括用来测量角度的回转光栅（也称圆光栅），圆光栅的线纹呈辐射状，相互间的夹角相等。根据不同使用要求，在圆周内的线纹数不相同，一般有以下三种形式：

a.60 进制，如 10800、21600、32400、64800 等。

b.10 进制，如 1000、2500、5000 等。

c.2 进制，如 512、1024、2048 等。

(2) 光栅的工作原理

光栅是利用光的透射、衍射现象制成的光电检测元件，它主要由光栅尺（包括标尺光栅和指示光栅）和光栅读数头两部分组成，如图 4-7 所示。通常，标尺光栅固定在机床的运动部件（如工作台或丝杠）上，光栅读数头安装在机床的固定部件（如机床底座）上，两者随着工作台的移动而相对移动。在光栅读数头中，安装着一个指示光栅，当光栅读数头相对于标尺光栅移动时，指示光栅便在标尺光栅上移动。当安装光栅时，要严格保证标尺光栅和指示光栅的平行度以及两者之间的间隙（一般取 0.05mm 或 0.1mm）要求。

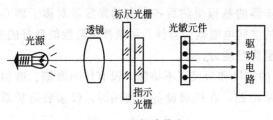

图 4-7 光栅读数头

光栅尺是用真空镀膜的方法光刻上均匀密集线纹的透明玻璃片或长条形金属镜面。对于长光栅，这些线纹相互平行，各线纹之间的距离相等，称此距离为栅距。对于圆光栅，这些线纹是等栅距角的向心条纹。栅距和栅距角是决定光栅光学性质的基本参数。常见的长光栅的线纹密度为 25、50、100、250 条/毫米。对于圆光栅，若直径为 70mm，一周内刻线 100~768 条；若直径为 110mm，一周内刻线达 600~1024 条，甚至更高。同一个光栅元件，其标尺光栅和指示光栅的线纹密度必须相同。

光栅读数头由光源、透镜、指示光栅、光敏元件和驱动线路组成，如图 4-7 所示。读数头的光源一般采用白炽灯泡。白炽灯泡发出的辐射光线，经过透镜后变成平行光束，照射在光栅尺上。光敏元件是一种将光强信号转换为电信号的光电转换元件，它接收透过光栅尺的光强信号，并将其转换成与之成比例的电压信号。由于光敏元件产生的电压信号一般比较微弱，在长距离传送时很容易被各种干扰信号所淹没、覆盖，造成传送失真。为了保证光敏元件输出的信号在传送中不失真，应首先将该电压信号进行功率和电压放大，然后再进行传送。驱动线路就是实现对光敏元件输出信号进行功率和电压放大的线路。

如果将指示光栅在其自身的平面内转过一个很小的角度 β，这样两块光栅的刻线相交，当平行光线垂直照射标尺光栅时，则在相交区域出现明暗交替、间隔相等的粗大条纹，称为莫尔条纹。由于两块光栅的刻线密度相等，即栅距 λ 相等，使产生的莫尔条纹的方向与光栅刻线方向大致垂直。其几何关系如图 4-8 所示。当 β 很小时，莫尔条纹的节距为

$$P = \frac{\lambda}{\beta} \tag{4-13}$$

这表明莫尔条纹的节距是栅距的 $1/\beta$ 倍。当标尺光栅移动时，莫尔条纹就沿与光栅移动方向垂直的方向移动。当光栅移动一个栅距 λ 时，莫尔条纹就相应准确地移动一个节距 p，也就是说两者一一对应。因此，只要读出移过莫尔条纹的数目，就可知道光栅移过了多少个栅距。而栅距在制造光栅时是已知的，所以光栅的移动距离就可以通过光电检测系统对移过的莫尔条纹进行计数、处理后自动测量出来。

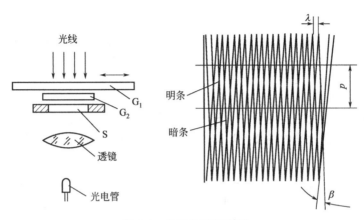

图 4-8 光栅的工作原理

如果光栅的刻线为 100 条，即栅距为 0.01mm 时，人们是无法用肉眼来分辨的，但它的莫尔条纹却清晰可见。所以莫尔条纹是一种简单的放大机构，其放大倍数取决于两光栅刻线的交角 β，如 $\lambda = 0.01$mm，$p = 5$mm，则其放大倍数为 $1/\beta = p/\lambda = 500$ 倍。这种放大特点是莫尔条纹系统的独具特性。莫尔条纹还具有平均误差的特性。

4.4.2 光栅读数头

通常把光源、透镜、指示光栅、光敏元件和驱动线路组合在一起，形成光栅读数头。光栅读数头是光栅与电子系统转接的部件，其结构形式很多，但就其光路分，主要有如下几种。

（1）分光读数头

它的原理如图 4-9 所示，光源 Q 发出的光，经透镜 L_1 变成平行光照射到光栅 G_1 和 G_2 上，由透镜 L_2 把在指示光栅 G_2 上形成的莫尔条纹聚焦，并在它的焦面上安置光电元件 P 接受莫尔条纹的明暗信号。这种光学系统是莫尔条纹光学系统的基本型，反差较强。这种分光读数头刻线截面为锯齿形，其倾角 θ 根据光栅材料的折射率与入射光的波长确定。

但这种光栅的栅距比较小，因而两块光栅之间间隙也小。为保护光栅表面，常需粘一层保护玻璃，而这样小的间隙是不行的。因此，在实际使用中采用等倍投影方法，即在 G_1 和 G_2 间装上等倍投影透镜 L_1、L_2。这样 G_1 的像以同样的大小投影在 G_2 上形成莫尔条纹，但只是拉开了 G_1 和 G_2 的距离以满足实际的使用要求。这种读数头主要用在高精度坐标镗床和精密测量仪器上。

（2）垂直入射读数头

这种读数头主要用在 25～125 线/毫米的玻璃透射光栅系统上（见图 4-10）。从光源 Q 经准直透镜 L 使光束垂直照射在标尺光栅 G_1 上，然后通过指示光栅 G。由光电元件接收。两块光栅的距离按有效光波波长 λ 和光栅栅距 ω 来选择，即 $t = \omega^2 / \lambda$。

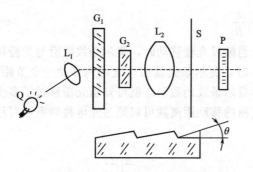

图 4-9　分光读数头原理图

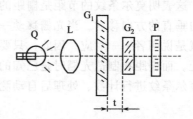

图 4-10　垂直入射读数头原理图

（3）镜像读数头

以上两种读数头以及主要用于 25～50 线/毫米以下的反射读数头，都是以标尺光栅与指示光栅十分靠近时形成的莫尔条纹为基础的。但是在某些不允许的情况下，可以利用适当的

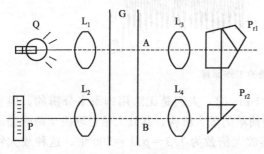

图 4-11　镜像读数头原理图

透射-反射系统由标尺光栅本身产生莫尔条纹，而去掉指示光栅，见图 4-11。光源 Q 经透镜 L_1、L_3 和棱镜 P_{r1}、P_{r2}。透镜 L_4 将标尺光栅 G 的 A 部线纹投影到 B 部产生莫尔条纹，然后再经透镜 L_2 使光电元件 P 接收信号。在该系统中，镜像运动的方向与光栅运动的方向相反，因此每移一个栅距，光电元件得到两个光电信号，即信号频率提高一倍。

（4）相位调制读数头

上述三种读数头，每当相对移动一个栅距时，信号幅度按正弦规律变化一周，所以测量精度取决于信号波形的正确性和一致性。另外，灯泡的老化、平均透光度以及线纹的反射等都给光栅带来了测量误差，这样影响了细分，一般分到 20 等分以上就比较困难了。为此发展了相位调制读数头，在这种系统中，光电信号的相位与基准信号比较，就可以分得更细，甚至在相当不利的条件下，也能测量出栅距的一个很小的分数值。

光栅检测元件一般用光学玻璃制成，容易受外界气温的影响产生误差，而且切屑、灰尘、油、水气等污物的侵入，易使光学系统污染甚至变质。两光栅之间的间隙很小，当污物进入间隙后，不仅会影响光电信号的幅值，还将影响数控设备的定位精度。因此，对光栅系统的维护和保养非常重要，测量精度高的都在恒温室内使用。

4.5　磁栅

磁栅是用电磁方法，计算磁波数目的一种位置检测元件。用它作直线和角度位移量的测量，具有精度高、复制简单以及安装调整方便等一系列优点，在油污、粉尘较多的工作环境下使用有较好的稳定性。

磁栅位置检测装置是由磁尺、读取磁头和检测电路组成。它利用磁录音原理，将一定波长的矩形波或正弦波的电信号用录磁磁头记录在磁性标尺（磁尺）的磁膜上，作为测量的基准尺。检测时用拾磁磁头将磁尺上的磁信号读出，并通过检测电路将位移量用数字显示出来或转化为控制信号输送给数控机床。

4.5.1　磁性标尺

磁性标尺是在非导磁材料的基体上，涂敷或镀上一层 $10\sim20\mu m$ 厚的磁性材料，形成一层均匀的磁性膜，然后敷上 $1\sim2\mu m$ 厚的耐磨塑料保护膜，然后用录磁方法将镀层磁化成相等节距、周期变化的磁化信号。磁化信号可以是脉冲，也可以是正弦波或饱和磁波。磁化信号的节距一般有 $0.05mm$、$0.10mm$、$0.20mm$、$1mm$ 等几种。对于测量角度的回转型磁尺，为了将圆周等分，录制的波长不一定是整数值。

磁尺按磁性标尺基体形状的不同，可分为以下几种。

(1) 直线磁尺

① 实体型磁尺。这种磁尺的磁头和磁性标尺不接触，磁头固定在带有板簧做的磁簧头架上。磁性标尺的形状和加工精度要求较高，其刚性好，稳定性好。这种磁尺成本较高，长度一般小于 $600mm$，可接长使用。

② 带状磁尺。带状磁尺采用宽为 $20mm$，厚为 $0.2mm$ 的磷青铜带镀以镍-钴合金制成。通常将它固定在低碳钢制的屏蔽壳内，并以一定的预应力绷紧在框架或支架中间，使磁尺的温度膨胀系数与框架或机体的膨胀系数相近，以便减少温度对检测精度的影响。这种磁尺最大长度可达 $15m$。由于磁尺是弹性体，允许有一定的变形，因此对整个磁尺机械部件的安装精度要求不高。带状磁尺的缺点是磁头与磁性标尺接触使用，有磨损。

③ 同轴型磁尺。同轴型磁尺用直径 $2mm$ 的铜丝作基体，其上涂镍-钴合金。用套在磁尺上的同轴型多间隙磁通响应式磁头读取信号。磁性标尺和磁头之间有很小的间隙，虽然仍有一些接触，但磨损不大。这种磁尺结构简单，安装方便，抗干扰性强。缺点是热胀系数大，不易做得太长（一般小于 $1.5m$）。这种磁尺通常用于小型精密机床、测量机和微型量仪。

(2) 回转型磁尺

回转型磁尺主要用来检测角位移。它的磁头和带状磁尺的磁头完全一样，不同的是磁性标尺改为磁盘或磁鼓形状。

4.5.2　磁头

(1) 磁通响应型磁头

磁头是进行磁电转换的变换器，它把反映空间位置的磁化信号检测出来转换成电信号送给检测电路。在实际中，由于磁尺和磁头的相对速度很低，有时其至为 0，若采用一般录音机中用的速度响应型磁头就无法工作。因此，磁尺位置检测装置中一般采用磁通响应型磁头，如图 4-12 所示。磁通响应型磁头是一个利用饱和铁芯的二次谐波调制器，它用软磁材料（坡莫合金）制成，它有两个产生磁通方向相反的激磁线圈，两个串联的读取线圈。当励磁线圈上通入高频励磁电源后，在读取线圈上输出载波频率为高频励磁电源频率两倍的调制信号。它是由磁性标尺在进入读取线圈铁芯的漏磁通所调制的信号。其输出电压

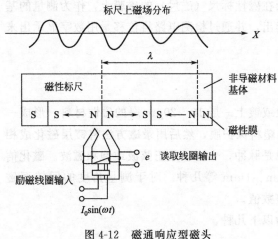

图 4-12 磁通响应型磁头

$$e = E_0 \sin \frac{2\pi X}{\lambda} \sin(2\omega t) \qquad (4-14)$$

式中　E_0——常数；

　　　X——磁头在磁性标尺上的位移量；

　　　λ——磁性标尺上磁化信号的节距；

　　　ω——励磁电源的频率。

从上式可知，e 和磁性标尺与磁头的相对速度无关，而是由磁头在磁性标尺上的位置所决定。只要计算出振幅变化的次数，并以 λ 波长为单位，就可计算出位移量。如波长的最小单位为 0.04mm，当把它细分成 4 等分时，磁尺可用 0.01mm 作为最小单位。

(2) 多间隙磁通响应型磁头

使用单个磁头输出的信号小，而且对磁性标尺上磁化信号的节距和波形要求也比较高，不能用饱和录磁。这样既减小了输出信号，又降低了磁尺位置检测装置抗外界电磁场干扰的能力。为此，在使用时将几个到几十个磁头，以一定的方式串接起来组成多间隙磁头使用。这样，不仅提高灵敏度，均化节距误差，并使读出幅值均匀。当相邻磁头的间距为磁栅节距的 1/2，且相邻两磁头的输出绕组反向串联时，输出信号最强，总输出为每个磁头输出信号的叠加。

为了辨别磁头在磁性标尺上的移动方向，通常采用间距为 $M \pm 1/4\lambda$ 两组磁头，如图 4-13 所示，M 为任意整数。从两个磁头得到的输出信号为

$$e_1 = E_0 \sin \frac{2\pi X}{\lambda} \sin(\omega t) \qquad (4-15)$$

$$e_2 = E_0 \cos \frac{2\pi X}{\lambda} \sin(\omega t) \qquad (4-16)$$

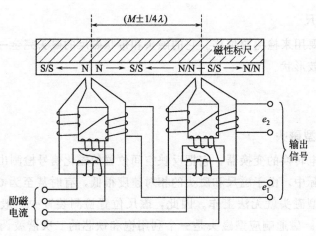

图 4-13 辨向磁头配置

然后对 e_1 移相 90°，使 e_1 与 e_2 成为相位差为 $\pi/2$ 的两相正弦波，相位的超前或滞后给出了运动方向的信息。这样，移动方向便可用与光栅辨向原理相同的方法进行。

4.5.3 检测电路

检测电路包括：磁通响应磁头的励磁电路，读取信号的放大、滤波电路，辨别移动方向和为了提高分辨率而设计制造的辨向内插细分电路，以及显示和控制电路等。

根据检测方法不同，检测电路与感应同步器相似，可分为鉴相型和鉴幅型两种，这里不再赘述。

4.6 激光检测

激光位移检测，具有精度高、无接触测量的特点，适用于长行程、高精度的位移检测场合。但其抗环境干扰能力较差，采取措施后，在数控机床及适应控制方面具有广阔的应用前景。

4.6.1 激光的特点

(1) 高单色性

任何单色光的谱线都具有一定的宽度。激光的谱线宽度只有普通光源谱宽的几万分之一，是最好的单色光源。

(2) 高方向性

高方向性就是高平行性，即光束的发散角小。激光的发散角小到几分甚至1s，照射到1km远处其光束直径也仅10cm左右。

(3) 高亮度

激光的发散角小，光能高度集中，亮度特别高。一台红宝石激光束的亮度比太阳表面亮度高200亿倍，聚焦后能瞬间气化任何金属。

(4) 高相干性

相干性指相干光波在叠加区产生稳定的干涉条纹所表现出来的性质。

4.6.2 激光器及激光检测原理

(1) 激光器

用于精密测量中的激光器通常采用氦-氖气体激光管，波长 $0.633\mu m$，如图 4-14 所示，在细玻璃管中封入氦-氖混合气体，与细玻璃管相垂直的地方设置有反射率很高的反射镜。被封入玻璃管的氦-氖气体由于受到高频振荡器发出的能量激发或直流放电而发光，在两反射镜构成的谐振腔中引起振荡，沿着轴向发射出相应频率的激光束。

(2) 激光检测原理

激光位置检测装置通常由激光管、稳频器、光学干涉部分、光电接收元件、计数器和数字显示器等组成。这里以单频激

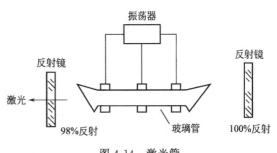

图 4-14　激光管

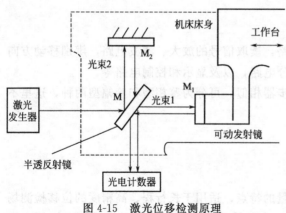

图 4-15　激光位移检测原理

光干涉仪为例来说明位置检测的原理，如图 4-15 所示，激光管发出的激光射到干涉仪的半透反射镜后，被分成两束光。光束 2 经半透反射镜反射到固定在机床床身上的全反射镜，又被反射回来透过半透反射镜到光电计数器上。光束 1 透过半透反射镜射反射到装在工作台上的可动反射镜，再反射回半透反射镜，也被反射到光电计数器上。这两束光分别经过不同的途径汇集到光电计数器上，由于这两束光的路径不同，有光程差

$$\Delta S = 2(MM_2 - MM_1) \tag{4-17}$$

式中　MM_2——半透反射镜 M 与全反射镜 M_2 间距离；

　　　MM_1——半透反射镜 M 与可动反射镜 M_1 间距离。

当光程差 ΔS 等于激光波长 λ 的整数倍，即 $\Delta S = N\lambda$ 时，则两束光在光电计数器处相互加强并出现亮点；如果 $\Delta S = N\lambda + \lambda/2$，则两束光相互抵消，在光电计数器出现暗点。因此，每当工作台移动半个激光波长时，光电计数器将收到一个脉冲信号，根据计数器所计脉冲数 N 即可测出工作台的位移 $L = \frac{1}{2}N\lambda$。

4.7　光电脉冲编码器

脉冲编码器是一种旋转式脉冲发生器，把机械转角变成电脉冲，是一种常用的角位移传感器，同时也可作速度检测装置。

4.7.1　光电脉冲编码器的结构和工作原理

光电编码器，是一种通过光电转换将输出轴上的机械几何位移量转换成脉冲或数字量的传感器。这是目前应用最多的传感器，光电编码器是由光栅盘和光电检测装置组成。光栅盘是在一定直径的圆板上等分地开通若干个长方形孔。由于光电码盘与电动机同轴，电动机旋转时，光栅盘与电动机同速旋转，经发光二极管等电子元件组成的检测装置检测输出若干脉冲信号，通过计算每秒光电编码器输出脉冲的个数就能反映当前电动机的转速。此外，为判断旋转方向，码盘还可提供相位相差 90°的两路脉冲信号。根据检测原理，编码器可分为光学式、磁式、感应式和电容式。根据其刻度方法及信号输出形式，可分为增量式、绝对式（图 4-16）以及混合式三种。

脉冲编码器是一种增量检测装置，它的型号是由每转发出的脉冲数来区分。数控机床上常用的脉冲编码器有：2000P/r、2500P/r 和 3000P/r 等；在高速、高精度数字伺服系统中，应用高分辨率的脉冲编码器，如 20000P/r、25000P/r 和 30000P/r 等，现在已有使用发 10 万个脉冲每转的脉冲编码器，该编码器装置内部采用了微处理器。

光电脉冲编码器的结构如图 4-17 所示。在一个圆盘的圆周上刻有相等间距线纹，分为透明和不透明的部分，称为圆光栅。圆光栅与工作轴一起旋转。与圆光栅相对平行地放置一

(a) 增量式编码器

(b) 绝对式编码器

图 4-16　内置光电旋转编码

个固定的扇形薄片，称为指示光栅，上面刻有相差 1/4 节距的两个狭缝（在同一圆周上，称为辨向狭缝）。此外还有一个零位狭缝（一转发出一个脉冲）。脉冲编码器通过十字连接头或键与伺服电动机相连，它的法兰盘固定在电动机端面上，罩上防护罩，构成一个完整的检测装置。

下面对光电编码器的工作原理进行介绍。当圆光栅旋转时，光线透过两个光栅的线纹部分，形成明暗相间的条纹。光电元件接收这些明暗相间的光信号，并转换为交替变化的电信号，该信号为两路近似于正弦波的电流信号 A 和 B，如图 4-18 所示。A 和 B 信号相位相差 90°，经放大和整形变成方波。通过光栅的两个电流信号，还有一个"一转脉冲"，称为 Z 相脉冲，该脉冲也是通过上述处理得来的。A 脉冲用来产生机床的基准点。

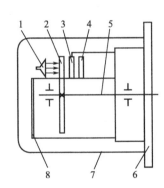

图 4-17　光电脉冲编码器的结构组成
1—光源；2—圆光栅；3—指示光栅；4—光敏元件；
5—轴；6—连接法兰；7—防护罩；8—电路板

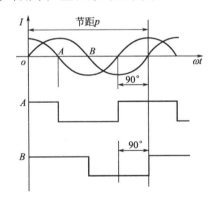

图 4-18　脉冲编码器输出的波形

脉冲编码器输出信号有 A、$\overline{A}$、B、$\overline{B}$、Z、$\overline{Z}$ 等信号，这些信号作为位移测量脉冲，以及经过频率-电压变换作为速度反馈信号，进行速度调节。

4.7.2　光电脉冲编码器的故障类型

编码器本身故障：是指编码器本身元器件出现故障，导致其不能产生和输出正确的波形。这种情况下需要更换编码器或维修其内部器件。

编码器连接电缆故障：这种故障出现的概率最高，维修中经常遇到，是应优先考虑的因素。通常为编码器电缆断路、短路或接触不良，这时需更换电缆或接头。还应当注意是否由于电缆固定不紧，造成松动引起开焊或断路，这时需卡紧电缆。

编码器+5V电源下降：是指+5V电源过低，通常不能低于4.75V，造成过低的原因是供电电源故障或电源传送电缆阻值偏大而引起损耗，这时需检修电源或更换电缆。

绝对式编码器电池电压下降：这种故障通常有明确的报警含义，这时须更换电池，如果参考位置点记忆未知丢失，还须执行重回参考点操作。

编码器电缆屏蔽线未接或脱落：这会引入干扰信号，使波形不稳定，影响通信的准确性。必须保证屏蔽线可靠地焊接或接地。

编码器安装松动：这种故障会影响位置控制精度，造成停止或移动中位置偏差量超差，甚至刚一开机就导致伺服电动机过载报警，需要特别注意。

光栅污染：这会使信号输出幅度下降，必须用脱脂棉球蘸无水酒精轻轻擦除油污。

4.7.3 光电脉冲编码器的应用

光电脉冲编码器在数控机床上，用在数字比较的伺服系统中，作为位置检测装置，将检测信号反馈给数控装置。

光电脉冲编码器将位置检测信号反馈给CNC装置有两种方式：一种是适应带加减计数要求的可逆计数器，形成加计数脉冲和减计数脉冲；另一种是适应有计数控制和计数要求的计数器，形成方向控制信号和计数脉冲。

在此，仅以第二种应用方式为例，通过给出该方式的电路图［图4-19（a）］和波形图

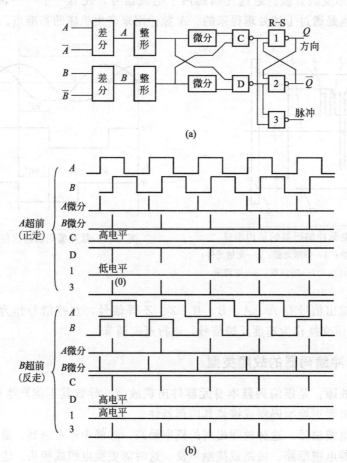

图 4-19　脉冲编码器的应用

[图 4-19(b)] 来简要介绍其工作过程。脉冲编码器的输出信号 A、$\overline{A}$、B、$\overline{B}$ 经差分、微分、与非门 C 和 D，由 R-S 触发器（由 1、2 与非门组成）输出方向信号，正走时为 "0"，反走时为 "1"。由与非门 3 输出计数脉冲。

正走时，A 脉冲超前 B 脉冲，D 门在 A 信号控制下，将 B 脉冲上升沿微分作为计数脉冲反向输出，为负脉冲。该脉冲经与非门 3 变为正向计数脉冲输出。D 门输出的负脉冲同时又将触发器置为 "0" 状态，Q 端输出 "0"，作为正走方向控制信号。

反走时，B 脉冲超前 A 脉冲。这时，由 C 门输出反走时的负计数脉冲，该负脉冲也由 3 门反向输出作为反走时计数脉冲。不论正走、反走，与非门 3 都为计数脉冲输出门。反走时，C 门输出的负脉冲使触发器置 "1"，作为反走时方向控制信号。

习　题

4-1　数控机床对位置检测装置有何要求？怎样对位置检测装置进行分类？

4-2　简述旋转变压器的工作原理，并说明它的应用。

4-3　简述感应同步器的工作原理，并说明它的应用。

4-4　简述光栅的构成和工作原理。

4-5　简述磁栅的构成和工作原理。

4-6　简述光电脉冲编码器的构成和工作原理。

4-7　简述测速电动机的类型与特点。

4-8　简述光栅检测系统信号的细分原理。

4-9　简述主轴位置编码器在数控机床的应用。

第5章

数控机床的伺服系统

5.1 概述

伺服系统是指以机械位置或角度作为控制对象的自动控制系统。在数控机床中，伺服系统主要指各坐标轴进给驱动的位置控制系统。伺服系统接收来自 CNC 装置的进给脉冲，经变换和放大，再驱动各加工坐标轴按指令脉冲联动，使刀具相对于工件产生各种复杂的机械运动，加工出所要求的复杂形状工件。

在现有技术条件下，CNC 装置的性能已经相当优优，并正在向更高水平发展，而数控机床的最高运动速度、跟踪及定位精度、加工表面质量、生产率及工作可靠性等技术指标，往往主要决定于伺服系统的静态和动态性能。数控机床的故障也主要出在伺服系统。可见提高伺服系统的技术性能和可靠性具有重大意义，研究与开发高性能的伺服系统一直是现代数控机床的关键技术之一。

5.1.1 对伺服系统的基本要求

伺服系统为数控系统的执行部件，不仅要求稳定地保证所需的切削力矩和进给速度。而且要准确地完成指令规定的定位控制或者复杂的轮廓加工控制。随着数控技术的发展，数控机床对伺服系统提出了很高的要求。

(1) 精度高

由于伺服系统控制数控机床的速度和位移输出，为保证加工质量，要求它有足够高的定位精度和重复定位精度。所谓精度是指伺服系统的输出量跟随输入量的精确程度。一般要求定位精度为 $0.001 \sim 0.01 \text{mm}$；高档设备达到 $0.1 \mu\text{m}$ 以上。速度控制要求较高的调整精度和较强的抗负载扰动能力，保证动、静态精度都较高。

(2) 稳定性好

稳定是指系统在给定输入或外界干扰作用下，能在短暂的调节过程后，达到新的或者恢复到原来的平衡状态，对伺服系统要求有较强的抗干扰能力。稳定性是保证数控机床正常工作的条件，直接影响数控加工的精度和表面粗糙度。

(3) 快速响应

它是伺服系统动态品质的标志之一，反映系统的跟踪精度。它要求伺服系统跟随指令信号不仅跟随误差小，而且响应要快，稳定性要好。即系统在给定输入后，能在短暂的调节之后达到新的平衡或受外界干扰作用下能迅速恢复原来的平衡状态。现代数控机床的插补时间都在 20ms 以内，在这么短时间内指令变化一次，要求伺服系统动态、静态误差小，反向死区小，能频繁启、停和正反运动。

（4）调速范围

由于工件材料、刀具以及加工要求各不相同，要保证数控机床在任何情况下都能得到最佳切削条件，伺服系统就必须有足够的调速范围，既能满足高速加工要求，又能满足低速进给要求。调速范围一般大于 1：10000。而且在低速切削时，还要求伺服系统能输出较大的转矩。

（5）低速大转矩

数控机床在低速加工时进行重切削，因此要求伺服系统在低速时要有大的转矩输出。进给坐标的伺服控制属于恒转矩控制，在整个速度范围内都要保持这个转矩；主轴坐标的伺服控制在低速时为恒转矩控制，能提供较大转矩。在高速时为恒功率控制，具有足够大的输出功率。

5.1.2　伺服系统的组成

数控伺服系统由伺服电动机（M）、驱动信号控制转换电路、电力电子驱动放大模块、电流调解单元、速度调解单元、位置调解单元和相应的检测装置（如光电脉冲编码器 G）等组成。一般闭环伺服系统的结构如图 5-1 所示。这是一个三环结构系统，外环是位置环，中环是速度环，内环为电流环。

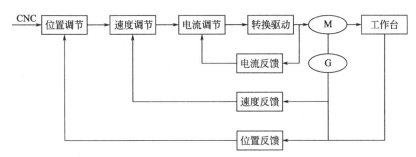

图 5-1　伺服系统结构图

位置环由位置调节控制模块、位置检测和反馈控制部分组成。速度环由速度比较调节器、速度反馈和速度检测装置（如测速发电机、光电脉冲编码器等）组成。电流环由电流调节器、电流反馈和电流检测环节组成。电力电子驱动装置由驱动信号产生电路和功率放大器等组成。位置控制主要用于进给运动坐标轴，对进给轴的控制是要求最高的位置控制，不仅对单个轴的运动速度和位置精度的控制有严格要求，而且在多轴联动时，还要求各进给运动轴有很好的动态配合，才能保证加工精度和表面质量。位置控制功能包括位置控制、速度控制和电流控制。速度控制功能只包括速度控制和电流控制，一般用于对主运动坐标轴的控制。

5.1.3　伺服系统的分类

由于伺服系统在数控设备上的应用广泛，所以伺服系统有各种不同的分类方法。

（1）按其用途和功能分类

可分为进给驱动系统和主轴驱动系统。

进给驱动用于数控机床工作台或刀架坐标的控制系统，控制机床各坐标轴的切削进给运

动，并提供切削过程所需的转矩。主轴驱动控制机床主轴的旋转运动，为机床主轴提供驱动功率和所需的切削力。一般地，对于进给驱动系统，主要关心它的转矩大小、调节范围的大小和调节精度的高低，以及动态响应速度的快慢。对于主轴驱动系统，主要关心其是否具有足够的功率、宽的恒功率调节范围及速度调节范围。

（2）按反馈比较控制方式分类

① 脉冲、数字比较伺服系统。该系统是闭环伺服系统中的一种控制方式。它是将数控装置发出的数字（或脉冲）指令信号与检测装置测得的以数字（或脉冲）形式表示的反馈信号直接进行比较，以产生位置误差，达到闭环控制。脉冲、数字比较伺服系统结构简单，容易实现，整机工作稳定，应用十分普遍。

② 相位比较伺服系统。在该伺服系统中，位置检测装置采用相位工作方式。指令信号与反馈信号都变成了某个载波的相位，通过两者相位的比较，获得实际位置与指令位置的偏差，实现闭环控制。相位比较伺服系统适用于感应式检测组件（如旋转变压器、感应同步器）工作状态，可以得到满意的精度。

③ 幅值比较伺服系统。幅值比较伺服系统以位置检测信号的幅值大小来反映机械位移的数值，并以此信号作为位置反馈信号，一般还要进行幅值信号和数字信号的转换，进而获得位置偏差构成闭环控制系统。

④ 数字伺服系统。随着微电子技术、计算机技术和伺服控制技术的发展，数控机床的伺服系统已采用高速、高精度的数字伺服系统。即由位置、速度和电流构成的三环反馈控制全部数字化，使伺服控制技术从模拟方式、混合方式走向全数字化方式。该类伺服系统具有使用灵活，柔性好的特点。数字伺服系统采用了许多新的控制技术和改进伺服性能的措施，使控制精度和品质大大提高。

（3）按执行元件的类别分类

可分为直流伺服驱动与交流伺服驱动。

20世纪70年代和80年代初，数控机床大多采用直流伺服驱动。直流大惯量伺服电动机具有良好的宽调速性能。输出转矩大，过载能力强，而且，由于电动机惯性与机床传动部件的惯量相当，构成闭环后易于调整。而直流中小惯量伺服电动机及其大功率晶体管脉宽调制驱动装置，比较适应数控机床对频繁启动、制动，以及快速定位、切削的要求。但直流电动机最大的特点是具有电刷和机械换向器，这限制了它向大容量、高电压、高速度方向的发展，使其应用受到限制。进入80年代，在电动机控制领域交流电动机调速技术取得了突破性进展。交流伺服驱动系统大举进入电气传动调速控制的各个领域。交流伺服驱动系统的最大优点是交流电动机容易维修，制造简单，易于向大容量、高速度方向发展，适合在较恶劣的环境中使用。同时，从减少伺服驱动系统外形尺寸和提高可靠性角度来看，采用交流电动机比直流电动机更合理。

此外，按驱动方式，可分为液压伺服驱动系统、电气伺服驱动系统和气压伺服驱动系统；按控制信号，可分为数字伺服系统、模拟伺服系统和数字模拟混合伺服系统等。

5.2 伺服系统的驱动电动机

伺服驱动元件又称为执行电动机，它具有根据控制信号的要求而动作的功能。在输入电信号之前，转子静止不动；电信号到来之后，转子立即转动，且转向、转速随信号电压的方向和大小而改变，同时带动一定的负载。电信号一旦消失，转子立即自行停转。在数控机床的伺服系统中，伺服电动机作为执行元件，根据输入的控制信号，产生角位移或角速度，带动负载运动。

伺服系统中经常用的电动机有步进电动机、直流伺服电动机和交流伺服电动机等。此外，直线电动机以其独有的优势，日益受到青睐。

5.2.1　步进电动机

步进电动机是一种用电脉冲信号进行控制，并将电脉冲信号转换成相应角位移或线位移的机电元件，它由专用电源供给电脉冲，每输入一个脉冲，步进电动机转轴就转过一定的角度，即移进一步，这种控制电动机的运动方式与普通匀速旋转的电动机不同，它是步进式运动的，所以称为步进电动机。又因其绕组上所加电源是脉冲电压，所以也叫作脉冲电动机。其角位移量或线位移量与电脉冲数成正比，电动机的转速或线速度与脉冲频率成正比。改变脉冲频率的高低就可以在很大范围内调速，并能迅速启动、制动、反转。若用同一频率的脉冲电源控制几台步进电动机，它们可以同步运行。

步进电动机在数控系统中主要用作执行元件，并具有下列优点：角位移输出与输入的脉冲数相对应，每转一周都有固定步数，在不丢步的情况下运行，步距误差不会长期积累，同时在负载能力范围内，步距角和转速仅与脉冲频率高低有关，不受电源电压波动或负载变化的影响，也不受环境条件如温度、气压、冲击和振动等影响，因而可组成结构简单而精度高的开环控制系统。有的步进电动机（如永磁式）在绕组不通电的情况下还有一定的定位转矩，有些在停机后，某相绕组保持通电状态，即具有自锁能力，停止迅速，不须外加机械制动装置。此外，步距角能在很大的范围内变化，例如从几分到几十度，适合不同传动装置的要求，且在小步距角的情况下，可以不经减速器而获得低速运行，当采用了速度和位置检测装置后，也可用于闭环系统中。目前步进电动机广泛用于数控机床、绘图机、计算机外围设备和自动记录仪表等。

（1）步进电动机的分类及结构

步进电动机的分类方式很多。按作用原理分，步进电动机有磁阻式（反应式）、感应子式和永磁式三大类；按输出功率和使用场合分类，分为功率步进电动机和控制步进电动机；按结构分类，分为径向式（单段式）、轴向式（多段）和印刷绕组式步进电动机；按相数分类，分为三相、四相、五相、六相等。

各种步进电动机都是由定子和转子组成，但因类型不同，结构也不完全一样。磁阻式步进电动机（以三相径向式为例）结构如图 5-2 所示。定子铁芯上有六个均匀分布的磁极，极与极之间的夹角为 $60°$，每个定子极上均布 5 个齿，齿槽距相等。齿间夹角为 $9°$。在直径方向相对的两个极上的线圈串联，构成了一相励磁绕组，共有三相（A、B、C）按径向排列的

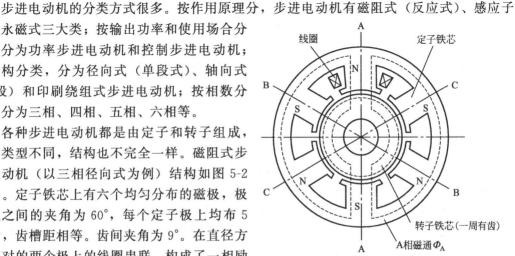

图 5-2　径向三相磁阻式步进电机结构

励磁绕组。转子为铁芯（硅钢），其上无绕组，只有均布的 40 个齿，齿槽等宽。齿间夹角也是 9°。三相定子磁极和转子上相应的齿依次错开了 1/3 齿距，即 3°。

（2）步进电动机的工作原理

以磁阻式（反应式）步进电动机为例，其工作原理是按电磁吸引的原理工作的，如图 5-3 所示。现以反应式三相步进电动机为例加以说明。当某一相定子绕组加上电脉冲，即通电时，该相磁极产生磁场，并对转子产生电磁转矩，将靠近定子通电绕组磁极的转子上一对齿吸引过来。当转子一对齿的中心线与定子磁极中心线对齐时，磁阻最小，转矩为零，停止转动。如果定子绕组按顺序轮流通电，A、B、C 三相的三对磁极就依次产生磁场，使转子一步步按一定方向转动起来。

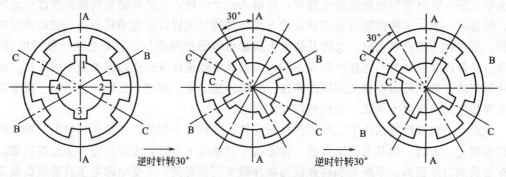

图 5-3　步进电动机工作原理

具体为：假设每个定子磁极有一个齿，转子有四个齿，首先 A 相通电，B、C 二相断电，转子 1、3 齿按磁阻最小路径被 A 相磁极产生的电磁转矩吸引过去，当 1、3 齿与 A 相对齐时，转动停止；此时，B 相通电，A、C 二相断电，磁极 B 又把距它最近的一对齿 2、4 吸引过来，使转子按逆时针方向转过 30°；接着 C 相通电，A、B 二相断电，转子又逆时针旋转 30°。依此类推，定子按 A—B—C—A…顺序通电，转子就一步步地按逆时针方向转动，每步转 30°。若改变通电顺序，按 A—C—B—A…使定子绕组通电，步进电动机就按顺时针方向转动，同样每步转 30°。这种控制方式叫单三拍方式。由于每次只有一相绕组通电，在切换瞬间失去自锁转矩，容易失步，此外，只有一相绕组通电吸引转子，易在平衡位置附近产生振荡，故实际不采用单三拍工作方式，而采用双三拍控制方式。

双三拍通电顺序按 AB—BC—CA—AB…（逆时针方向）或按 AC—CB—BA—AC…（顺时针方向）进行。由于双三拍控制每次有二相绕组通电，而且切换时总保持一相绕组通电，所以工作较稳定。如果按 A—AB—B—BC—C—CA—A…顺序通电，就是三相六拍工作方式，每切换一次，步进电动机每步按逆时针方向转过 15°。同样，若按 A—AC—C—CB—B—BA—A…顺序通电，则步进电动机每步按顺时针方向转过 15°。对应一个指令电脉冲，转子转动一个固定角度，称为步距角。实际上，转子有 40 个齿，三相单三拍工作方式，步距角为 3°。三相六拍控制方式比三相三拍控制方式步距角小一半，为 1.5°。

控制步进电动机的转动是由加到绕组的电脉冲决定的，即由指令脉冲决定的。指令脉冲数决定它的转动步数，即角位移的大小；指令脉冲频率决定它的转动速度。只要改变指令脉冲频率，就可以使步进电动机的旋转速度在很宽的范围内连续调节；改变绕组的通电顺序，可以改变它的旋转方向。可见，对步进电动机控制十分方便，没有累积误差，动态响应快，自启动能力强，角位移变化范围宽。步进电动机的缺点是效率低，带惯性负载能力差，低频振荡、高频失步，自身噪声和振动较大。一般用在轻载或负载变动不大的场合。

（3）步机电动机的主要特性

① 步距角和静态步距误差。步进电动机的步距角是反映步进电动机定子绕组的通电状态每改变一次，转子转过的角度。它取决于电动机结构和控制方式。步距角 α 可按下式计算

$$\alpha = \frac{360°}{mZK}$$

式中　m——定子相数；

　　　Z——转子齿数；

　　　K——控制方式确定的拍数与相数的比例系数。

例如三相三拍时，$K=1$，三相六拍时，$K=2$。厂家对每种步进电动机给出两种步距角，彼此相差一倍。大的为供电拍数与相数相等时的步距角，小的为供电拍数与相数不相等时的步距角。步进电动机每走一步的步距角 α 应是圆周 $360°$ 的等分值。但是，实际的步距角与理论值有误差，在一转内各步距误差的最大值，被定为步距误差。它的大小是由制造精度、齿槽的分布不均匀和气隙不均匀等因素决定的。步进电动机的静态步距误差通常在 $10'$ 以内。

② 静态矩角特性。当步进电动机不改变通电状态时，转子处在不动状态。如果在电动机轴上外加一个负载转矩，使转子按一定方向转过一个角度 θ，此时转子所受的电磁转矩 T 称为静态转矩，角度 θ 称为失调角。静态转矩 T 的计算公式为

$$T = \frac{-Z_s Z_r}{2} l_t F^2 G_1 \sin Z_r \theta$$

式中　Z_s、Z_r——定、转子齿数；

　　　G_1——定、转子比磁导的基波分量；

　　　l_t——定、转子铁芯长度；

　　　F——定子励磁磁动势。

描述静态时 T 与 θ 的关系叫矩角特性，如图 5-4 所示。该特性上的电磁转矩最大值称为最大静转矩。在静态稳定区内，当外加转矩去除时，转子在电磁转矩作用下，仍能回到稳定平衡点位置（$\theta=0$）。各相矩角特性差异不应过大，否则会影响步距精度及引起低频振荡。最大静转矩与通电状态和各相绕组电流有关，但电流增加到一定值时使磁路饱和，就对最大静转矩影响不大了。

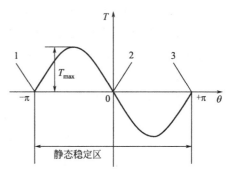

图 5-4　静态矩角特性
1,3—不稳定平衡点；2—稳定平衡点

③ 启动频率。空载时，步进电动机由静止状态突然启动，并进入不丢步的正常运行的最高频率，称为启动频率或突跳频率。启动时，加给步进电动机的指令脉冲率如大于启动频率，就不能正常工作。步进电动机在带负载下，尤其是惯性负载下的启动频率比空载启动频率要低，而且，随着负载加大（在允许范围内），启动频率会进一步降低。

④ 连续运行频率。步进电动机启动以后，其运行速度能跟踪指令脉冲频率连续上升而不丢步的最高工作频率称为连续运行频率。其值远大于启动频率。它也随电动机所带负载的性质和大小而异，与驱动电源也有很大关系。

⑤ 矩频特性与动态转矩。矩频特性 $T=F(f)$ 描述步进电动机连续稳定运行时输出转

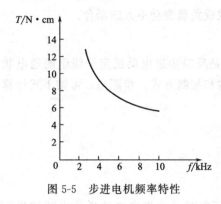

图 5-5　步进电机频率特性

矩与连续运行频率之间的关系，如图 5-5 所示。该特性上每一个频率对应的转矩称为动态转矩。使用时，一定要考虑动态转矩随连续运行频率的上升而下降的特点。

步进电动机的选用主要是满足运动系统的转矩、精度（脉冲当量）、速度等要求。这样就要充分考虑步进电动机的静、动态转矩，启动频率，连续运行率。当脉冲当量、转矩不够时，可加入降速传动机构。

5.2.2　直流伺服电动机

直流伺服电动机具有良好的启动、制动和调速特性，可很方便地实现平滑无级调速，故多用在伺服电动机的调速性能要求较高的生产设备中。直流进给伺服系统经常使用的为：小惯量直流伺服电动机和大惯量宽调速直流伺服电动机。

小惯量直流伺服电动机于 20 世纪 60 年代研制成功，其电枢无槽，绕组直接粘接、固定在电枢铁芯上，因而转动惯量小，反应灵敏，动态特性好。适用于要求快速响应和频繁启动的伺服系统。但是其过载能力低，电枢惯量与机械传动系统匹配较差。

大惯量宽调速直流伺服电动机研制成功于 20 世纪 70 年代，它在结构上采取了一些措施，尽量提高转矩，改善动态特性，它既具有一般直流电动机的各项优点，又具有小惯量直流电动机的快速响应性能，易与较大的负载惯量匹配，能较好地满足伺服驱动的要求，因此在数控机床、工业机器人等机电一体化产品中得到了广泛的应用。

(1) 大惯量宽调速直流电动机的结构特点

宽调速直流电动机的基本结构和工作原理与普通直流电动机基本相同，只是为满足快速响应的要求，从结构上做得细长些。按磁极的种类，宽调速直流电动机分为电激磁和永磁铁两种。电激磁的特点是激磁量便于调整，易于安排补偿绕组和换向极，电动机的换向性能得到改善，成本低，可以在较宽的速度范围内得到恒转矩特性。

永磁铁一般没有换向极和补偿绕组，其换向性能受到一定限制，但它不需要励磁功率，因而效率高，电动机在低速时能输出较大转矩。此外，这种结构温升低，电动机直径可以做得小些，加上目前永磁材料性能不断提高，成本逐渐下降，因此这种结构用得较多。

永久磁铁励磁的宽调速直流伺服电动机的结构，如图 5-6 所示。电动机定子 2 采用不易去磁的永磁材料，转子 1 直径大并且有槽，因而热容量大，结构上又采用了通常凸极式和隐极式永磁电动机磁路的组合，提高了电动机气隙磁密。在电动机尾部通常装有测速发电机、旋转变压器或编码盘作为闭环伺服系统的速度反馈元件，这样不仅使用方便，而且保证了安装精度。当然，大惯量宽调速直流伺服电动机体积大，其电刷易磨损，维修、保养等也存在

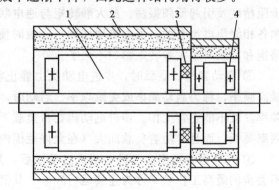

图 5-6　大惯量宽调速永磁直流伺服电动机结构图
1—转子；2—定子（永磁体）；3—电刷；4—测速发电机

一些问题。

（2）大惯量宽调速直流电动机的性能特点

① 低转速大惯量。这种电动机具有较大的惯量，电动机的额定转速较低。可以直接和机床的进给传动丝杠相连，因而省掉了减速机构。

② 转矩大。该电动机输出转矩比较大，特别是低速时转矩大。能满足数控机床在低速时，进行大吃刀量加工的要求。

③ 启动力矩大。具有很大的电流过载倍数，启动时，加速电流允许为额定电流的 10 倍，因而使得力矩/惯量比大，快速性好。

④ 调速范围大，低速运行平稳，力矩波动小。该电动机转子的槽数增多，并采用斜槽，使低速运行平稳（如在 0.1r/min 的速度运行）。

5.3 交流伺服电动机

直流伺服电动机具有优良的调速性能，因而在对速度调节有较高要求的场合，直流伺服系统一直占据主导地位。但是它也存在一些固有的弱点，如电刷和换向器工作中易磨损，需经常维护；换向器由多种材料制成，形状非常复杂，换向时还会产生火花，给制造和维护都带来很大的困难；其容量较小，受换向器限制，电枢电压较低，很多特性参数随速度而变化，限制了直流伺服电动机向高转速，大容量发展。所以交流伺服电动机的研制很有必要。

早在 20 世纪 60 年代末，随着电子学和电子技术的发展，实现了半导体变流技术的交流调速系统。20 世纪 70 年代以来，大规模集成电路和计算机控制技术的发展以及现代控制理论的应用，为交流伺服电动机的进一步开发创造了有利条件。特别是矢量控制技术的应用，使得交流伺服电动机逐步具备了调速范围宽、稳速精度高、动态响应快以及能四象限可逆运行等良好的技术性能，在调速性能方面可与直流伺服系统媲美。目前许多国家已生产出了系列化的交流伺服电动机，调速性能与可靠性不断完善，价格也在不断降低，可以和同类型的直流伺服电动机竞争。

5.3.1 同步、异步交流伺服电动机

交流伺服电动机分同步型交流伺服电动机和异步型交流伺服电动机。

5.3.1.1 交流同步伺服电动机

交流同步伺服电动机可方便地获得与频率成正比的可变速度，可以得到非常硬的机构特性和很宽的调速范围，在电源电压和频率固定不变时，它的转速是稳定不变的。主要用在进给驱动系统中。交流同步伺服电动机由定子和转子两个主要部分组成。永磁式交流同步伺服电动机结构简单、运行可靠、效率高，所以在数控机床进给驱动系统中多数采用永磁交流同步伺服电机。

（1）永磁交流同步伺服电动机的结构

永磁交流同步伺服电动机由定子、转子和检测组件三部分组成，其结构原理图如图 5-7 所示。电枢在定子上，定子有齿槽，有三相交流绕组，形状与普通交流感应电动机的定子相同，但采取了许多改进措施，如非整数节距的绕组、奇数的齿槽等。这种结构优点是气隙磁

密度较高，极数较多。电动机外形呈多边形，且无外壳。转子由多块永磁铁和冲片组成，磁场波形为正弦波。转子结构中还有一类是有极靴的星形转子，采用矩形磁铁或整体星形磁铁。检测组件（脉冲编码器或旋转变压器）安装在电动机轴上，它的作用是检测出转子磁场相对于定子绕组的位置。

(2) 永磁交流同步伺服电动机工作原理

永磁交流同步伺服电动机的工作原理很简单，与励磁式交流同步电动机类似，即转子磁场与定子磁场相互作用的原理。所不同的是，转子磁场不是由转子中励磁绕组产生，而是由转子永久磁铁产生。具体是：当定子三相绕组通上交流电后，就产生一个旋转磁场，该旋转磁场以同步转速 n_s 旋转，如图 5-8 所示。根据磁极的同性相斥，异性相吸的原理，定子旋转磁极就要与转子的永久磁铁磁极互相吸引住，并带着转子一起旋转。因此，转子也将以同步转速 n_s 与定子旋转磁场一起旋转。当转子轴上加有负载转矩之后，将造成定子磁场轴线与转子磁极轴线不一致（不重合），相差一个 θ 角，负载转矩变化，θ 角也变化。只要不超过一定界限，转子仍然跟着定子以同步转速旋转。设转子转速为 n_0（r/min），则

$$n_0 = n_s = \frac{60f}{P}$$

式中 f——电源交流电频率，Hz；

  P——转子磁极对数。

永磁交流同步电动机有一个问题是启动困难。这是由于转子本身的惯量以及定、转子磁场之间转速相差太大，使转子在启动时，转子受到的平均转矩为零，因此不能自启动。解决这个问题不用加启动绕组，而是在设计中设法降低转子惯量，以及在速度控制单元中采取先低速后高速的控制方法等来解决自启动问题。

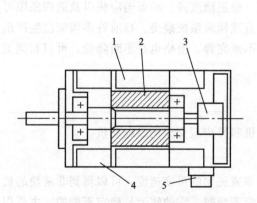

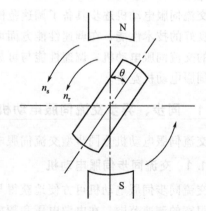

图 5-7 永磁交流同步伺服电动机结构　　图 5-8 永磁交流同步伺服电动机工作原理图

1—定子；2—转子；3—脉冲编码器；

4—定子三相绕组；5—接线盒

(3) 永磁交流同步伺服电机的性能

永磁交流同步伺服电机的性能同直流伺服电机一样，也用特性曲线和数据表来表示。当然，最主要的是转矩——速度特性曲线，如图 5-9 所示。在连续工作区（Ⅰ区），速度和转矩的任何组合，都可连续工作。但连续工作区的划分受到一定条件的限制。连续工作区划定

的条件有两个：一是供给电机的电流是理想的正弦波；二是电机工作在某一特定温度下。断续工作区（Ⅱ区）的范围更大，尤其在高速区，这有利于提高电机的加、减速能力。

5.3.1.2　交流异步感应伺服电动机

交流异步感应伺服电动机结构简单，制造容量大，主要用在主轴驱动系统中。

（1）交流主轴伺服电动机的结构

交流主轴电动机与交流进给用伺服电动机不同。交流主轴电动机要提供很大的功率，如果用永久磁体，当容量做得很大时，电动机成本太高。主轴驱动系统的电动机还要具有低速恒转矩、高速恒功率的工况。因此，采用专门设计的笼式交流异步伺服电动机。

交流主轴伺服电动机从结构上分有带换向器和不带换向器两种。通常多用不带换向器的三相感应电动机。它的结构是定子上装有对称三相绕组，而在圆柱体的转子铁芯上嵌有均匀分布的导条，导条两端分别用金属环把它们连在一起，称为笼式转子。为了增加输出功率，缩小电动机的体积，采用了定子铁芯在空气中直接冷却的办法，没有机壳，而且在定子铁芯上做出了轴向孔以利通风。因此，在电动机外形上是呈多边形而不是圆形。电动机轴的尾部同轴安装有检测组件。交流主轴伺服电动机结构如图 5-10 所示。

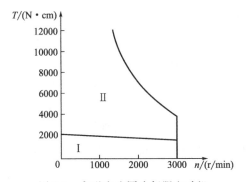

图 5-9　永磁交流同步伺服电动机
的特性曲线图

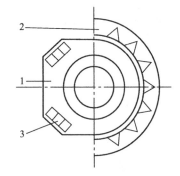

图 5-10　交流主轴电动机与普通交流异步
感应电动机的比较图

1—交流主轴电动机；2—普通交流异步感应电动机；3—通风孔

（2）交流主轴伺服电动机的工作原理

当定子上对称三相绕组接通对称三相电源以后，由电源供给励磁电流，在定子和转子之间的气隙内建立起以同步转速旋转的旋转磁场，依靠电磁感应作用，在转子导条内产生感应电热。因为转子上导条已构成闭合回路，转子导条中就有电流流过，从而产生电磁转矩，实现由电能变为机械能的能量变换。

（3）交流主轴伺服电动机的性能

交流主轴伺服电动机的性能用特性曲线和数据来表示，图 5-11 给出了功率-速度关系曲线，从图中曲线可见，交流主轴伺服电动机的特性曲线与直流主轴伺服电动机的类似：在基本速度以下为恒转矩区域，而在基本速度以上为恒功率区域。但有些电动机，如图 5-11 所示那样，当电动机速度超过某

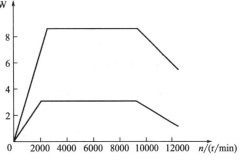

图 5-11　交流主轴伺服电动机的特性曲线

一定值之后，其功率-速度曲线又往下倾斜，不能保持恒功率。对于一般主轴电动机，这个恒功率的速度范围只有1：3的速比。

5.3.2 直线电动机

直线电动机是一种能将电信号直接转换成为直线位移的电动机，它是机、电和控制工程等多门学科巧妙结合的产物。由于直线电动机无需转换机构即可直接获得直线运动，所以它没有传动机械的磨损，并具有噪声低、结构简单、操作维护方便等优点，在生产实践中得到广泛的应用。

近年来，世界各国开发出许多具有实用价值的直线电动机机型。它们已经大量应用在机电一体化产品中，如自动化仪表系统、计算机辅助设备、自动化机床以及其他科学仪器的自动控制系统。仅仅使用在自动化仪表上的微特直线电动机，全世界的年产量就有数万台。在数控设备中，直线电动机也已成为重要的驱动元件。

目前直线电动机主要应用的机型有直线直流伺服电动机，直线异步电动机以及直线步进电动机等。

(1) 直线直流电动机

永磁式直线直流电动机是常用的直线直流电动机，该电动机分为动圈式和动磁式两种。动圈式电动机磁场固定，电枢线圈可移动，其结构形式和工作原理与扬声器相似，因此又称为音圈电动机。动磁式电动机为电枢线圈固定，磁场运动，适用于大行程的场合。

以动圈式直线直流电动机为例说明工作原理和结构，其工作原理与永磁式直流电动机一样，即载流电枢线圈在永磁磁场中受力作用的原理。图5-12给出了动圈式直线直流电动机的结构简图。它属于管状结构形式，包括定子和动子两个主要部件。这种结构电动机的定子和动子气隙可以做得很小。它的力能指标能够达到旋转电动机的指标。动圈式又分长动圈和短动圈两种电枢结构。

长动圈式结构如图5-12(a)所示。该电动机电枢线圈的轴向长度比直线运动工作的行程长，故称为长动圈式直线电动机。此种电动机铜耗大，效率低，比推力均匀度较差，但永磁材料利用率高，电动机的体积小，重量轻。

短动圈式结构如图5-12(b)所示。该电动机电枢线圈的轴向长度比直线运动工作的行程短，故称为短动圈式直线电动机。此种结构的电枢线圈长度利用率高，比推力均匀度较好，但永磁材料利用率低。短动圈式直线电动机比长动圈式直线电动机性能好、使用广。

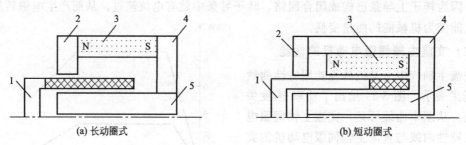

图5-12 动圈式直线直流电动机的结构

1—动圈；2—前端板；3—磁钢；4—后端板；5—铁芯

（2）直线异步电动机

直线异步电动机的工作原理与旋转式异步电动机的工作原理一样，即定子合成旋转磁场（或合成移动磁场）与转子（或动子）的电流作用产生电磁转矩（或电磁力），使电动机旋转（或直线运动）。

直线异步电动机的结构包括定子、动子和直线运动支撑导轮三大部分。定子由定子铁芯和定子绕组组成。它与交流电源相连产生移动磁场。动子有三种形式：第一种是磁性动子，由导磁材料制成，即起磁路作用，又作为笼型动子起导电作用；第二种动子是非磁性动子，只起导电作用，这种结构气隙较大，励磁电流大，损耗大；第三种是在动子导磁材料上面覆盖一层导电材料，覆盖层作为笼型绕组。这三种形式中，磁性动子结构最简单，动子即为导磁体又作为导电体，甚至可作为结构部件，应用较广。

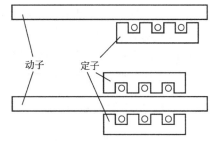

图 5-13　短定子直线异步电动机的结构

直线异步电动机分为扁平型和管型结构。常用的为扁平型结构。该种类型又可分为单边和双边二种形式。为了保证在运动行程范围内，定子和动子之间有良好的电磁耦合，直线异步电动机定子和动子的铁芯长度不等。扁平型直线异步电动机的定子制成长定子和短定子两种形式。长定子因成本高，很少采用。图 5-13 为单边型短定子结构示意图。管型直线异步电动机的定子和动子的管筒可做成圆筒和矩形筒两种结构。

（3）直线步进电动机

直线步进电动机是由旋转步进电动机演变而来，它通常制成感应子式和磁阻式两种形式，利用定子和动子之间气隙磁导的变化所产生的电磁力工作。

直线步进电动机性能好，尺寸小，使用较广，如用在数控绘图仪、记录仪、数控刻图机、数控激光剪裁机、集成电路测量制造等设备上。

5.4　步进电动机伺服系统进给运动控制

步进电动机伺服系统是典型的开环伺服系统。开环系统没有反馈电路，因此省去了检测装置，不需要像闭环伺服系统那样进行复杂的设计计算与试验校正。但由于没有反馈检测环节，步进式伺服系统精度较差，进给速度也受到一定的限制。但是步进电动机伺服系统由于具有结构简单、使用维护方便、可靠性高、制造成本低等一系列优点，在中小型机床和速度、精度要求不十分高的场合，适合用于经济型数控机床和对现有的普通机床进行数控化技术改造。

步进电动机伺服系统主要由步进电动机的驱动控制电路和步进电动机两部分组成。系统中指令信号是单向流动的，驱动控制电路接收数控装置发出的进给脉冲信号，并把此信号转换为控制步进电动机各定子绕组依次通电、断电的信号，使步进电动机运转。步进电动机的转子与机床丝杠连在一起（也可通过齿轮传动接到丝杠上），转子带动丝杠转动，从而使工作台运动。也就是说，步进式伺服系统受驱动控制电路的控制，将代表进给脉冲的电平信号直接变换为具有一定方向、大小和速度的机械转角位移，通过齿轮和丝杠带动工作台移动。

（1）工作台位移量的控制

数控装置发出 N 个脉冲，使步进电动机定子绕组的通电状态变化 N 次，则步进电动机转过的角位移量 $\varphi=N\alpha$（α 为步距角）。该角位移经丝杠、螺母之后转化为工作台的位移量 L，即进给脉冲数决定了工作台的直线位移量。

（2）工作台运动方向的控制

当数控装置发出的进给脉冲序列是正向时，经驱动控制线路之后，步进电动机的定子绕组按一定顺序依次通电、断电。当进给脉冲序列是反向时，定子各绕组则按相反的顺序通电、断电。因此，改变进给脉冲的方向，可改变定子绕组的通电顺序，使步进电动机正转或反转，从而改变工作台的进给方向。

前面已经介绍了步进电动机的结构、工作原理及主要特性。下面讨论步进电动机的选择、控制方法、驱动电路、脉冲分配以及与控制器的硬件接口与软件实现。

5.4.1 步进电动机的选择

合理地选用步进电动机是相当重要的，通常希望步进电动机的输出转矩大，启动频率和运行频率高，步矩误差小，性能价格比高。但增大转矩与快速运行存在矛盾，高性能与低成本存在矛盾，因此实际选用时，必须全面考虑。

首先，应考虑系统的精度和速度的要求。为了提高精度，希望脉冲当量小。但是脉冲当量越小，系统的运行速度越低。故应兼顾精度与速度的要求来选定系统的脉冲当量。在脉冲当量确定以后，又可以以此为依据来选择步进电动机的步矩角和传动机构的传动比。

步进电动机的步矩角从理论上来说是固定的，但实际上还是有误差的。另外负载转矩也将引起步进电动机的定位误差。应将步进电动机的步矩误差、负载引起的定位误差和传动机构的误差全部考虑在内，使总的误差小于数控机床允许的定位误差。

步进电动机有两条重要的特性曲线，即反映启动频率与负载转矩之间关系的曲线和反映转矩与连续运行频率之间关系的曲线。这两条曲线是选用步进电动机的重要依据。一般将反映启动频率与负载转矩之间的曲线称为启动矩频特性，将反映转矩与连续运行频率之间的曲线称为工作矩频特性。

已知负载转矩，可以在启动-矩频特性曲线中查出启动频率。这是启动频率的极限值，实际使用时，只要启动频率小于或等于这一极限值，步进电动机就可以直接带负载启动。

若已知步进电动机的连续运行频率 f，就可以从工作矩频特性曲线中查出转矩 M_{dm}，这是转矩的极限值，有时称其为失步转矩。也就是说，若步进电动机以频率 f 运行，它所拖动的负载转矩必须小于 M_{dm}，否则就会导致失步。

数控机床的运行分为两种情况：快速进给和切削进给。在这两种情况下，对转矩和进给速度有不同的要求。在选用步进电动机时，应注意在两种情况下都能满足要求。

假若进给驱动装置有如下性能：在切削进给时的转矩为 T_e，最大进给切削速度为 v_e，在快速进给时的转矩为 T_k，最大快进速度为 v_k。根据上面的性能指标，可按下面的步骤来检查步进电动机能否满足要求。

首先依据下式，将进给速度值转变成电动机的工作频率

$$f=\frac{1000v}{60\delta}$$

式中　v——进给速度，m/min；

　　　δ——脉冲当量，mm；

　　　f——进给电动机工作频率，Hz。

在上式中，若将最大切削进给速度 v_e 代入，可求得在切削进给时的最大工作频率 f_e，将最大快速进给速度 v_k 带入，就可求得在快速进给时的最大工作频率 f_k。

然后，根据 f_e 和 f_k 在工作矩频特性曲线上找到与其对应的失步转矩值 T_{dme} 和 T_{dmk}，若有 $T_e < T_{dme}$ 和 $T_k < T_{dmk}$，就表明电动机是能满足要求的，否则就是不能满足要求的。

5.4.2　步进的运动控制方法

由步距角公式可知，循环拍数越多，步距角越小，因此定位精度越高。另外，通电循环拍数和每拍通电相数对步进电动机的矩频特性和稳定性等都有很大的影响。步进电动机的相数也对步进电动机的运行性能有很大的影响。为提高步进电动机输出转矩、工作频率和稳定性，可选用多相步进电动机，并用混合拍的工作方式。

步进电动机由于采用脉冲工作方式，且各相须按一定规律分配脉冲，因此，在步进电动机控制系统中，需要脉冲分配逻辑和脉冲产生逻辑。而脉冲的多少需要根据控制对象的运行轨迹计算得到，因此还需要插补运算器。数控机床所用的功率步进电动机要求控制驱动系统必须有足够的驱动功率，所以还要求有功率驱动电路。为了保证步进电动机不失步地启停，要求控制系统具有升降速控制环节。除了上述各环节之外，还有键盘、显示器等输入、输出设备的接口电路及其他附属环节。在早期的数控系统中，上述各环节一般是由硬件电路完成的。但是目前的机床数控系统，由于采用了小型和微型计算机控制，上述很多控制环节，如升降速控制、脉冲分配、脉冲产生、插补运算等都可以由计算机完成，使步进电动机控制系统的硬件电路大为简化，可靠性大大地提高，而且使用灵活方便。

5.4.3　步进电动机的驱动电路

虽然步进电动机是一种数控元件，易于同数字电路接口，但是，一般数字电路信号能量远远不足以驱动步进电动机。因此，必须有一个与之匹配的驱动电路来驱动步进电动机。下面介绍几种比较常用的驱动电路。如单极性驱动电路、双极性驱动电路、高低压驱动电路、斩波驱动电路。

由于步进电动机的相绕组本身是一个电感，流经其中的电流不能突变，相电流从零上升至额定值和从额定值下降至零，都需要一定的时间。当步进电动机高速工作时，这些延迟时间将显著影响步进电动机的性能，使得输出转矩急剧下降。此外，电流截止时，在相绕组的两端还会产生很高的反电动势，威胁功率开关元件的安全。因此，对步进电动机驱动电路有如下一般要求：

① 能够提供快速上升和快速下降的电流，使电流波形尽量接近矩形；

② 具有供截止期间释放电流的回路，以降低相绕组两端的反电动势，加快电流衰减；

③ 功耗低，效率高。

5.4.3.1　单极性驱动电路

三相反应式（磁阻式）步进电动机常用简单的单极性驱动电路，如图 5-14 所示。该电路是最基本的驱动电路形式，图中晶体管开关由脉冲分配器产生的脉冲控制，从而使各相绕组的电流导通和截止。

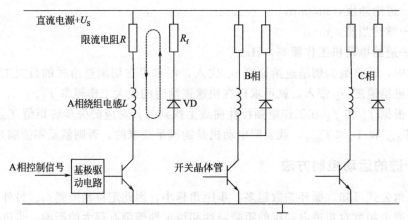

图 5-14 单极性驱动电路

限流电阻 R 的作用是减小相绕组的电气时间常数。因为电气时间常数 $\tau = L/R$，其中，相绕组电感 L 为定值，如增大 R，则 τ 减小，从而加快相绕组中电流的上升和下降速度，改善步进电动机的高速性能。当然，随着 R 的增大，电源电压必须提高，以使相绕组电流能够达到额定值。同时，电阻 R 上消耗的功率也会随之增大。续流二极管 VD 和电阻 R_f 的作用是：在开关晶体管关断时，为相绕组电流提供一条续流回路，沿图中虚线流动，把相绕组电感中储存的磁能消耗在 R 和 R_f 上，让相电流尽快衰减至零。

5.4.3.2 双极性驱动电路

图 5-15 所示为晶体管桥式双极性驱动电路，主要用于混合式或永磁式步进电动机。该电路中使用了 4 只晶体管 VT_1、VT_2、VT_3、VT_4 作为开关元件来控制相绕组电流，这不仅可以控制相绕组电流的导通和截止，还可以控制相电流的方向，故称为双极性驱动电路。

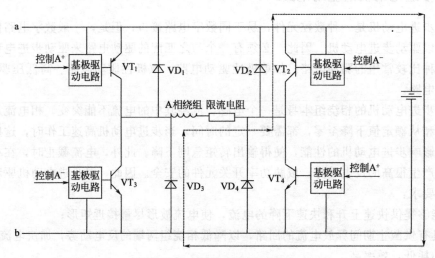

图 5-15 桥式双极性驱动电路

工作时，$VT_1 \sim VT_4$ 成对开关，即 VT_1、VT_4 同时导通或截止，VT_2、VT_3 同时导通或截止。当 VT_1、VT_4 导通时，VT_2、VT_3 则截止，电流从 a 流向 b；反之，VT_1、VT_4 截止时，VT_2、VT_3 导通，电流从 b 流向 a。$VT_1 \sim VT_4$ 全部截止时，则无电流通过相

绕组。

　　电路中，4只晶体管的发射极不在同一基准上，使得基极驱动电路较为复杂。VT_1、VT_2的驱动电路必须以正电源为基准。控制信号一般须通过隔离级送入驱动电路。这是该电路的一个缺点。

　　$VD_1 \sim VD_4$为续流二极管，提供相电流续流回路。当VT_1、VT_4由导通转为截止时，相电流将沿图中虚线经过VD_1、直流电源VD_3流动。同理，可分析另外两只二极管的作用。由于续流回路包含直流电源，所以相绕组中储存的能量有一部分返回到电源中，而不是消耗在电阻上。因此，该驱动电路的效率比单极性电路高。这是该电路的一个重要优点。另外，在续流过程中，因要克服电源电压，因而相电流衰减速度很快。

5.4.3.3　高低压驱动电路

　　无论是单极性电路，还是双极性电路，在绕组上至少都串有一只限流电阻。增大限流电阻固然可以提高电流上升、下降的速度，但也增大了功率消耗，使之效率低、发热量大、体积增大。结果，使电流上升、下降速度的进一步提高受到限制。高低压驱动电路，如图5-16(a)所示，可以克服上述缺点。注意，图中仅为一相电路。

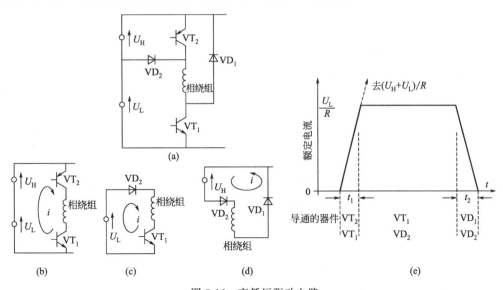

图5-16　高低压驱动电路

　　当输入脉冲刚转为高电位时，晶体管VT_1、VT_2均导通，电流沿图5-16(b)所示的回路流动，高压电源U_H和低压电源U_L全部加在相绕组上，因此相电流迅速上升。经过一段很短的时间VT_2截止，电流沿图5-16(c)所示路径流动，电流仅由U_L提供。若选择合适的U_L值，使U_L/R等于额定相电流（R为相绕组内阻），并维持相绕组电流，那么当输入脉冲为零时VT_1也截止，则相电流沿图5-16(d)所示路径续流。由于回路中包含U_H，故电流衰减速度很快。图5-16(e)是高低压驱动电路的相电流波形。

5.4.3.4　斩波驱动电路

　　斩波驱动电路是一种性能更为完善的驱动电路，如图5-17(a)所示。

　　在斩波驱动电路中，晶体管VT_1受脉冲分配器产生的激励信号控制，VT_2则根据相绕组中的电流开或关，以维持相绕组中的电流大小。

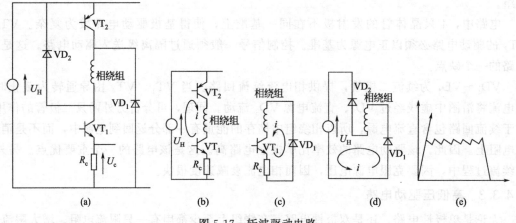

图 5-17 斩波驱动电路

在励磁期间，VT_1 受励磁信号控制，保持开通状态，VT_2 由相电流的额定值与 R_c 上反馈出的相电流的实际值，通过一个滞环比较器比较后控制。当励磁刚开始时，相电流反馈值为零，比较器输出为高电位，使 VT_2 导通。此时，回路如图 5-17（b）所示。全部电源电压加在相绕组上，相电流迅速上升，当电流上升到比额定值略大一点时，即电流额定值加二分之一滞环值时，比较器输出为低电位，VT_2 关断，电流则沿图 5-17（c）所示路径流动。由于回路中电阻值很小，因此相电流衰减得很慢。当电流衰减到额定值减二分之一滞环值时，比较器又输出高电位，电路又重复上述动作。如此循环，相电流便可维持在额定值附近。当励磁结束时，VT_1、VT_2 均截止，相电流沿图 5-17（d）所示回路流动。由于回路中包含反向的电源电压，故而电流衰减得很快，且绕组中储存能量的绝大部分回馈到电源中，因此该电路的效率很高。相电流波形如图 5-17（e）所示。

在斩波电路中，电源电压一般可以取得很高，因而励磁开始和结束时，相电流的上升、下降速度都很快。另外，相电流是通过闭环控制的，其值比较稳定。由于这些原因，斩波驱动电路比较复杂，容易产生干扰。尽管如此，由于其显著的优点，仍然得到广泛的应用。各种驱动电路性能比较见表 5-1。

表 5-1　各种驱动电路性能比较

驱动电路	启动频率	运行频率	运行平稳性	效率	成本
单极性	低	低	较差	低	低
双极性	低	较高	较差	较高	高
高低压	高	较高	差	较高	较高
斩波	高	高	差	高	高

5.4.4　脉冲分配器

脉冲分配器是步进电动机运动控制系统的重要组成部分。它的作用是把输入脉冲按一定的逻辑关系转换为合适的脉冲序列。然后通过驱动电路加到步进电动机的定子绕组上，使电动机按一定的方式工作。脉冲分配器可以由逻辑电路硬件实现，也可以通过逻辑代数运算由软件实现。

（1）硬件脉冲分配器

硬件脉冲分配器是根据步进电动机的相数和控制方式来设计的。以三相六拍为例，其电路原理如图 5-18 所示。图中 1、2、3 为双稳态 J-K 触发器，其余为与非门。时钟信号加到分配器的脉冲输入端。步进电动机的旋转方向由正反向控制电位决定。

根据电路原理，初始时刻清零后，输出电平 $A=B=0$，$C=1$。然后，J-K 触发器的输入和输出电平按下列的逻辑关系变化：

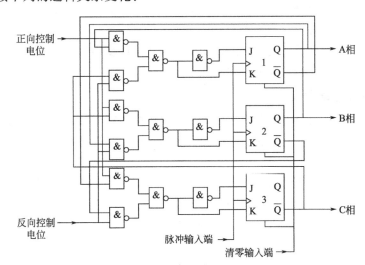

图 5-18　三相六拍脉冲分配器电路

正转时

$$K_1=\overline{\overline{B}}=B, J_1=\overline{B}, A=\overline{B}$$
$$K_2=\overline{\overline{C}}=C, J_2=\overline{C}, B=\overline{C}$$
$$K_3=\overline{\overline{A}}=A, J_3=\overline{A}, C=\overline{A}$$

反转时

$$K_1=C, J_1=\overline{C}, A=\overline{C}$$
$$K_2=A, J_2=\overline{A}, B=\overline{A}$$
$$K_3=\overline{B}, J_3=B, C=\overline{B}$$

根据上面的逻辑方程，代入初始条件，经过递推计算，可列写出真值表，如表 5-2 所示。

表 5-2　三相六拍脉冲分配器真值表

时钟脉冲 N	正转			反转		
	A	B	C	A	B	C
0	1	0	0	1	0	0
1	1	1	0	1	0	1
2	0	1	0	0	0	1
3	0	1	1	0	1	1
4	0	0	1	0	1	0
5	1	0	1	1	1	0
6	1	0	0	1	0	0

由真值表可知：正转时，相电流依次接通顺序为 A—AB—B—BC—C—AC—A；反转时，依次接通顺序为 A—AC—C—BC—B—AB—A。这正是三相步进电动机三相六拍通电方式所需要的脉冲序列。

另外，近年来国内、外集成电路厂家针对步进电动机的种类、相数和驱动方式等开发一系列步进电动机控制专用集成电路，如国内的 PM03（三相电动机控制）、PM04（四相电动机控制）、PM05（五相电动机控制）、PM06（六相电动机控制）；国外的 PMM8713、PPMC101B 等专用集成电路，采用专用集成电路有利于降低系统的成本和提高系统的可靠性，而且能够大大方便用户。当需要更换电动机本身时，不必改变电路设计，仅仅改变一下电动机的输入参数就可以了，同时通过改变外部参数也能变换励磁方式。在一些具体应用场合，还可以用计算机软件实现脉冲序列的环形分配。

（2）软件脉冲分配器

脉冲分配器除了采用硬件电路实现以外，在采用微处理器控制步进电动机时，也可以用软件程序实现。下面，以控制三相步进电动机为例，说明软件脉冲分配器的编程原理。

三相步进电动机可以采用三相单三拍、三相双三拍及单双拍（六拍）等三种通电方式。如图 5-19 所示，表示了六拍通电方式、三相脉冲序列为 A—AB—B—BC—C—AC—A 的波形图。由图可以看出：在一个循环周期内，A、B、C 三相脉冲电平分别是 1—1—0—0—0—1，0—1—1—1—0—0，以及 0—0—0—1—1—1。

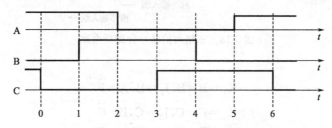

图 5-19　三相脉冲分配器的脉冲序列波形图

一般来说，脉冲分配硬件一旦确定下来，不易更改，设备成本高，它的应用受到了限制。由软件完成脉冲分配工作，不仅使线路简化，成本下降，而且可根据应用系统的需要，灵活地改变步进电动机的控制方案。

5.4.5　步进电动机的微机控制

步进电动机的工作过程一般由控制器控制，控制器按照设计者的要求完成一定的控制过程，使功率放大电路按照要求的规律驱动步进电动机运行。简单的控制过程可以用各种逻辑电路来实现，但其缺点是线路复杂、控制方案改变困难，自从微处理器问世以来给步进电动机控制器的设计开辟了新的途径。各种单片微型计算机的迅速发展和普及，为设计功能强而价格低的步进电动机控制器提供了条件。使用微型计算机对步进电动机进行控制有串行和并行两种方式。

（1）串行控制

具有串行控制功能的单片机系统与步进电动机电源之间，具有较少的连线将信号送入步进电动机驱动电源的环行分配器，所以在这种系统中，驱动电源中必须含有环行分配器。这种方式的示意图如图 5-20 所示。

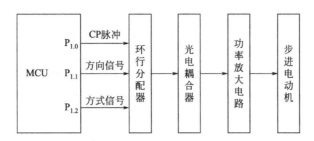

图 5-20　串行控制示意图

（2）并行控制

用微型计算机系统的数个端口直接去控制步进电动机各相驱动电路的方法称为并行控制。并行控制功能必须由计算机系统完成。即完全用软件来实现相序的分配，直接输出各相导通或截止的信号。计算机向接口输入简单形式的代码数据，而接口输出的是步进电动机各相导通或截止的信号。并行控制方案的示意图如图 5-21 所示，X 向和 Z 向步进电动机的三相定子绕组分别为 A、B、C 相和 a、b、c 相，分别经各自的放大器、光电耦合器与计算机的 PIO（并行输入/输出接口）的 $PA_0 \sim PA_5$ 相连。

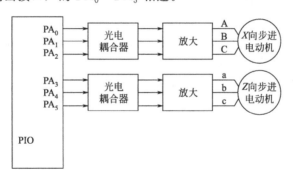

图 5-21　并行控制示意图

微机与步进电动机的接口必须实现光电隔离。因为微机及其外围芯片一般工作在 $+5V$ 弱电条件下，而步进电动机驱动电源是采用几十伏至上百伏强电电压供电。如果不采取隔离措施，强电部分会耦合到弱电部分，造成 CPU 及其外围芯片的损坏。常用的隔离元件是光电耦合器，它可以隔离上千伏的电压。

5.5　实训/Training

5.5.1　进给电动机的选择/Selection of the Feed Motor

（1）步进电动机的选择

① 首先要根据负载性质、精度及最高进给速度等条件选定步进电动机类型。

② 兼顾电动机和驱动器两方

（1）Selection of the Stepping Motor

① First of all, the type of stepping motor should be selected according to the load nature, accuracy and maximum feed speed.

② Considering the economic and technical inde-

面的经济和技术指标，选择步进电动机的相数。

③ 步距角 α 的大小与相数、转子齿数等有关。在选择步距角时，还要考虑脉冲当量和机械传动系统的一些参数，如丝杠导程、传动比等。并能满足下式

式中，α 为步进电动机的步距角，(°)；δ 为开环数控系统的脉动当量，毫米/脉冲；i 为减速齿轮的减速比（$i>1$）；S 为滚珠丝杠的导程，mm。

④ 最大静态转矩的选择。图5-22 所示进给系统中，电动机负载主要由切削力 F 和工作台运动时的摩擦阻力组成，从而求得负载力矩为

式中，M_Z 为负载力矩，N·m；F 为进给方向上的切削力，N；m 为工件和工作台总质量，kg；μ 为导轨摩擦因数；η 为包括齿轮和丝杠在内的传动系统总效率。

xes of motor and driver, the number of phases of stepping motor is selected.

③ The step angle α is related to the number of phases and rotor teeth. When the step angle is selected, the pulse equivalent and some parameters of mechanical transmission system, such as lead screw, transmission ratio, should be considered. It can meet the following formula

$$\alpha = \frac{360\delta i}{S}$$

Where α is step angle of stepping motor, (°); δ is pulsation equivalent of open loop CNC system millimeter/pulse; i is reduction ratio of reduction gear ($i>1$); S is lead of ball screw, mm.

④ The selection of maximum static torque. In the feeding system shown in Fig. 5-22, the motor load is mainly composed of cutting force F and friction resistance when the worktable functions, and the load torque is obtained as follows

$$M_Z = \frac{(F+9.8\mu m)S \times 10^{-3}}{2\pi \eta i}$$

Where M_Z is the load moment, N·m; F is cutting force in feed direction, N; m is total mass of workpiece and worktable, kg; μ is friction coefficient of guide rail; η is total efficiency of transmission system including gear and lead screw.

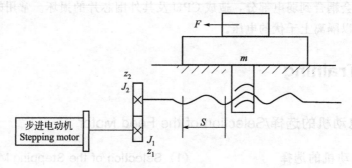

图 5-22　步进电动机进给传动示意图

Fig. 5-22　Schematic Diagram of Stepper Motor Feed Transmission

然后依下式去选择步进电动机的最大静态转矩 M_{jmax}

Then select the maximum static torque of the stepping motor according to the formula M_{jmax} below

$$M_Z \leqslant (0.2 \sim 0.4) M_{jmax}$$

当步进电动机相数较多，突跳频率要求不高时，取系数的较大数值；反之取较小数值。

⑤ 启动频率 f_q 的选择。由于步进电动机带负载启动时，其启动频率会进一步降低，所以应先计算电动机轴上的等效负载惯量 J_L

When the number of phases of the stepping motor is large and the bump frequency is not required to be high, the larger value of the coefficient in the formula is taken. Otherwise, the smaller value is taken.

⑤ The selection of start-up frequency f_q. Since the start-up frequency of stepping motor will be further reduced when it is started with load, the equivalent load inertia J_L on the motor shaft should be calculated first

$$J_L = J_1 + \frac{J_2 + J_3}{i^2} + m\left(\frac{1}{2\pi i}\right)^2 (S \times 10^{-3})^2$$

式中，J_1、J_2 为齿轮转动惯量，kg·m²；J_3 为丝杠的转动惯量，kg·m²。

启动频率为

Where J_1 and J_2 is rotary inertia of the gear, kg·m²; J_3 is rotary inertia of the lead screw, kg·m².

Start-up Frequency is

$$f_q = f_{q0} \sqrt{\frac{1 - \dfrac{M_Z}{M}}{1 + \dfrac{J_L}{J_m}}}$$

式中，f_{q0} 为空载启动频率，Hz；M 为启动频率下由矩频率特性决定的电动机输出力矩，N·m；J_m 为电动机转子转动惯量，kg·m²。

⑥ 计算电动机输出的总力矩 M 为

Where f_{q0} is no-load start-up frequency, Hz; M is motor output torque determined by torque frequency characteristic at start-up frequency, N·m; J_m is rotary inertia of motor rotor, kg·m².

⑥ Calculation of the total torque M of motor output is

$$M \geqslant M_a + M_Z$$

$$M_a = (J_m + J_L)\frac{2\pi n}{60t}$$

式中，M_a 为电动机启动加速力矩，N·m；n 为电动机所需达到的转速，r/min；t 为电动机升速时间，s。

Where M_a is acceleration torque of motor start-up, N·m; n is the speed (r/min) required by the motor, r/min; t is motor speed-up time, s.

（2）伺服电动机的选择

① 负载转矩是由驱动系统的摩擦力和切削作用力所引起，可用下式表示

（2）Selection of Servo Motor

① The load torque is caused by the friction force and cutting force of the drive system, which can be expressed as follows

$$M_Z = \frac{FL}{2\pi\eta} + M_f$$

式中，M_Z 为加到电动机轴上的负载转矩，N·m；F 为机械部件沿直线方向移动所需的力，N；L 为电动机每转工作台的位移量，m；M_f 为电动机轴上的滚珠丝杠、螺母及轴承等部分的摩擦转矩，N·m。

计算出的负载转矩应小于或等于电动机额定转矩。

② 负载惯量计算。

a. 滚珠丝杠、联轴器、齿轮、齿形带轮等，均属于回转体。回转体围绕其中心轴线绕其中心轴线旋转时，转动惯量公式如下

$$J = \frac{\pi r}{32} D^4 L$$

式中，J 为转动惯量，kg·m²；r 为回转体材料的密度，kg/m³；D 为回转体直径，m；L 为回转体长度，m。

有 n 个台阶的回转体，可按每个台阶分别计算转动惯量后相加，得下式

$$J = \frac{\pi r}{32}(D_1^4 L_1 + D_2^4 L_2 + \cdots + D_i^4 L_i + \cdots + D_n^4 L_n)$$

b. 直线运动物体的惯量，如工作台、工件等惯量，按下述公式计算

$$J = m\left(\frac{L}{2\pi}\right)^2$$

式中，m 为直线运动物体的质量，kg；L 为电动机转一圈物体移动的距离，m。若电动机与丝杠直接相联，则 L 等于丝杠导程 S。

c. 回转中心不在回转体轴心线上时的回转体惯量（如图 5-23 所示）为

式中，J_0 为以回转体的轴心作为转轴而回转时的惯量，kg·m²；m 为回转体的质量，kg；R 为回转

Where M_Z is load torque applied to motor shaft, N·m；F is the force required for the mechanical parts to move in a straight direction, N；L is displacement of motor worktable per revolution, m；M_f is the friction torque of the ball screw, nut and bearing on the motor shaft, N·m.

The calculated load torque shall be less than or equal to the rated torque of the motor.

② Calculation of load inertia.

a. Inertia ball screw, coupling joint, gear, toothed pulley, etc., belong to the revolving body. When the revolving body revolves around its central axis, the formula of rotary inertia is as follows

$$J = \frac{\pi r}{32} D^4 L$$

Where J is rotary inertia, kg·m²；r is density of revolving body material, kg/m³；D is diameter of revolving body, m；L is length of revolving body, m.

For a revolving body with n steps, each step can be calculated separately and then added to obtain the following formula

$$J = \frac{\pi r}{32}(D_1^4 L_1 + D_2^4 L_2 + \cdots + D_i^4 L_i + \cdots + D_n^4 L_n)$$

b. The inertia of linear moving objects, such as worktable and workpiece, is calculated according to the following formula

$$J = m\left(\frac{L}{2\pi}\right)^2$$

Where m is the mass of linear moving objects, kg；L is the distance of the motor moving one circle of objects, m. If the motor is directly connected with the screw, L is equal to the lead screw S.

c. The inertia of the revolving body when the center of rotation is not on the axis of the revolving body (shown in Fig. 5-23) is

$$J = J_0 + mR^2$$

Where J_0 is the inertia when the axis of the revolving body is used as the rotation axis, kg·m²；m is mass of revolving body, kg；R is the distance

体几何中心到回转中心的距离，m。

d. 根据前述惯量基本公式，折算到电动机轴上的负载惯量（如图5-24）J_L 为

from the geometric center of the revolving body to the revolving center，m.

d. According to the basic formula of inertia, the load inertia converted to the motor shaft （shown in Fig. 5-24）J_L is

$$J_L = J_1 + \left(\frac{z_1}{z_2}\right)^2 (J_2 + J_3) + m\left(\frac{L}{2\pi}\right)^2$$

式中，J_L 为折算到电动机轴上的负载惯量，$kg \cdot m^2$；J_1 为齿轮1的惯量，$kg \cdot m^2$；J_2 为齿轮2的惯量，$kg \cdot m^2$；J_3 为滚珠丝杠的惯量，$kg \cdot m^2$；z_1 为齿轮1的齿数；z_2 为齿轮2的齿数。

Where J_L is the load inertia converted to the motor shaft, $kg \cdot m^2$；J_1 is inertia of gear 1, $kg \cdot m^2$；J_2 is inertia of gear 2, $kg \cdot m^2$；J_3 is inertia of ball screw , $kg \cdot m^2$；z_1 is number of teeth of gear 1；z_2 is number of teeth of gear 2.

这样，电动机轴上的驱动系统总惯量 J 为

Ultimately, the total inertia J of the drive system on the motor shaft is

$$J_r = J_L + J_m$$

式中，J_m 为电动机转子惯量，$kg \cdot m^2$。

Where J_m is inertia of motor rotor, $kg \cdot m^2$.

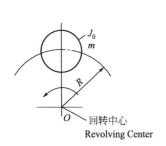

图 5-23　回转体回转中心
Fig. 5-23　Revolving Center
of Revolving Body

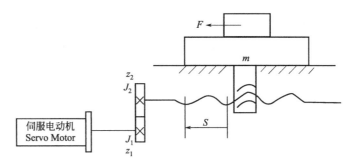

图 5-24　伺服进给驱动系统
Fig. 5-24　Servo Feed Driving System

③ 定位加速时的最大转矩计算。定位加速时的最大转矩 M_m（$N \cdot m$），按下式计算

③ Calculation of the maximum torque in positioning acceleration. The maximum torque M_m（$N \cdot m$）in positioning acceleration is calculated as follows

$$M_m = \frac{2\pi n_m}{60 t_a}(J_m + J_L) + M_Z$$

式中，n_m 为快速移动时的电动机转速，r/min；t_a 为加速、减速时间，s；J_L 为负载惯量，$kg \cdot m^2$；M_Z 为负载转矩，$N \cdot m$。

Where n_m is the mot or speed（r/min）with rapid movement；t_a is acceleration and deceleration time, s；J_L is load inertia, $kg \cdot m^2$；M_Z is load torque, $N \cdot m$.

M_m 小于伺服电动机的最大转矩，能以所取时间常数进行加速和减速。加速转矩等于加速度乘以总惯量（电动机惯量＋负载惯量），加速转矩要考虑负载惯量和电动机惯量的匹配问题。

M_m is less than the maximum torque of servo motor, and can accelerate and decelerate according to the time constant. The acceleration torque is equal to the acceleration times the total inertia (motor inertia ＋load inertia), and the matching problem between load inertia and motor inertia should be considered.

5.5.2 进给电动机惯量与负载惯量的匹配/Matching of the Feed Motor Inertia and Load Inertia

为使伺服进给系统的进给执行部件具有快速响应的能力，需用加速能力大的电动机，即能快速响应的电动机（如采用大惯量伺服电动机），但又不能盲目追求大惯量，否则由于不能充分发挥其加速能力，很不经济。因此必须使电动机与进给负载惯量之间有个合理的匹配。

In order to apply the feed executive components of the servo feed system to fast response, it is necessary to adopt the motor with the ability of high acceleration, that is, the motor with fast response (such as adopting the large inertia servo motor), and yet avoid blindly pursuing the large inertia, otherwise it is rather uneconomical because it can not give full play to its acceleration. Therefore, there must be a reasonable match between the motor and the feed load inertia.

通常在电动机惯量 J_m 与负载惯量 J_L（折算至电动机轴）或总惯量 J_r 之间，推荐下列匹配关系

Generally, the following match is recommended between the motor inertia J_m and the load inertia J_L (converted to the motor shaft) or the total inertia J_r

$$\frac{1}{4} \leqslant \frac{J_L}{J_m} \leqslant 1$$

或

or

$$0.5 \leqslant \frac{J_m}{J_r} \leqslant 0.8$$

或

or

$$0.2 \leqslant \frac{J_L}{J_r} \leqslant 0.5$$

电动转子惯量 J_m，可以从产品样本中查到。

The inertia of the motor rotor J_m, can be found in the product samples.

5.5.3 伺服进给系统的固有频率/Natural Frequency of Servo Feed System

为了保证系统的稳定性，伺服进给系统的固有频率是主要考虑因素之一，可按下式计算

In order to ensure the stability of the system, the natural frequency of the servo feed system is one of the main factors to be considered. It can be calculated as follows

$$w = \frac{1}{2\pi}\sqrt{\frac{K}{J_L}}$$

式中，w 为伺服进给系统固有频率，Hz；K 为伺服系统刚度，N · m/rad；J_L 为折算到电动机轴上的负载惯量，kg · m^2

伺服系统固有频率，不能小于机床固有频率的 1/3，只有保证这个条件，系统才能正常工作。为了在传动链中得到较高的频率，在结构上应采取相应措施，以提高传动链的刚度和减少负载惯量。

进给丝杠传动系统的刚度 K，可用下式求得

Where w is the natural frequency of servo feed system, Hz; K is the stiffness of servo system, N · m/rad; J_L is load inertia converted to motor shaft, kg · m^2.

The natural frequency of the servo system should not be less than 1/3 of the natural frequency of the machine tool. Only when this condition is guaranteed the system can work normally. In order to get higher frequency in the transmission chain, corresponding measures should be taken in the structure to improve the stiffness of the transmission chain and reduce the load inertia.

The stiffness K of the feed screw drive system can be obtained from the following formula

$$\frac{1}{K} = \frac{1}{K_{s1}} + \frac{1}{K_{s2}} + \frac{1}{K_C} + \frac{1}{K_B} + \frac{1}{K_{BR}} + \frac{1}{K_{NR}}$$

式中，K_{s1} 为丝杠轴拉压刚度；K_{s2} 为丝杠轴扭转刚度；K_C 为丝杠-双螺母副的转向接触刚度，可由样本查得；K_B 为轴承的轴向接触刚度；K_{BR} 为轴承座的刚度；K_{NR} 为螺母座的刚度。

一般来说，K_{BR} 和 K_{NR} 比较难计算，因此在设计时尽量使这两项刚度足够大。对于 K_{S1}、K_C 和 K_B，则应尽量使这三项刚度所占比例大致相等。因为这三个环节是串联而成，忽视哪一个或只求哪一个环节的高刚度，都不能达到预期目标。

Where K_{s1} is tension and compression stiffness of screw shaft; K_{s2} is torsional stiffness of screw shaft; K_C is the steering contact stiffness of the lead screw double nut pair, which can be found from samples; K_B is axial contact stiffness of bearing; K_{BR} is stiffness of bearing pedestal; K_{NR} is stiffness of nut seat.

Generally speaking, K_{BR} and K_{NR} are difficult to calculate, so the stiffness of these two items should be designed largely enough. For K_{S1}, K_C and K_B, the proportion of the three stiffness should be approximately equal. Since these three links are in series, the prospective goal can not be achieved by neglecting or merely seeking the high stiffness of any link.

(1) K_{s1}

当丝杠一端轴向固定，另一端轴向自由时

(1) K_{s1}

When one end of the screw is fixed axially and the other end is free axially

$$K_{s1} = \frac{\pi d_r^2 E}{4L_1} \times 10^6$$

当丝杠两端均为轴向固定时

When both ends of the lead screw are fixed axially

式中，d_r 为丝杠底径，m；L_1 为从轴向固定点到滚珠螺母中央的距离，m；E 为弹性模量，$E = 2.1 \times 10^5$ (MPa)。

(2) K_{s2}

式中，L_2 为扭矩作用点之间的距离，m；G 为切边模量，$G = 8.1 \times 10^4$ (MPa)。

(3) K_C

K_C 可从产品样本中查得，产品样本上的接触刚度值是在以额定动载荷 C_a 的 10% 作为预加载时的接触刚度。如果预加载 F_{a0} 值不是 $0.1C_a$，那么 K_C 应按下式计算

式中，F_{a0} 为预加载荷；C_a 为额定动载荷，由样本中查得。

考虑到螺母本体的影响因素，实际刚度一般取计算刚度（或查表刚度）的 80%。

(4) K_B

支撑滚珠丝杠的轴承，应选用刚性比较高的专用角接触球轴承，其接触角为 60°。这种轴承的轴向接触刚度可以从样本资料中查得。当丝杠有预拉伸时，其接触刚度提高一倍。

(5) K_{BR} 和 K_{NR}

轴承座刚度和螺母座刚度，常常是滚珠丝杠副系统中的薄弱环节。但其刚度值由于牵涉的因素多，很难进行精确计算，牵涉的因

$$K_{s1} = \frac{\pi d_r^2 E}{L_1} \times 10^6$$

Where d_r is the bottom diameter of the lead screw, m; L_1 is the distance from the axial fixed point to the center of the ball nut, m; E is elastic modulus $E = 2.1 \times 10^5$ (MPa).

(2) K_{s2}

$$K_{s2} = \frac{\pi d_r^2 G}{32 L_2} \times 10^6$$

Where L_2 is distance between torque application points, m; G is trimming modulus, $G = 8.1 \times 10^4$ (MPa).

(3) K_C

K_C can be found from the product sample. The contact stiffness value on the product sample is the contact stiffness when the preload is 10% of the rated dynamic load C_a. If F_{a0} value of preload is not $0.1C_a$, K_C shall be calculated as follows

$$K_C = \left(\frac{F_{a0}}{0.1 C_a} \right)^{1/3}$$

Where F_{a0} is the preload; C_a is rated dynamic load obtained from the samples.

Considering the influencing factors of nut body, the actual stiffness is generally 80% of the calculated stiffness (or look-up table stiffness).

(4) K_B

The special angular contact ball bearing with high rigidity should be used to support the ball screw, and its contact angle is 60°. The axial contact stiffness of the bearing can be obtained from the data of the samples. When the lead screw is pre-stretched, its contact stiffness is doubled.

(5) K_{BR} and K_{NR}

The stiffness of the bearing seat is normally the weak link in the ball screw system. However, it is difficult to accurately calculate the stiffness value due to many factors, such as the stiffness of support

素包括支撑座、中间套筒、螺钉等零件本身的刚度，以及这些零件相互之间的接触刚度和支撑座与基体之间的接触刚度等。因此，一般根据进给系统精度要求，在结构上采取改变支撑方式和提高轴承刚度等措施，尽量增强其刚度。

seat, intermediate sleeve, screw and other components, as well as the contact stiffness between these components and the contact stiffness between support seat and matrix. Therefore, generally based on the accuracy requirements of the feed system, measures such as changing the support mode and improving the bearing stiffness are taken in the structure to enhance the stiffness as much as possible.

5.5.4　跟 随 误 差 对 加 工 精 度 的 影 响/Effects of the Following Error on Machining Accuracy

数控机床的伺服进给系统可简化成 I 型系统，由自动控制理论可知，当恒速度运动时，其运动速度与指令值相同，但是两者瞬时位置有一恒定滞后。因为指令是先发出的，运动是接到指令以后才产生的，所以位移总是滞后指令一段距离，图 5-25 中 1 为指令位置曲线，2 为实际位置曲线，实际位置总是滞后指令位置一个 δ_v 值，δ_v 称为跟随误差，也叫速度误差

The servo feed system of CNC machine tool can be simplified into I-type system. According to the automatic control theory, when the constant speed is set in motion, the speed is equal to the command value, but there is a constant lag between the two instantaneous positions. Since the command is issued first and the movement is generated after receiving the command, the displacement always lags behind the command for a certain distance. In the Fig. 5-25, 1 is the command position curve, and 2 is the actual position curve. The actual position always lags behind the command position by a value of δ_v, which is called the following error, also known as the speed error

$$\delta_v = \frac{v}{K_C}$$

式中，δ_v 为跟随误差，m；v 为工作台进给速度，m/s；K_C 为系统开环增益，1/s。

Where δ_v is the following error, m；v is worktable feed speed, m/s；K_C is system open-loop gain, 1/s.

由图 5-25 可知，当指令位置已到达 A 点，没有新的位置指令发出，此时仍存在跟随误差，坐标轴仍继续运动，直到 B 点偏差等于零才停止。由此可见，跟随误差并不影响定位运动或直线加工时停止位置的准确性，只是在时间上实际位置较指令位置有所滞后。

It can be seen from the Fig. 5-25, when the command position has reached point A and no new position command is issued, there still exists following error, and the coordinate axis continues to move until the deviation of point B equals zero. Thus it can be seen that the following error does not affect the accuracy of the position where it stops in positioning motion or linear machining, but in terms of time, the actual position lags behind the command position.

对于定位控制的数控机床，跟随误差与制动过程中运行的位移相等，所以不影响定位精度。对于轮廓控制的数控机床，当两坐标的系统增益相同时，跟随误差并不影响轮廓的形状精度。若两坐标的系统增益不同时，将产生轮廓形状偏差，轮廓误差是实际轨迹与要求轨迹之间的最短距离。

For the positioning controlled CNC machine tools, the following error is equal to the displacement in the braking process, so the positioning accuracy is not affected. For the contour controlled CNC machine tools, when the system gains of the two coordinates are the same, the following error does not affect the shape accuracy of the contour. If the system gains of two coordinates are different, the contour shape deviation will occur, and the contour error is the shortest distance between the actual trajectory and the required trajectory.

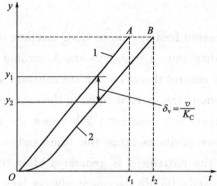

图 5-25　恒速输入下稳态误差

Fig. 5-25　Steady-State Error under Constant Speed Input

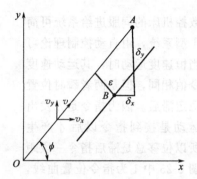

图 5-26　直线轮廓误差与跟随误差的关系

Fig. 5-26　Relationship between Linear Profile Error and the Following Error

（1）跟随误差对加工直线轮廓的影响

加工平面直线时，某一时刻指令位置在 A 点，跟随误差实际在 B 点，如图 5-26 所示，沿 x、y 向分速度 v_x、v_y 为

(1) Effects of the Following Error on Machining Linear Wheel

When machining a planar line, the command position is at point A at a certain time, the following error is actually at point B, as shown in the Fig. 5-26. The velocities v_x and v_y along x and y directions are as follows

$$\begin{cases} v_x = v\cos\phi \\ v_y = v\sin\phi \end{cases}$$

式中，v 为切削进给速度，m/s；ϕ 为 OA 与 x 轴夹角。

跟随误差可由下式求出

Where v is cutting feed speed, m/s; ϕ is angle between OA and x-axis.

The following error can be obtained from the following formula

$$\begin{cases} \delta_x = \dfrac{v_x}{K_x} = \dfrac{v\cos\phi}{K_x} \\ \delta_y = \dfrac{v_y}{K_y} = \dfrac{v\sin\phi}{K_y} \end{cases}$$

式中，K_x、K_y 为 x、y 轴系统开环增益，1/s；δ_x、δ_y 为 x、y 轴跟随误差，m。

由图 5-26 可得轮廓误差 ε 与各轴跟随误差的关系

Where K_x, K_y are the open-loop gain of x, y-axis system，1/s；δ_x, δ_y are x, y-axis following error，m.

As shown in Fig. 5-26, the relationship between the contour error ε and each axis following error can be obtained

$$\varepsilon = \delta_y \cos\phi - \delta_x \sin\phi = \frac{v\sin\phi}{K_y}\cos\phi - \frac{v\cos\phi}{K_x}\sin\phi = \frac{v\sin(2\phi)}{2}\left(\frac{1}{K_y} - \frac{1}{K_x}\right)$$

由上式可知，当 $K_x = K_y$ 时，即两轴开环增益相同时，有跟随误差，而不会产生轮廓误差。当 $K_x \neq K_y$ 时，只要 K_x 和 K_y 足够大，所产生的轮廓误差很小。因此，应尽量使两轴系统开环增益匹配，并尽可能提高。

From the above formula, when $K_x = K_y$, that is, when the two axes open-loop gains are the same, the following error occurs instead of the contour error. When $K_x \neq K_y$, as long as K_x and K_y are large enough, the contour error is very small. Therefore, the two axes system is advised to match with the open-loop gain and should be improved as much as possible.

（2）跟随误差对加工圆弧轮廓的影响

加工半径为 R 的圆形轨迹时，理论刀具位置在 A 点，由于存在跟随误差，实际在 B 点。如图 5-27 所示，在 $\triangle AOB$ 中，由余弦定理求得轮廓误差 ε

（2）Effects of the Following Error on Machining Arc Contour

When machining circular track with radius R, the theoretical position of the cutting tool is at point A. Due to the following error, the actual position is at point B. As shown in Fig. 5-27, in $\triangle AOB$, the contour error ε is obtained based on the cosine theorem

$$(R+r+\varepsilon)^2 = (R+r)^2 + \delta_v^2 - 2(R+r)\delta_v\cos(90°-\phi+\alpha)$$

式中，R 为加工圆弧半径；r 为刀具半径；ε 为圆弧轮廓误差；α 为 δ_x 与 δ_y 夹角；ϕ 为 OA 与 x 轴夹角。

Where R is the radius of machining arc；r is the radius of the cutting tool；ε is the error of circular contour；α is the angle between δ_x and δ_y；ϕ is the angle between OA and x-axis.

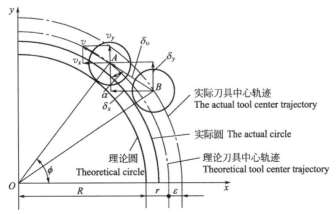

图 5-27　加工圆形轨迹误差示意图

Fig. 5-27　Schematic Diagram of Machining Circular Trajectory Error

$$\delta_v^2 = \delta_x^2 + \delta_y^2 = \left(\frac{v\sin\phi}{K_x}\right)^2 + \left(\frac{v\cos\phi}{K_y}\right)^2$$

式中，v 为切削进给速度，m/s；K_x、K_y 为 x、y 轴系统开环增益，1/s；δ_x、δ_y 为 x、y 轴跟随误差，m。

Where v is cutting feed speed, m/s; K_x, K_y are the open-loop gain of x, y-axis system, 1/s; δ_x, δ_y are x, y-axis following error, m.

又因 ε 很小，ε^2 外围高级小量可略去，故

Because of the small value of ε, the small amount of ε^2 can be omitted, so

$$\varepsilon \approx \frac{v^2\left[\left(\frac{\sin\phi}{K_x}\right)^2 + \left(\frac{\cos\phi}{K_y}\right)^2\right]}{2(R+r)} + \frac{v\sin(2\phi)}{2}\left(\frac{1}{K_x} - \frac{1}{K_y}\right)$$

根据上式得两种结果：

According to the above formula, two results are obtained：

① 当 $K_x = K_y$ 时，公式简化成

① When $K_x = K_y$, the formula is simplified as follows

$$\varepsilon = \frac{v^2}{2(R+r)K_s^2}, \quad K_s = K_x = K_y$$

简化后的公式表明，当 x 轴、y 轴两坐标增益相同时，δ_v 与 ε 在同一条直线上，ε 随工件半径 R 的变化而变化。当曲率半径 R 不变时，ε 是一个恒定值，它只影响尺寸偏差，而不影响形状精度。

As can be seen from the simplified formula, when the two coordinate gains of x-axis and y-axis are the same, δ_v and ε are in the same line, and ε varies with the radius R of workpiece. When the radius of curvature R is constant, ε is a constant value, which merely affects the size deviation instead of the shape accuracy.

由简化公式看出，ε 与进给速度成正比，与系统增益成反比。因此，提高增益对减少圆弧加工误差也是很重要的。

It is found from the simplified formula that ε is proportional to feed speed and is in inverse proportion to the system gains. Therefore, it is essential to improve the gains to reduce the machining error of the arc.

② 当 $K \neq K_y$ 时，ε 随着 ϕ 角发生变化，这个变化量的误差值是不能消除的，这个误差就是由速度误差所引起的几何形状误差。提高 K_x 和 K_y 对减小误差 ε 是有益处的。

② When $K \neq K_y$, ε varies with the angle of ϕ. The error of this variation cannot be eliminated, which is the geometric error caused by the velocity error. It is beneficial to improve K_x and K_y to reduce the error ε.

习 题

5-1 简述数控机床伺服系统的组成和作用。

5-2 数控机床对伺服系统有哪些基本要求？

5-3 数控机床的伺服系统有哪几种类型？简述各自的特点。

5-4　简述步进电动机的分类及其一般工作原理。

5-5　什么是步距角？步进电动机的步距角大小取决于哪些因素？

5-6　试比较交流和直流伺服电动机的特点。

5-7　分析交流和直流伺服电动机的速度调节方式。

5-8　简述直线电动机的分类及其一般工作原理，分析其特点。

5-9　步进式伺服系统是如何对机床工作台的位移、速度和进给方向进行控制的？

5-10　试比较硬件和软件环形分配器的特点。

5-11　如何提高步进式伺服驱动系统的精度。

5-12　分别叙述相位比较、幅值比较和脉冲比较式伺服系统的组成和工作原理。

5-13　幅值比较伺服系统中，基准信号发生器的作用是什么？

第6章

数控机床的电气控制

机床一般都是由电动机来拖动的，为了达到各种工艺要求，电动机的控制方式也是多种多样的。而在普通机床中多数采用继电接触器控制方式，尤其是由三相异步电动机拖动的系统更是如此。在数控机床中，部分继电接触器电路被 PLC 所代替，但是继电接触电路仍是数控机床自动控制系统中不可缺少的组成部分。

继电接触器控制电路是由各种继电器、接触器、熔断器、按钮、行程开关等元件组成，实现对电力拖动系统的启动、调速、制动、反向等的控制和保护，以满足生产工艺对拖动控制的要求。这些电气元件一般只有两种工作状态：触点的通或断；电磁线圈的得电与失电。这与逻辑代数中的"1"和"0"相对应，因为完全可以采用逻辑代数这一数学工具来描述、分析、设计机床电气控制电路。随着科学技术的发展，逻辑代数不仅在继电器、接触器控制电路中得到广泛的应用，而且在数字电路和计算机技术方面也是一个强有力的数学工具。

各种机床控制电路是多种多样的，有的比较简单，有的比较复杂，但再复杂的电路都是由一些基本的简单环节组合而成。本章在简述常用低压电气元件的基础上，介绍一些电气控制电路的基本环节，并用逻辑代数来描述电气控制电路。

6.1 常用低压电器

低压电器是指工作电压在交流 1000V 以下或直流 1200V 以下的各种电器，这类电器品种繁多，功能多样，应用十分广泛。下面只介绍一些常用低压电器的功能、工作原理和这类电器在电路图中的图形符号和文字符号。

6.1.1 开关电器和熔断器

开关电器是指低压电器中作为手动接通和断开电路的开关，或作为机床电路中电源的引入开关。它包括刀开关、组合开关、熔断器、低压断路器等。刀开关结构简单，手动操作，常在低压控制柜中作电源引入开关。在机床中组合开关和低压断路器比刀开关应用得更广泛。

(1) 组合开关

组合开关又称转换开关。它由动触片、静触点、方形转轴、手柄、定位机构及外壳等组成。动、静触点装载数层绝缘壳内，其结构示意如图 6-1 所示。

当转动手柄时，方形转轴带动各层触片一起转动，使相应的静触点与动触片接通，从而接通电路。动触片的导电部分有 180°分布的，也有 90°分布的。各层动触片选用的形状与分布的静触点相配合，在转动手柄时，电路就有不同的通断状态。图 6-1 中所示的为三相（三极）开关。

组合开关有单极、双极、多极之分。它在机床电气设备中主要作为电源引入开关，也可用来直接控制小容量电动机启动和停止。刀开关和组合开关在电路中的图形符号与文字符号如图6-2所示。

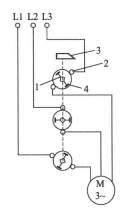

图6-1　组合开关机构示意图
1—动触片；2—静触点；3—方形转轴；4—手柄

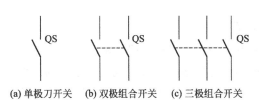

(a) 单极刀开关　(b) 双极组合开关　(c) 三极组合开关

图6-2　刀开关、组合开关图形符号
与文字符号

（2）熔断器

① 熔断器定义。熔断器是一种最简单有效而廉价的保护电器，是利用金属的熔化作业来切断电路的。它串联在所保护的电路中，作为电路及用电设备的短路或严重过载的保护元件。

② 熔断器的结构。不同的熔断器有不同的结构，但主要由熔体（俗称保险丝）或熔芯和安装熔芯的熔管（或熔座）两部分组成。图6-3为数控机床强电柜中使用的RT18-32熔断器外形结构示意图。熔体由易熔金属材料铅、锡、锌、银、铜及其合金制成，然后置于一个装有石英砂的瓷管内做成熔芯。熔管是装熔芯的外壳，由陶瓷、绝缘钢纸或玻璃纤维制成。

图6-3　RT18-32熔断器外形结构示意图

③ 工作原理及符号。熔断器的熔体与被保护的电路串联，当电路正常工作时，熔体允许通过一定的电流而不熔断。当电路发生短路或严重过载时，熔体中流过的电流猛增，电流产生的热量达到熔体的熔点时，熔体熔断切断电路，从而达到保护的目的。

电流通过熔体时产生的热量与电流的平方和通过电流的时间成正比，因此，电流越大，则熔体熔断的时间越短。这一特性称为熔断器的保护特性（或安-秒特性）。图6-4为熔断器安-秒特性图。熔断器的图形和文字符号如图6-5所示。

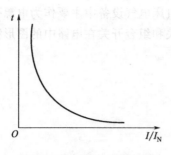

图 6-4 熔断器安-秒特性图

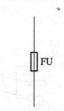

图 6-5 熔断器图形和文字符号

④ 熔断器的选择。

a.熔断器类型主要根据线路要求、使用场合和安装条件选择。

b.熔断器额定电压必须大于或等于线路的工作电压。

c.熔断器额定电流必须大于或等于所装熔体的额定电流。

熔体额定电流的选择。可按以下几种情况选择：

对于阻性负载或继电接触器控制回路的短路保护，应使熔体的额定电流大于或等于电路最大工作电流，即

$$I_{FU} \geqslant I_{30} \tag{6-1}$$

式中 I_{FU}——熔体额定电流；

I_{30}——电路的最大工作电流。

保护一台电动机，考虑到电动机启动冲击电流的影响，应按下式计算

$$I_{FU} \geqslant (1.5 \sim 2.5) I_{N} \tag{6-2}$$

式中 I_{N}——电动机额定电流。

注意：由于熔断器在作感性负载过载保护时所选规格远大于线路正常工作电流，故保护存在很多的盲区。因此，机床电气控制系统主电路中目前已不采用熔断器保护，仅在控制电路中作短路保护。

(3) 低压断路器

① 低压断路器定义。低压断路器又称自动空气开关或自动空气断路器，简称自动开关。

② 低压断路器的结构及工作原理。低压断路器主要由触点及灭弧系统、脱扣器、操作机构等部分组成。触点系统和灭弧装置作用：用于接通和分断主电路，为了加强灭弧能力，在主触点处装有灭弧装置。脱扣器是断路器的感测元件，当电路出现故障时，脱扣器收到信号后，经脱扣机构动作，使触点分断。脱扣机构和操作机构是断路器的机械传动部件，当脱扣机构接收到信号后由断路器切断电路。

低压断路器的作用：用于电动机和其他用电设备的电路中，在正常情况下，它可以分断和接通工作电流；当电路发生过载、短路、失压等故障时，它能自动切断故障电路，有效地保护它后面串联的电气设备；还可用于不频繁地接通、分断负荷的电路，控制电动机的运行和停止。

DZ47-63低压断路器的外形结构如图 6-6 所示。低压断路器的结构及工作原理如图 6-7

所示。断路器的主触点依靠操作机构手动或电动合闸，主触点闭合后自由脱扣机构将主触点锁在合闸位置上。过流脱扣器的线圈及热脱扣器的热元件串接于主电路中，失压脱扣器的线圈并联在电路中。当电路发生短路或严重过载时，过电流脱扣器3线圈中的磁通急剧增加，将磁铁吸合并使之逆时针旋转，使自由脱扣机构动作，主触点在弹簧作业下分开，从而切断电路。

图 6-6 DZ47-63 低压断路器
的外形结构

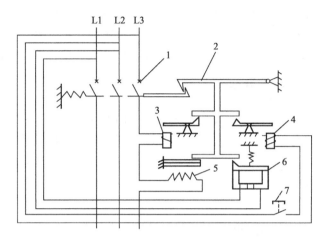

图 6-7 低压断路器的结构及工作原理

1—主触点；2—自由脱扣机构；3—过电流脱扣器；4—分励脱扣器；

5—热脱扣器；6—失压脱扣器；7—按钮

当电路过载时，热脱扣器的热元件使双金属片向上弯曲，推动自由脱扣机构动作。当线路发生失压或欠压故障时，失压脱扣器6电压线圈中的磁通下降，使电磁吸力下降或消失，衔铁在弹簧作用下向上移动，推动自由脱扣机构动作，使主触点1在弹簧作用下被拉向左方，使电路分断。分励脱扣器4用于远距离分断电路。

注意：机床电气控制系统目前采用的低压断路器主要为DZ47型，其内部一般装设热脱扣器和电磁脱扣器，分别起过载保护和短路保护作用。

③ 低压断路器的符号及热脱扣器和电磁脱扣器的选择。低压断路器的图形和文字符号如图6-8所示。选择低压断路器时，热脱扣器的整定电流应大于或等于所控制负载额定电流。电磁脱扣器的瞬时脱扣整定电流应大于负载电路正常工作时的尖峰电流。低压断路器的型号及含义如图6-9所示。

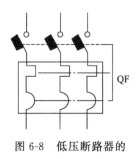

图 6-8 低压断路器的
图形和文字符号

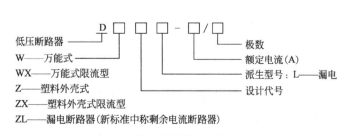

图 6-9 低压断路器的型号及含义

④ 低压断路器的选用原则。

a. 根据电气装置的要求确定断路器的类型。

b. 根据对线路的保护要求确定断路器的保护形式。

c. 低压断路器的额定电压和额定电流应大于或等于线路和设备的正常工作电压和工作电流。

d. 低压断路器的极限通断能力大于或等于电路最大短路电流。

e. 欠电压脱扣器的额定电压等于线路的额定电压。

f. 过电流脱扣器的额定电流大于或等于线路的最大负载电流。

6.1.2 主令电器

控制系统中，主令电器是一种专门发表命令、直接或通过电磁式继电器间接作用于控制电路的电器。常用来控制电力拖动系统中电动机的启动、停车、调速及制动等。

常用的主令电器有：控制按钮、行程开关、接近开关、万能转换开关、主令控制器及其他主令电器，如脚踏开关、倒顺开关、急停开关、钮子开关等。本节仅介绍几种常用的主令电器。

(1) 控制按钮

按钮是一种结构简单、应用广泛的主令电器。在低压控制电路中，用于手动发出控制信号。按钮结构如图 6-10 所示。按钮是由按钮帽、复位弹簧、桥式动触点和外壳等组成，通常做成复合式，即具有常闭和常开触点。按下时常闭触点复位按钮的电气符号如图 6-10 所示。

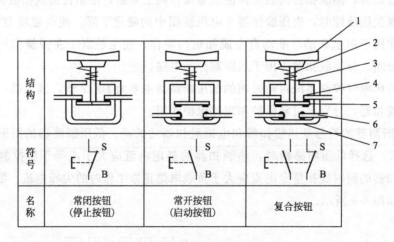

图 6-10　按钮结构示意图及图形符号

1—按钮帽；2—复位弹簧；3—支柱杠杆；4—常闭静触点；5—桥式触点；6—常开静触点；7—外壳

常用国产按钮的型号有 LA 系列，如 LA18、LA19、LA20、LA25、LA30 等系列。

为标明各个按钮的作用，避免误操作，通常将按钮做成红、绿、黑、蓝、白等颜色，以示区别。一般红色表示停止，绿色表示启动等。另外，为满足不同控制和操作需要，按钮的结构形式也有所不同，如钥匙式、旋钮式、紧急式、保护式等。

（2）行程开关

又称限位开关，是一种工作机械的行程、发出操作命令的位置开关。行程开关主要用于行程控制、位置即极限位置的保护等，属于行程原则控制的范围。

① 直动式行程开关。直动式行程开关结构如图 6-11 所示，其动作原理与控制按钮类似，所不同的是直动式行程开关用运动部件上的撞块来碰撞行程开关的推杆，使触点的开闭状态发生变化，触点连接在控制电路中，从而使相应的电器动作，达到控制的目的。

直动式行程开关的优点：结构简单，成本较低。缺点：触点的分合速度取决于撞块移动速度。若撞块移动速度太慢，则触点就不能瞬时切换电路，使电弧在触点上停留时间过长，容易烧蚀触点。因此这种开关不宜用在撞块移动速度低于 0.4m/min 的场合。

② 滚轮式行程开关。滚轮式行程开关可分为单滚轮自动复位与双滚轮非自动复位的形式。滚轮式行程开关的型号有 LX 系列，如 LX1、LX19 等。

图 6-12 为单滚轮自动复位行程开关的结构原理。当滚轮 1 受到向左的外力作用时，上转臂 2 向左下方转动，推杆 4 向右转动，并压缩右边弹簧 8，同时下面的小滚轮 5 也很快沿着擒纵杆 6 的中点时，盘形弹簧 3 和弹簧 7 都使擒纵杆 6 迅速转动，因而使动触点迅速地与右边的静触点分开，并与左边的静触点闭合。这样就减少了电弧对触点的损坏，并保证了动作的可靠性。这类行程开关适用于低速运动的机械。

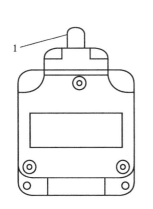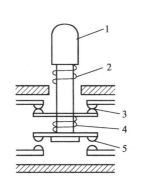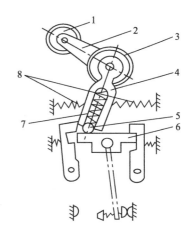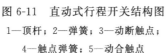

图 6-11　直动式行程开关结构图　　　　图 6-12　单滚轮自动复位行程开关的结构原理
1—顶杆；2—弹簧；3—动断触点；　　　　　1—滚轮；2—上转臂；3—盘形弹簧；4—推杆；
4—触点弹簧；5—动合触点　　　　　　　5—小滚轮；6—擒纵杆；7—弹簧；8—左右弹簧

双轮非自动复位的行程开关，其外形是在 U 形的传动摆杆上装有两个滚轮，内部结构与单轮自动复位的相似，只是没有恢复弹簧。当撞块推动其中的一个滚轮时，传动摆杆转过一定角度，使触点动作，而撞块离开滚轮后，摆杆并不自动复位，直到撞块在返回行程中再推动另一滚轮时，摆杆才回到原始位置，使触点复位。这种开关由于有"记忆"作用，在某些情况下可使控制线路简化。根据不同的需要，行程开关的两个滚轮可布置在同一平面内或分别布置在两个平行的平面内。滚轮式行程开关的外形图及行程开关在电路中的图形、文字符号，如图 6-13 所示。

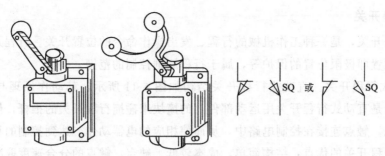

图 6-13　滚轮式行程开关的外形图及图形、文字符号

滚轮式行程开关具有通断速度不受运动部件速度的影响，动作快的优点，但结构复杂，加工较贵。

③ 微动开关。微动开关是行程非常小的瞬时动作开关，其特点是操作力小和操作行程短，用于机械、纺织、轻工、电子仪器等各种机械设备和家用电器中作限位保护与联锁保护等。微动开关也可以看成尺寸甚小而又非常灵敏的行程开关。其缺点是易损不耐用。

微动开关的结构如图 6-14 所示，其型号有 LX31、LXW-11、JW 等系列。微动开关是由撞块压动推杆，使片状弹簧变形，从而使触点动作，当挡块离开推杆后，片状弹簧恢复原状，触点复位。

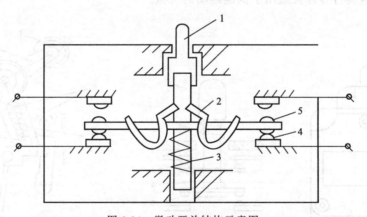

图 6-14　微动开关结构示意图

1—推杆；2—片状弹簧；3—触点弹簧；4—静触点；5—动触点

④ 非接触式行程开关。行程开关和微动开关均属接触式行程开关，工作时均有撞块与推杆的机械碰撞使触点分合，在动作频繁时，容易产生故障，工作可靠性较低。近年来，随着电子器件及控制装置发展的需要，以下非接触式的行程开关产品随之出现，此类产品的特点是：当撞块行程动作时，不须与开关中的部分接触，即可发出电信号，所以这类开关使用寿命长、操作频率高、动作迅速可靠，在生产中得到了广泛的应用。

a. 接近开关。接近开关有电感式、电容式、霍尔效应式等类型。

电感式接近开关（图 6-15）由三大部分组成：振

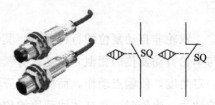

(a) 外形图　　(b) 图形啊、文字符号

图 6-15　电感式接近开关外形
结构和图形、文字符号

荡器、开关电路及放大输出电路。振荡器产生一个交变磁场。当金属物体接近这一磁场并达到感应距离时，在金属物体内产生涡流，从而导致振荡衰减，以至停振。振荡器振荡及停振的变化被后级放大电路处理并转换成开磁信号，触发驱动控制器件，从而达到非接触式检测目的。物体离传感器越近，线圈内的阻尼就越大，阻尼越大，传感器振荡器的电流越小。电感式接近开关按线数分有 2 线、3 线、4 线等；按输出状态分有直流型和交流型，直流型又有 PNP 和 NPN 型；按开关量分有常开型、常闭型等。电感式接近开关应用电路实例见图 6-16 和图 6-17。

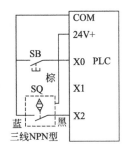

图 6-16　应用电路例一

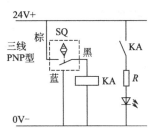

图 6-17　应用电路例二

电容式接近开关亦属于一种具有开关量输出的位置传感器，它的测量头通常是构成电容器的一个极板，而另一个极板是物体的本身，当物体移向接近开关时，物体和接近开关的介电常数发生变化，使得和测量头相连的电路状态也随之发生变化，由此便可控制开关的接通和关断。这种接近开关的检测物体，并不限于金属导体，也可以是绝缘的液体或粉末物体，在检测较低介电常数 ξ 的物体时，可以顺时针调节多圈电位器（位于开关后部）来增加感应灵敏度。

注意：不同接近开关接线和工作电压、电流性质各不相同，具体使用时参见相关说明书。

b. 光电开关。具有体积小、可靠性高、检测精度高、响应速度快、易与 TTL 及 CMOS 电路兼容等优点。光电开关的光源可采用红外线、可见光、光纤、色敏等。光电开关的工作原理分透光型和反射型两种。

透光型光电开关的发光器件和受光器件的中间留有间隙。当被测物体到达这一间隙时，发射光被遮住，从而接收器件（光敏元件）能检测出物体已经到达，并发出控制信号。

反射型光电开关发出的光经被测物体反射后再落到检测器件上，它是利用检测反射光来实现的。

⑤ 万能转换开关。万能转换开关是一种多挡式、控制多回路的主令电器。万能转换开关主要用于各种控制线路的转换、电压表、电流表的换相测量控制、配电装置线路的转换和遥控灯，还可以用于直接控制小容量电动机的启动、调速和换向。如图 6-18 所示为万能转换开关操作手柄及其单层的结构示意图。常用产品有 LW 系列，如 LW5 和 LW6 等。

万能转换开关的手柄操作位置是以角度表示的。不同型号的万能转换开关的手柄有不同的位置数，万能转换开关在电路图中的图形、文字符号如图 6-19 所示。图中 3 条虚线表示此开关有 3 个有效位置，即 0 位、1 位、2 位；每条虚线上有黑点对应该触点在此虚线对应位置时接通，无黑点的触点则不通。例如，当把 SA 万能转换开关的操作手柄打到 1 位置时，1-2、3-4、5-6 三组触点闭合，7-8 触点断开；打到 0 位置时只有 5-6 触点闭合；打到 2 位置时只有 7-8 触点闭合。

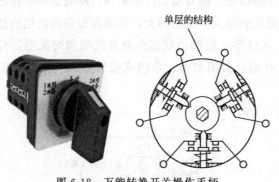

图 6-18　万能转换开关操作手柄
及其单层的结构示意图

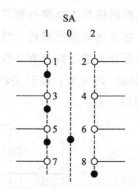

图 6-19　万能转换开关在电路图
中的图形、文字符号

6.1.3　接触器

接触器是一种利用电磁铁，频繁地接通或断开交、直流主电路及大容量控制电路的自动切换电器。主要用于控制电动机、电焊机、电热设备、电容器组等。当电磁铁线圈得电、接触器的励磁线圈通电后，在衔铁气隙处产生电磁吸力，使衔铁吸合。由于主触点支持件与衔铁固定在一起，衔铁吸合带动主触点也闭合，接通主电路。与此同时，衔铁还带动辅助触电动作，使动合触点闭合，动断触点断开。它具有低电压（欠电压或失压）释放的保护功能，并能实现远距离控制。

按其主触点通过电流的种类，接触器可分为交流接触器和直流接触器两大类。

交流接触器用于远距离控制电压至 380V，电流至 600A 的交流电路，以及频繁启动和控制交流电动机的控制电器。常用的交流接触器产品，国内有 NC3（CJ46）、CJ12、CJ10X、CJ20、CJX1、CJX2 等系列；引进国外技术生产的有 B 系列、3TB、3TD、LC-D 等系列。CJ20 系列交流接触器的主触点均做成三极，辅助触点则为两动合两动断形式。此系列交流接触器常用于控制笼型电动机的启动和运转。交流接触器的结构如图 6-20 所示，主要可分为电磁机构及触点系统两大部分。

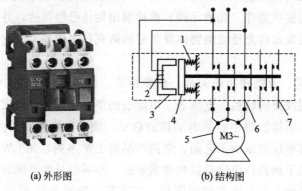

(a) 外形图　　　　　　　(b) 结构图

图 6-20　交流接触器示意图

1—弹簧；2—线圈；3—铁芯；4—衔铁；5—三相电动机；6—主触点；7—辅助触点

（1）电磁机构

电磁机构由线圈、衔铁（动铁芯）、铁芯（静铁芯）及释放弹簧等组成。当线圈上交流电时，磁路中建立的磁通在动、静铁芯间产生吸力，使衔铁带动触点动作。

由于线圈中流过的是交流电，因此铁芯中磁通也是随时间变化的。为了减少交变磁通在铁芯中产生的涡流磁滞损耗，铁芯采用薄硅钢片叠成。另外，由交变磁通产生的吸力也是随时间变化的。当吸力大于由释放弹簧作用于衔铁的反作用力时，衔铁吸合，反之衔铁释放。这样会引起衔铁及触点的振动，产生很大的噪声及电弧，使接触器根本无法工作。解决这个问题的办法是在铁芯端部开一个槽，槽内嵌入短路铜环（又称分磁环）。当交变磁通穿过短路环时，环中会产生感应电流，此电流会阻碍磁通的变化。于是短路环把气隙端面上的磁通分成不穿过短路环的 ϕ_1 及穿过短路环二相位上落后的 ϕ_2。只要这两部分磁通产生的电磁吸力的合力始终大于反作用，即可消除振动和噪声。

线圈中的电路主要由线圈的感抗来决定，而感抗与铁芯间气隙大小成反比。因此在衔铁打开气隙最大时接通电源，线圈中瞬间冲击电流可达到衔铁正常吸合时电流的 10 倍以上。所以若衔铁因某种原因卡住，将会使电线圈烧毁。

（2）交流接触器的触点

交流接触器的触点一般包括 3 对动合（常开）主触点，用于控制主电路的通、断。另有两对动合、两对动断（常闭）辅助触点，用于控制电路中。所谓动合触点是指接触器线圈未通电时触点处于打开位置的触点；动断触点是线圈未通电时处于闭合位置的触点。为了使触点接触良好，减少接触电阻并消除开始接触时产生的振动，在触点上装有弹簧来产生所需的接触压力。

接触器主触点在断开主电路时，触点间会产生弧光放电现象。电弧的高温会将触点烧损，并使电路的切断时间延长，严重时还会引起火灾或其他事故。为使电弧迅速熄灭，交流接触器必须安装灭弧罩后才能正常工作。接触器的触点、电磁线圈的图形符号与文字符号，如图 6-21 所示。

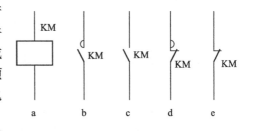

图 6-21　接触器线圈和触点图形符号与文字符号
a—线圈；b—常开主触点；c—常开辅助触点；
d—常闭主触点；e—常闭辅助触点

灭弧装置，一般用来迅速熄灭主触点在分断电路时所产生的电弧，保护触点不受电弧灼伤，并使分断时间缩短。常用灭弧措施有机械灭弧、磁吹灭弧、窄缝灭弧、栅片灭弧。

直流接触器与交流接触器的工作原理相同。结构也基本相同，不同之处是：铁芯线圈通以直流电，不会产生涡流和磁滞损耗，所以不发热。为方便加工，铁芯由整块软钢制成。为使线圈散热良好，通常将线圈绕制成长而薄的圆筒形，与铁芯直接接触，易于散热。常用的直流接触器有 CZ0、CZ18 等系列。

接触器的主要技术参数：

① 额定电压。

② 主触点额定电流。

③ 辅助触点额定电流。

④ 主触点和辅助触点数目。

⑤ 吸引线圈额定电压。

⑥ 接通和分断能力。

选用接触器的原则：

① 控制交流负载应选用交流接触器，控制直流负载则选用直流接触器。

② 接触器的使用类别应与负载性质相一致。

③ 主触点额定电压应大于或等于负载回路的额定电压。

④ 主触点的额定电流应大于或等于负载的额定电流。

⑤ 吸引线圈电流种类和额定电压应与控制回路电压相一致，接触器在线圈额定电压85％及以上时应能可靠吸合。

⑥ 接触器的主触点和辅助触点的数量应满足控制系统的要求。

6.1.4　继电器

继电器是一种利用电流、电压、时间、温度等信号的变化来接通或断开所控制的电路，以实现自动控制或完成保护任务的自动电器。继电器的种类很多，按输入信号的性质分为：电压继电器、电流继电器、时间继电器、温度继电器、速度继电器、压力继电器等；按工作原理可分为：电磁式继电器、感应式继电器、电动式继电器、热继电器和电子式继电器等；按输出形式可分为：有触点和无触点继电器；按用途可分为：控制用与保护用继电器等。

电磁式继电器是应用最多的一种继电器，其工作原理与电磁式接触器大致相同，主要由电磁机构和触点系统组成。与接触器相比，由于继电器是用以切换小电流的控制电路和保护电路，触点的容量较小（一般在5A以下），不需要灭弧装置，不分主触点和辅助触点。

电磁式继电器按励磁线圈电流的种类可分为直流电磁式继电器和交流电磁式继电器；按反应参数可分为电压继电器和电流继电器；按触点数量和动作时间又可分为中间继电器和时间继电器等。

下面介绍数控机床常用的几种继电器。

（1）中间继电器

中间继电器在电路中起到扩大触点数量和容量的中间放大与转换作用。其种类有很多，选择时要注意其电磁线圈的额定电压和电流性质（交流或直流），要与电路图标注相一致；触点电路应大于或等于所控制设备额定电流；开/闭触点数目应满足电路图标注数目。

注意：对于单刀双掷触点的中间继电器，开/闭触点只能使用一次。例如4开4闭的单刀双掷中间继电器，只能提供4开或3开1闭，或2开2闭，或1开3闭，或4闭4个触点，而非4开合4闭8个触点。

中间继电器的外形图和图形文字符号如图6-22所示。

（2）时间继电器

时间继电器主要用于需要按时间顺序进行控制的电气控制系统中。当其检测部分（线圈）在检测到有或无控制信号后，使其触点延时一段时间闭合或断开。

时间继电器从动作原理可分为机械式时间继电器和电气电子式时间继电器。前者包括阻尼（空气阻尼、电磁阻尼等）式、水银式、钟表式和热双金属片式等；后者包括电动式、

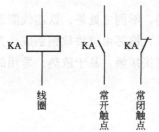

(a) 外形图　　(b) 图形、文字符号

图6-22　中间继电器的外形图和图形文字符号

计数器式、热名电阻式和阻容式（含电磁式、电子式）等。时间继电器按延时方式可分为通电延时型和断电延时型两种。时间继电器的图形、文字符号如图6-23所示。

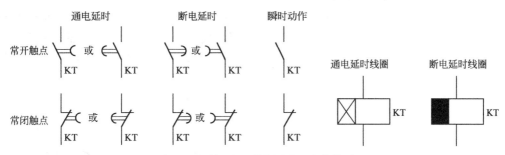

图6-23 时间继电器的图形、文字符号

（3）热继电器

热继电器是一种利用电流的热效应原理来工作的保护电器，专门用来对过载及电源切断进行保护，防止电动机因上述故障导致过热而损坏。

热继电器主要由加入元件、动作机构和复位机构三部分组成。图6-24为热继电器工作原理示意图。其工作原理为：主双金属片1与加热元件2串接在接触器负载的主回路中，当电动机过载时，主双金属片受热弯曲推动导板3，并通过补偿双金属片4与推杆6将触点10和11分开，以切断电路保护电动机。调节旋钮5是一个偏心轮，改变它的半径可以改变补偿双金属片4和导板3的距离，从而达到调节整定动作电路值的目的。此外，靠调节复位螺钉8来改变动合静触点9的位置，使热继电器能工作在自动复位或手动复位两种状态。调成手动复位时，在排除故障后要按下按钮7才能使动触点10恢复与静触点11相接触的位置。

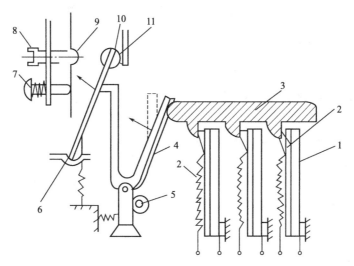

图6-24 热继电器工作原理示意图

1—主双金属片；2—加热元件；3—导板；4—补偿双金属片；5—调节旋钮；
6—推杆；7—按钮；8—复位螺钉；9—动合静触点；10—动触点；11—静触点

热继电器的选择主要根据电动机的额定电流来确定热继电器的型号及热元件的额定电流等级。对星形接线的电动机可选两相或三相结构式的；对三角形接线的电动机，应选择带断相保护的热继电器。所选热继电器的整定电流通常与电动机的额定电流相等。热继电器的图

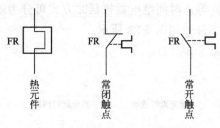

FR	FR	FR
热元件	常闭触点	常开触点

图 6-25　热继电器的图形文字符号

形、文字符号如图 6-25 所示。

（4）速度继电器

速度继电器主要用于笼形异步电动机的制动控制。它主要由转子、定子和触点三部分组成。转子是一个圆柱形永久磁铁，定子是一个笼形空心圆环，由硅钢片叠成，并装有笼形绕组。图 6-26 为速度继电器的原理示意图及图形、文字符号。

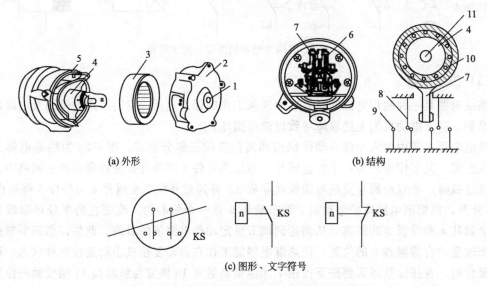

(a) 外形　　　　　　　　　　　　　　(b) 结构

(c) 图形、文字符号

图 6-26　速度继电器原理示意图及图形文字符号

1—连接头；2—端盖；3—定子；4—转子；5—可动支架；6—触点；

7—胶木摆杆；8—簧片；9—静触点；10—绕组；11—轴

6.2　机床电气原理图的识读

机床电气控制系统是由许多电气元件按照一定要求连接而成，实现对机床的电气自动控制。为了便于对控制系统进行设计、分析研究、安装调试、使用和维修，需要将电气控制系统中各电气元件及其相互连接关系用国家规定的符号、文字和图形表示出来，这种图就是电气控制系统图。根据机电总体设计压强和相关国家规定标注绘制电路图，是为了便于阅读和分析各种电气控制系统功能。依据简单、清晰的原则，原理图采用电气元件展开的形式绘制。它包括所有电气元件的导电部件和接线端点，但并不按照电气元件的实际位置来绘制，也不反映电气元件的大小。

6.2.1　电气制图与识图

（1）绘制电气原理图的原则和要求

电气原理图，表示电流从电源到负载的传送情况和各电气元件的动作原理及相互关系，而不考虑各电气元件实际安装的位置和实际连线情况。

文字符号是用来表示电气设备、装置，元器件的名称、功能、状态和特征的字符代码。例如，FR 表示热继电器。

图形符号是用来表示一台设备或概念的图形、标记或字符。例如，"～"表示交流。

主电路各接点标记。三相交流电源引入线采用 L1、L2、L3 标记。电源开关之后的分别按 U、V、W 顺序标记。分级三相交流电源主电路可采用 1U、1V、1W、2U、2V、2W 等。各电动机分支电路各接点可采用三相文字代号后面加数字来表示，如：U11、U21 等，数字中的十位数字表示电动机代号，个位数字表示该支路的接点代号。

控制电路采用阿拉伯数字编号，一般由三位或三位以下的数字组成。

安装接线图是用来表明电气设备各单元之间的接线关系。图中表明了电气设备外部元件的相对位置及它们之间的电气连接，是实际安装接线的依据。

电气元件布置图详细绘制出电气设备、零件的安装位置。图中各电气代号应与有关电路和电气清单上所有元器件代号相同。

电气原理图绘制原则：

① 主电路用粗线条画在左边；控制电路用细线条画在右边。

② 电气元件，采用国家标准规定的图形符号和文字符号表示。

③ 需要测试和拆、接外部引线的端子，应用图形符号"空心圆"表示。电路的连接点用"实心圆"表示。

④ 同一电气元件的各部件可不画在一起，但文字符号要相同。若有多个同一种类的电气元件，可在文字符号后加上数字符号来区别，如 KM1、KM2 等。

⑤ 所有按钮、触点均按没有外力作用和没有通电时的原始状态画出。

⑥ 控制电路的分支电路，原则上按动作顺序和信号流自上而下或自左至右的原则绘制。

⑦ 电路图应按主电路、控制电路、照明电路、信号电路分开绘制。直流和单相电源电路用水平线画出，一般画在图样上方，相序自上而下排列。中性线（N）和保护接地线（PE）放在相线之下。主电路与电源电路垂直画出。控制电路与信号电路垂直画在两条水平电源线之间。耗电元件（如电器的线圈，电磁铁，信号灯等）直接与下方水平线连接。控制触点连接在上方水平线与耗电元件之间。

⑧ 当图形垂直放置时，各元器件触点图形符号以"左开右闭"绘制。当图形为水平放置时，以"上闭下开"绘制。

(2) 电气原理图面区域的划分

为了便于检索电气线路，方便阅读电气原理图，应将图面划分为若干区域（图 6-27）。图区的编号一般写在图的下部。图的上方设有用途栏，用文字注明该栏对应的下面电路或元件的功能，以利于理解原理图各部分的工作原理。

(3) 符号位置索引

元件的相关触点位置的索引用图号、页次和区号组合表示，如图 6-28 所示。

由于接触器、继电器的线圈和触点在电气原理图中不画在一起，而触点是分布在图中所需的各个图区。为了读题方便，在接触器、继电器线圈的下方画出其触点的索引表。

接触器和继电器的索引表中各栏含义见表 6-1。

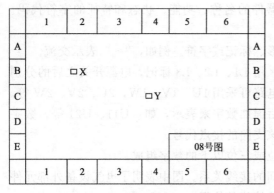

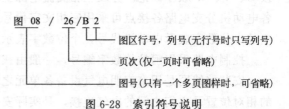

图 6-27 电气原理图面区域划分   图 6-28 索引符号说明

表 6-1 接触器和继电器的索引说明

接触器		
左栏	中栏	右栏
主触点所在图区	辅助动合触点所在图区	辅助动合触点所在图区

继电器	
左栏	右栏
动合触点所在图区号	动断触点所在图区号

（4）电气识图方法与步骤

识图方法主要有以下几种：

① 结合电工基础知识识图。在掌握电工基础知识的基础上，准确、迅速地识别电气图。如改变电动机电源相序，即可改变其旋转方向的控制。

② 结合典型电路识图。典型电路就是常见的基本电路，如电动机的启动、制动、顺序控制等。不管多复杂的电路，几乎都是由若干基本电路组成的。因此，熟悉各种典型电路，是看懂较复杂电气图的基础。

③ 结合制图要求识图。在绘制电气图时，为了加强图纸的规范性、通用性和示意性，必须遵循一些规则和要求，利用这些制图的知识能够准确地识图。

识图步骤主要有：

① 准备：了解生产过程和工艺对电路提出的要求；了解各种用电设备和控制电器的位置及用途；了解图中的图形符号及文字符号的意义。

② 主电路：首先要仔细看一遍电气图，弄清电路的性质，是交流电路还是直流电路。然后从主电路入手，根据各元器件的组合判断电动机的工作状态。如电动机的启停、正反转等。

③ 控制电路：分析完主电路后，再分析控制电路，要按动作顺序对每条小回路逐一分析研究，然后再全面分析各条回路间的联系和制约关系，要特别注意与机械、液压部件的动作关系。

④ 最后阅读保护、照明、信号指示、检测等部分。

6.2.2 机床电气控制电路图类型及其识读

机床电气控制电路图常见的类型有系统图与框图、电气原理图、电气元件布置图、电气接线图和接线表。其中电气接线图又包括单元接线图、互连接线图和端子接线图。

6.2.2.1 系统图与框图识读

系统图与框图是采用符号或带注释的框来概略表示系统、分系统、成套装置等的基本组成及其功能关系的一种电气简图,从整体和体系的角度反映对象的基本组成和各部分之间的相互关系,从功能的角度概略地表达各组成部分的主要功能特征。系统图与框图的区别是系统图一般用于系统或成套装置;而框图用于分系统或单元设备。它们是进一步编制详细技术文件的依据,是读懂复杂原理图必不可少的基础图样,亦可供操作和维修时参考。

(1) 系统图与框图的组成及应用

① 系统图与框图的组成。系统图与框图主要由矩形框、正方形框或《电气图用图形符号》标准中规定的有关符号、信号流向、框中的注释与说明组成,框符号可以代表一个相对独立的功能单元(如分机、整机或元器件组合等)。一张系统图或框图可以是同一层次的,也可将不同层次(一般以三、四层次为宜,不宜过多)的内容绘制在同一张图中。

② 系统图与框图的应用。

a.符号的使用。系统图或框图主要采用方框符号,或带有注释的框绘制。框图的注释可以采用符号、文字或同时采用文字与符号,如图 6-29 所示为标准型数控系统基本组成框图。

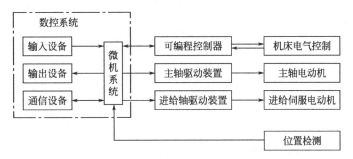

图 6-29 标准型数控系统基本组成框图

框图中框内出现元器件的图形符号并不一定与实际的元件和器件一一对应,但可能用于表示某一装置、单元的主要功能或某一装置、单元中主要的元件或器件,或一组元件或器件。

图 6-30 是晶闸管-直流调速系统图。全图采用的均为图形符号。图中反映的器件不一定是一个,有可能是一组,它只反映该部分及其功能,无法严格与实际器件一一对应。方框符号的功能是由限定符号来表示,每一个方框符号本身已代表了实际单元的功能。

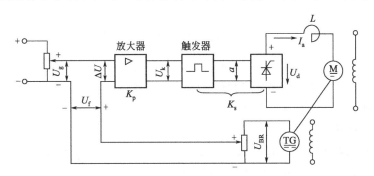

图 6-30 晶闸管-直流调速系统图

各种图形符号可以单独出现在框图上，表示某个装置或单元，也可用框线围起，形成带注释的框。框中的注释可以是符号，也可以是文字，或者是文字与符号兼有。其各自的特点如下。

采用符号作注释。由于符号所代表的含义可以不受语言、文字的障碍，只要正确选用标准化的各种符号，可以得到一致的理解，但缺点是缺乏专业训练的人员就难以理解，如图6-31(a) 所示。

采用文字注释。用文字在框图中注释可以简单地写出框的名称，也可较为详细地表示该框的功能或工作原理，甚至还可以概略地标注各处的工作状态和电参数等。其优点是有助于设备和装置的维修人员对故障进行快速诊断和检修，如图 6-31(b) 所示。

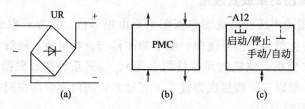

图 6-31　带注释的框

符号与文字兼有的注释较为直观和简短，兼备了上述两种注释的优点，如图6-31(c) 所示。

除了以上使用符号的方法之外，系统图和框图常会出现框的嵌套形式，此种形式可以用来形象和直观地反映其对象的层次划分和体系结构。在一张图纸中常常出现嵌套形式，是为了较好地表现系统局部的若干层次，这种围框图的嵌套形式能清楚地反映出各部分的从属关系，如图 6-29 所示。

系统图与框图中的"线框"应是实线画成的框，"围框"则是用点画线画成的框，如图6-29 所示。

b. 布局与信息流向。在系统图和框图中，为了充分表达功能概况，常常绘制非电过程的部分流程。因此在系统图与框图的绘制上，若能把整个图面的整体布局，参照其相应的非电过程流程图的布局而作适当安排，将更便于识读，如图 6-32 所示。

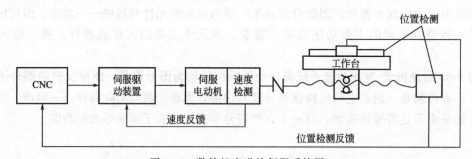

图 6-32　数控机床进给伺服系统图

系统图或框图的布局应清晰明了，易于识别信号的流向。信息流向一般按由左至右、自上而下的顺序排列，此时可不画流向开口箭头；为区分信号的流向，对于流向相反的信号最好在导线上绘制流向开口箭头，如图 6-32 所示。

(2) 说明与标注

① 框图中的注释和说明。在框图中，可根据实际需要加注各种形式的注释和说明。注释和说明既可加注在框内，也可加注在框外；既可采用文字，也可采用图形符号；既可根据需要在连接线上标注信号、名称、电平、波形、频率、去向等内容，还可将其集中标注在图

中空白处。

② 项目代号的标注。在一张系统图或框图中，往往描述了对象的体系、结构和组成的不同层次。采用不同层次绘制系统图或框图，或者在一张图中用框线嵌套来区别不同的层次，或者标注不同层次的项目代号。如图 6-29 和图 6-31（c）所示。

6.2.2.2 电气原理图识读

用图形符号并按工作顺序排列，详细表示电路、设备或成套装置的全部基本组成和连接关系，而不考虑其实际位置的简图称为电气原理图。该图是以图形符号代表其实物，以实线表示电性能连接，按电路、设备或成套装置的功能和原理绘制。电气原理图主要用来详细理解设备或其组成部分的工作原理，为测试和寻找故障提供信息，与框图、接线图等配合使用可进一步了解设备的电气性能及装配关系。

电气原理图的绘制规则应符合国家标准 GB/T 6988。

（1）电气原理图中的图线

① 图线形式。在电气制图中，一般只使用 4 种形式的图线，实线、虚线、点画线和双点画线。其绘制形式和一般应用见表 6-2。

表 6-2　电气图中图线的形式及一般应用

图线名称	图线形式	一般应用
实线	——————	基本线、简图主要内容用线、可见轮廓线、可见导线
虚线	— — — — —	辅助线、屏蔽线、机械连接线、不可见轮廓线、不可见导线、计划扩展内容用线
点画线	— · — · —	分界线、结构围框线、功能围框线、分组围框线
双点画线	— ·· — ·· —	辅助围框线

② 图线宽度。在电气技术文件的编制中，图线的粗细可根据图形符号的大小选择，一般选用两种宽度的图线，并尽可能地采用细图线。有时为区分或突出符号，或避免混淆而特别需要，也可采用粗图线。一般粗图线的宽度为细图线宽度的两倍。在绘图中，如需两种或两种以上宽度的图线，则细图线宽度应按 2 的倍数依次递增选择。

图线的宽度一般从下列数值中选取：0.25mm、0.35mm、0.5mm、0.7mm、1.0mm、1.4mm。

（2）箭头与指引线

① 箭头。电气简图中的箭头符号有开口箭头和实心箭头两种形式。开口箭头如图 6-33（a）所示，主要用于表示能量和信号流的传播方向。实心箭头如图 6-33（b）所示，主要用于表示可变性、力和运动方向，以及指引线方向。

② 指引线。指引线主要用于指示注释的对象，采用细实线绘制，其末端指向被注释处。末端在连接线上的指引线，采用在连接线和指引线交点上画一短斜线或箭头表示终止，并允许有多个末端，如图 6-33（c）表示自上而下 1、3 线为 BV 2.5mm^2；2、4 线为 BV4mm^2。

（3）电气原理图的布局方法

电气原理图的布局比较灵活，原则上要求：布局合理，图面清晰，便于读图。

① 水平布局。即将元件和设备按行布置，使其连接线处于水平布置状态，如图 6-34 所示。

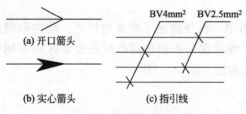

图 6-33　电气简图中的箭头和指引线

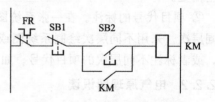

图 6-34　水平布局的电气原理图

② 垂直布局。即将元件和设备按列布置，使其连接线处于垂直布置状态，如图 6-35 所示。

(4) 电气原理图的基本表示方法

① 按照每根导线的不同含义分为单线表示法和多线表示法。用一条图线表示两根或两根以上的连接线或导线的方法叫做单线表示法，如图 6-36(a) 所示；每根连接线或导线都用一条图线表示的方法称为多线表示法，如图 6-36(b) 所示。

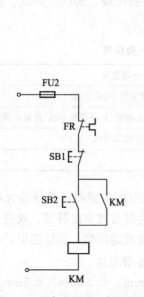

图 6-35　垂直布局的电气原理图

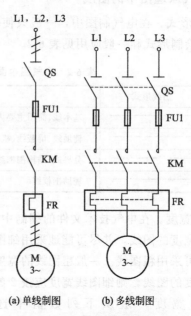

(a) 单线制图　　(b) 多线制图

图 6-36　电气原理图的单线表示法和多线表示法

② 按照电气元件各组成部分相对位置分为集中表示法和分开表示法（展开表示法）。集中表示法就是把设备或成套装置中的一个项目各组成部分的图形符号在简图上绘制在一起的方法，如图 6-37(a) 所示；分开表示法是把一个项目中的某些图形符号在简图中分开布置，并用项目代号表示它们之间相互关系的方法，如图 6-37(b) 所示。

(5) 电气原理图中可动元件的表示方法

① 工作状态。组成部分可动的元件，应按以下规定位置或状态绘制：继电器、接触器等单一稳定状态的手动或机电元件，应表示在非激励或断电状态；断路器、负荷开关和隔离开关应表示在断开（OFF）位置；标有断开（OFF）位置的多个稳定位置的手动控制开关应表示在断开（OFF）位置，未标有断开（OFF）位置的控制开关应表示在图中规定的位置；应急、事故、备用、警告等用途的手动控制开关，应表示在设备正常工作时的位置或其

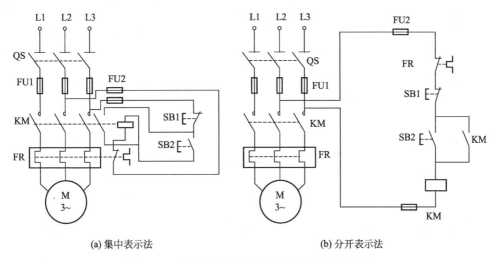

(a) 集中表示法　　　　　　　　　　(b) 分开表示法

图 6-37　电气原理图的集中表示法和分开表示法

他规定位置。

② 触点符号的取向。为了与设定的动作方向一致，触点符号的取向应该是：当元件受激时，水平连接线的触点，动作向上；垂直连接线的触点，动作向右。当元件的完整符号中含有机械锁定、阻塞装置、延迟装置等符号时，这一点特别重要。在触点排列复杂而无机械锁定装置的电路中，采用分开表示法时，为使图面布局清晰、减少连接线的交叉，可以改变触点符号的取向。触点符号的取向如图 6-38 所示。

③ 多位开关触点状态的表示方法。对于有多个动作位置的开关，通常采用一般符号加连接表的方法和采用一般符号加注的方法来表示其触点的通断状态。如图 6-39（a）所示为一个

图 6-38　触点符号的取向示例

具有三个位置三组触点的开关。图中的 3 条虚线表示开关的三个位置Ⅰ、Ⅱ、Ⅲ，1-2、3-4、5-6 表示开关的三组触点。为了表示此开关在Ⅰ、Ⅱ、Ⅲ三个位置时触点 1-2、3-4、5-6 的通断状态，可以采用图 6-39（b）表格的形式，也可采用图 6-39（c）的形式。其中图 6-39（c）所示中黑点代表该黑点对应的触点在该黑点所在位置（虚线）导通。

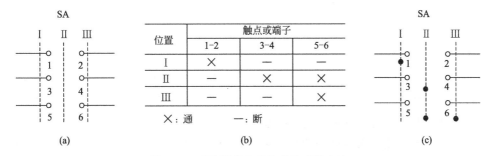

位置	触点或端子		
	1-2	3-4	5-6
Ⅰ	×	—	—
Ⅱ	—	×	×
Ⅲ	—	—	×

×：通　　—：断

(a)　　　　　　　　　　(b)　　　　　　　　　　(c)

图 6-39　多位开关触点状态的表示方法

（6）电气元器件的位置表示

为了准确寻找元器件和设备在图上的位置，可采用表格或插图的方法表示。

① 表格法是在采用分开表示法的图中将表格分散绘制在项目的驱动部分下方，在表格中表明该项目其他部分位置，如图 6-40（部分电路）所示；或集中制作一张表格，在表格中表明各项目其他部分位置，集中表格表示触点位置，如表 6-3 所示。

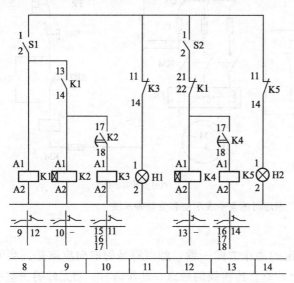

图 6-40　电气元器件的位置表示法图例一

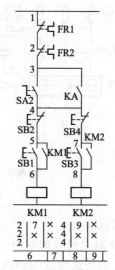

图 6-41　电气元器件的位置表示法图例二

表 6-3　集中表格表示触点位置

名称	常开触点	常闭触点	位置
KM1	1-2,3-4,5-6		1/2
	13-14		1/7
	23-24		
		11-12	
		21-22	
KM2	1-2,3-4,5-6		1/4
	13-14		1/9
	23-24		
		11-12	
		21-22	

图 6-40 为表格法的形式之一。图中 $K_1 \sim K_5$ 线圈下方的十字表格上部一左一右常开、常闭触点表示该器件所属的各种常开、常闭触点；十字表格下部一左一右数字对应表示该器件所属的各种常开、常闭触点所在支路编号。

图 6-41（部分电路）为表格法的形式之二。图中 KM1 和 KM2 线圈下方的表格分别为两条竖杠三个隔间，左中右三个隔间中的数字分别表示 KM1 和 KM2 的主触点、辅助常开触点、辅助常闭触点所在支路编号；×表示没有采用的触点。

表格法的形式之三——集中表格法。采用集中表格法时，原理展开图驱动线圈下方不设表格，而是将所有驱动设备的触点集中绘制在一张表格中。表中常开、常闭触点栏内的数字表示该设备所有触点的端子编号；位置一栏的数字对应表示左边触点所在的图纸编号和所在页图纸的位置。KM1 的 1-2、3-4、5-6 主触点在第 1 张图的 2 区；KM1 的 13-14 辅助触点在第 1 张图的 7 区；KM1 的 23-24、11-12、21-22 辅助触点则没有采用。

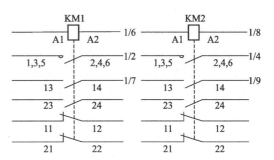

② 插图法是在采用分开表示法的图中插入若干项目图形，每个项目图形绘制有该项目驱动元件和触点端子位置号等。图 6-42 为采用插图法表示表 6-3 的内容。

图 6-42　电气元器件的位置表示法图例三

插图一般布置在原理展开图的任何一边的空白处，甚至可另外绘制在图纸上。

(7) 电气原理图中连接线的表示方法

连接线是用来表示设备中各组成部分或元器件之间的连接关系的直线，如电气图中的导线、电缆线、信号通路及元器件、设备的引线等。在绘制电气图时连接线一般采用实线绘制，无线电信号通路一般采用虚线绘制。

① 连接线的一般表示方法。

a. 导线的一般符号。图 6-43(a) 为导线的一般符号，可用于表示一根导线、导线组、电缆、总线等。

b. 导线根数的表示方法。当用单线制表示一组导线时，需标出导线根数，可采用如图 6-43(b) 所示方法；若导线少于 4 根，可采用如图 6-43(c) 所示方法，一撇表示一根导线。

c. 导线特征的标注。导线特征通常采用符号标注，即在横线上面或下面标出需标注的内容，如电流种类、配电制式、频率和电压等。图 6-43(d) 表示一组三相四线制线路。该线路额定线电压 380V，额定相电压 220V；频率为 50Hz；由 3 根 6mm^2 和 1 根 4mm^2 的铝芯橡皮导线组成。

② 图线的粗细表示。为了突出或区分某些重要的电路，连接导线可采用不同宽度的图线表示。一般而言，需要突出或区分的某些重要电路采用粗图线表示，如电源电路、一次电路、主信号通路等，其余部分则采用细实线表示。

③ 连接线接点的表示方法。如图 6-44 所示，T 形连接线的接点可不点圆点，十字连接线的接点必须点圆点，否则，表示不连接。

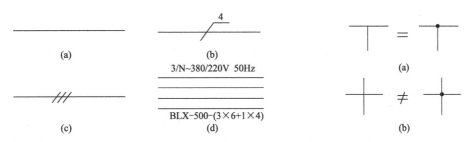

图 6-43　连接导线的一般表示方法　　图 6-44　连接线接点的表示方法

④ 连接线的连续表示法和中断表示法。

a. 连续表示法。电路图连接线大都采用连续线表示。

b. 中断表示法及其标记。如图 6-45 示，采用中断表示法是简化连接线作图的一个重要

手段。当穿越图面的连接线较长或穿越稠密区域时，允许将连接线中断，并在中断处加注相应的标记，以表示其连接关系，如图 6-45(a) 所示，L 与 L 应当相连；对去向相同线组的中断，应在相应的线组末端加注适当的标记，如图 6-45(b) 所示；当一条图线需要连接到另外的图上时，必须采用中断线表示，同时应在中断线的末端相互标出识别标记，如图 6-45(c) 所示。第 23 张图的 L 线应连接到第 24 张图的 A4 区的 L 线；第 24 张图的 L 线应连接到第 23 张图的 C5 区的 L 线。其余连线道理一样，请读者自行分析。更多机床电气图纸详见 XKA714 数控铣床电气原理图册。

6.2.2.3 机床电气元件布置图识读

电气元件布置图主要用来表示电气设备位置，是机电设备制造、安装和维修必不可少的技术文件。布置图根据设备的复杂程度或集中绘制在一张图上，或分别绘出；绘制布置图时，所有可见的和需要表达清楚的电气元件及设备按相同的比例，用粗实线绘出其简单的外形轮廓并标注项目代号；电气元件及设备代号必须与有关电路图和清单上所用的代号一致；绘制的布置图必须标注出全部定位尺寸。如图 6-46 所示为某普通车床的电气布置图。

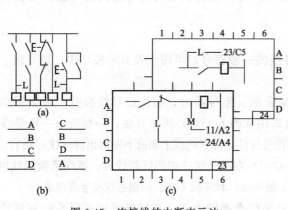

图 6-45　连接线的中断表示法

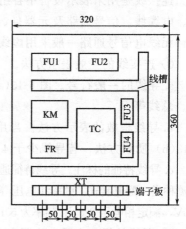

图 6-46　普通车床的电气布置图

6.2.2.4 机床电气接线图识读

接线图是在电路图、位置图等图的基础上绘制和编制出来的。主要用于电气设备及电气线路的安装接线、线路检查、维修和故障处理。在实际工作中，接线图常与电路原理图、位置图配合使用。为了进一步说明问题，有时还要绘制一个关于接线图的表格，即接线表。接线图和接线表可以单独使用，也可以组合使用。一般以接线图为主，接线表给予补充。

按照功能的不同，接线图和接线表可分为单元接线图和单元接线表、互连接线图和互连接线表、端子接线图和端子接线表三种形式。

(1) 单元接线图

单元接线图应提供一个结构单元或单元组内部连接所需的全部信息，如图 6-47 所示。其中图 6-47(a) 为多线制连续线表示的单元接线图；图 6-47(b) 为单线制连续线表示的单元接线图；图 6-47(c) 为中断线表示的单元接线图。图中有两种数字，导线上所标数字为线号；矩形实线框内所标数字为设备端子号。中断线表示的单元接线图采用了远端标记法和独立标记法相加的混合标记法。即导线上既标注线号（独立标记法），又标注对方的端子号（远端标记法）。"-K22"等为项目种类代号。

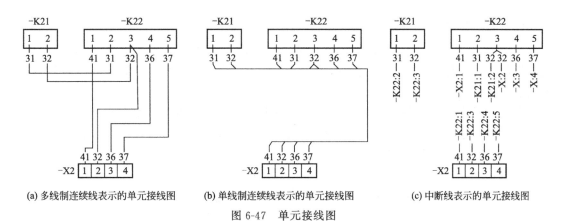

(a) 多线制连续线表示的单元接线图　　(b) 单线制连续线表示的单元接线图　　(c) 中断线表示的单元接线图

图 6-47　单元接线图

（2）互连接线图

互连接线图应提供不同结构单元之间连接的所需信息。图 6-48（a）为单线制连续线表示的互连接线图；图 6-48（b）为中断线表示的互连接线图。图中"－W101"等为连接电缆号；"3×1.5"等为连接电缆芯线使用根数 3 及其缆芯截面积 1.5mm^2；"＋D"等为单元位置代号。

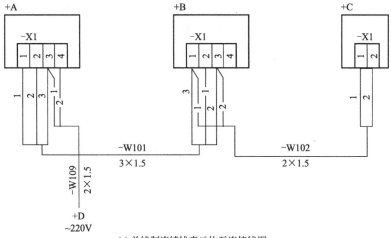

(a) 单线制连续线表示的互连接线图

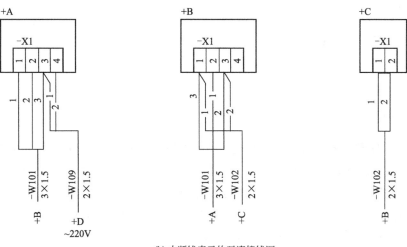

(b) 中断线表示的互连接线图

图 6-48　互连接线图

（3）端子接线图

端子接线图应提供一个结构单元与外部设备连接所需的信息。端子接线图一般不包括单元或设备的内部连接，但可提供有关的位置信息。对于较小的系统，经常将端子接线图与互连接线图合而为一。

图 6-49 为某机电设备端子电气接线图。图中标明了机床主板接线端与外部电源进线、按钮板、照明灯、电动机之间的连接关系，也标注了穿线用包塑金属软管的直径和长度，连接导线的根数、截面及颜色等。

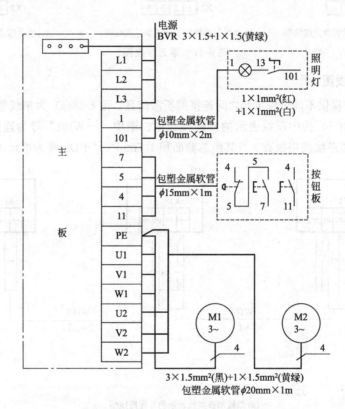

图 6-49　某机电设备端子电气接线图

6.3　实训/Training

6.3.1　数控机床电气控制电路设计原则/Design Principle of Electrical Control Circuit of NC Machine Tool

6.3.1.1　电气控制电路设计原则/Design Principle of Electrical Control Circuit

（1）最大限度地实现机械设计和工艺的要求

数控机床是机电一体化产品，数控机床的主轴、进给轴伺服控制

（1）To Maximize the Realization of Mechanical Design and Process Requirements

CNC machine tool is a product of mechatronics. The servo control system of spindle and feed axis

系统绝大多数是机电式的，其输出都包括含有某种类型的机械环节和元件，它们是控制系统的重要组成部分，其性能直接影响数控机床的品质。这些机械环节和元件一旦制造质量良好，其性能就难以更改，远不如电气部分灵活易变。因此，数控机床的机械与数控系统的设计人员都必须明确地了解机械环节和元件的参数对整机系统的影响，以便密切配合，在设计阶段，就仔细考虑相互之间的各种要求，做出合理的设计。

of CNC machine tool is mostly mechatronic. Its output includes some types of mechanical links and components. They are important component of the control system, and their performance directly affects the quality of CNC machine tool. Once these mechanical links and components are manufactured, their performance is difficult to alter, far less flexible than the electrical part. Therefore, the mechanical and numerical control system designers of CNC machine tools must be fully aware of the influence of mechanical link and component parameters on the whole machine system, so as to conduct close cooperation. In the design stage, they carefully consider various requirements between each other and make a reasonable design.

（2）保证数控机床能稳定、可靠运行

数控机床运行的稳定性、可靠性在某种程度上取决于电气控制部分的稳定性、可靠性。数控机床使用时的条件、环境比较恶劣，极易造成数控系统的故障。尤其工业现场，电磁环境恶劣，各种电气设备产生的电磁干扰，要求数控系统对电磁干扰应有足够的抗扰度水平，否则设备无法正常运行，详见第7章。

(2) To Ensure the Stable and Reliable Operation of CNC Machine Tools

The stability and reliability of CNC machine tool operation, to some extent, depend on the stability and reliability of electrical control part. The conditions and the environment of the use of the CNC machine tools are relatively poor, which can easily cause failure of CNC system. Especially in the industrial field, the electromagnetic environment is rather harsh, and the electromagnetic interference produced by various electrical equipment requires that the CNC system should be equipped with enough immunity to electromagnetic interference, otherwise the equipment can not be operated normally. As for details, please refer to Chapter 7.

（3）便于组织生产、降低生产成本、保证产品质量

商品生产的基本要求是以最低的成本、最高的质量生产出满足用户要求的产品，数控机床的生产也不例外。电气控制电路设计时应该充分考虑元器件品质、供应，并便安装、调试和维修，以便保证产品质量和组织生产。

(3) To Facilitate Production Organization, Reduce Production Costs, Ensure Product Quality

The basic requirement of commodity production is to produce products with the lowest cost and the highest quality to meet the requirements of users, and the production of CNC machine tools is no exception. Electrical control circuit design should fully consider the quality of components, supply, and the convenience of installing, debugging and repairing, in order to ensure product quality and organize production.

（4）安全

电气控制电路的设计应高度重视保证人身安全、设备安全，符合国家有关的安全规范和标准。各种指示及信号易识别，操纵机构易操作、易切换。

（4）To Ensure Safety

The design of electrical control circuit should attach great importance to ensuring personal safety and the safety of equipment, and comply with the relevant national safety specifications and standards. Various indications and signals should be easy to identify, and the operating mechanism should be easy to operate and switch.

6.3.1.2 数控系统功能的选择/Selection of the CNC System Function

除基本功能外，数控系统生产厂还为机床制造厂提供了多种多样的可选功能，由于各知名品牌数控系统的基本功能差别不大，所以合理的选择适合本机床的可选功能，放弃那些可有可无的或不实用的可选功能，对提高产品的功能/价格比大有好处。下面列举几个例子供读者参考。

In addition to the basic functions, CNC system manufacturers also provide a variety of optional functions for machine tool manufacturers. Since the basic functions of CNC systems of various well-known brands have no significant differences, reasonable selection of optional functions suitable for the machine tool and abandonment of those optional functions that are dispensable or not practical are of great benefit to improve the function/price ratio of products. The following are a few examples for readers' reference.

（1）动画/轨迹显示功能的选择

该功能用于模拟零件加工过程，显示真实刀具在毛坯上的切削路径，可以选择直角坐标系中的两个不同平面，也可选择不同视角的三维立体，可以在加工的同时做实时的显示，也可在机械锁定的方式下做加工过程的快速描绘，是一种检验零件加工程序、提高编程效率和实时监视的有效工具。

（1）Selection of Animation/Track Display Function

This function is used to simulate the machining process of parts, display the cutting path of the real cutter on the blank, select two different planes in the rectangular coordinate system, and also select three-dimensional objects with different perspectives. It can take on a real-time display at the same time of machining, and also can quickly describe the machining process in the mode of mechanical locking. It is a way to check the machining program of parts and improve the efficiency of programming. It is an positive tool for data rate and real-time monitoring.

（2）软盘驱动器的选择

这是一种数据传送的极好工具，可以通过它将系统中已经调试完毕的加工程序存入软盘后存档；可以通过它将在其他计算机中生成的加工程序软盘中的加工程序存入

（2）Selection of the Floppy Drives

This is an excellent tool for data transmission. It can be used to save the debugged program in the system into a floppy disk and then archive it. It can also be used to save the program in the floppy disk generated by other computers into a CNC system. It can

CNC 系统；也可以通过它来做各种机床数据的备份和存储，给编程和操作人员带来了很大方便。但是，软盘驱动器毕竟是易耗品，是否采用须衡量比较。另外，若数控系统是基于 DOS、WINDOWS 等通用操作系统，还应注意病毒的问题。

（3）DNC-B 通信功能的选择

众所周知，由非圆曲线或面组成的零件加工程序的编制是十分困难的，通常的办法是借助于通用计算机，将它们细分为微小的三维直线段组成的加工程序，在模具加工中这种长达几百 kB（4kB 约等于10m 纸带长度）甚至数 MB 的加工程序是经常会遇到的，而一般数控系统提供的程序存储容量为64～128kB，这给模具加工带来了很大困难。

DNC-B 通信功能具有两种工作方式，其一是一次性的将通用计算机中的程序传送到数控系统的加工程序的存储区内（如果它的容量足够大的话）；其二是将通用计算机中的程序一段一段地传送到数控系统的缓冲存储器中，边加工边传送，直到加工结束。这样彻底解决了大容量程序零件的加工问题。虽然选用这项功能需要增加一定的费用，但它确实是一项功能/价格比很高的选项。

若系统的加工程序存储区足够大，推荐使用 DNC-B 的第一种工作方式，即一次性把加工程序传送到 CNC 内部，然后在 CNC 本机上运行该加工程序。而第二种方式则需要在加工的全过程中占用一台计算机，而且，一旦双方的通信出现问题，加工就不得不中断。在使

also be used to backup and store the data of various machine tools, which brings great convenience to programming and operating personnel. However, floppy drives are consumables after all, whether to use it or not needs to be measured and compared. In addition, if the CNC system is based on DOS, WINDOWS and other general operating systems, we should also pay attention to the problem of virus.

（3）Selection of DNC-B Communication Function

As is known, it is very difficult to compile the machining program of parts composed of non-circular curves or surfaces. Normally they are subdivided into small three-dimensional straight line segments with the help of general-purpose computer. In mold processing, this kind of machining program with several hundred kB (4kB is about equal to the length of 10m paper tape) or even several MB is often encountered, while the program storage capacity provided by the general CNC system is 64 ～ 128kB, which brings great difficulties to the mold processing.

DNC-B communication function has two working modes. One is to transfer the program in the general computer to the storage area of the processing program of the numerical control system (if its capacity is large enough) at one time. The other is to transfer the program in the general computer to the buffer memory of the numerical control system one by one, and transfer it while processing to the end. In that case, the machining problem of large capacity program parts is completely solved. Although it costs more to select this function, it is a high function/price ratio option indeed.

If the storage area of machining program in the system is large enough, the first working mode of DNC-B is recommended, that is, to transfer the machining program to the CNC at one time, and then run the machining program on the CNC machine. The second method needs to occupy a computer in the whole process of processing, and once there is something wrong with the communication between the

用第一种工作方式时，需要注意的是：应该定期检查 CNC 的加工程序存储区剩余空间，删除不用的加工程序。

（4）刚性攻螺纹功能

攻螺纹是数控机床的一项常用功能，到底采用什么方式是一个值得考虑的问题。刚性攻螺纹功能必须采用伺服电动机驱动主轴，不仅要求在主轴上增加一个位置传感器，而且对主轴传动机构的间隙和惯量都有严格的要求，电气设计和调整也有一定的工作量，所以这个功能的成本不能忽略。对用户来说，如果可以通过采用弹性伸缩卡头进行柔性攻螺纹，或者机床本身的转速并不高，就不必选用刚性攻螺纹功能。

（5）网络数控功能

近年来发展的数字化网络制造是指利用网络技术和数字控制技术进行产品的加工制造，其基础是网络数控技术。它是各种先进制造技术的基本单元，为各种先进制造环境提供基本的技术基础，如远程制造、远程诊断与远程维护。目前，有些数控系统有提供选择网络的功能。是否选择此功能，要考虑本单位的实际需要和数控应用水平。

two sides, the processing will have to be suspended. Adopting the first method, on the other hand, it should be noted that the remaining space of CNC machining program storage area should be checked regularly, and the unnecessary machining program should be deleted.

(4) Rigid Tapping Function

Tapping is a common function of CNC machine tools. It is worth considering which way to adopt. Rigid tapping function must adopt servo motor to drive the spindle. It not only requires a position sensor to be added to the spindle, but has strict requirements on the clearance and inertia of the spindle drive mechanism. There is also a certain amount of workload in electrical design and adjustment, so the cost of this function can not be neglected. For users, if flexible tapping can be carried out by using elastic telescopic chuck, or the machine speed is not high, it is unnecessary to select rigid tapping function.

(5) Network Numerical Control Function

In recent years, the development of digital network manufacturing refers to the product manufacturing with the aid of network technology and digital control technology, which is based on network numerical control technology. It is the basic unit of various advanced manufacturing technology and provides basic technical support for all kinds of advanced manufacturing environment, such as remote manufacturing, remote diagnosis and remote maintenance. At present, some CNC systems have the network function of providing choices. Whether to select this function or not, the actual needs of the unit and the level of numerical control application should be taken into consideration.

6.3.2 TK1640 数控车床电气控制电路/Electrical Control Circuit of the TK1640 CNC Lathe

6.3.2.1 TK1640 数控车床的功能/Functions of TK1640 CNC Lathe

TK1640 数控车床如图 6-50 所示，主轴变频调速，三挡无级变

TK1640 CNC lathe, is shown in Fig. 6-50, The main shaft is variable frequency speed regulation,

速，采用 HNC-21T 车床数控系统实现机床的两轴联动。机床配有四工位刀架，可满足不同需要的加工；可开闭的半防护门，确保操作人员的安全。机床适用于多品种、中小批量产品的加工，对复杂、高精度零件，由于机床的自动化而更显示其优越性。

three speed stepless speed change, adopting HNC-21T lathe CNC system to realize the two axes linkage of the machine tool. The machine tool is equipped with four position turret, which can meet different needs of processing. The semi protective door can be opened and closed to ensure the safety of operators. The machine tool is suitable for the processing of many varieties, small and medium batch products, and it demonstrates more advantages for complex and high-precision parts due to the automation of the machine tool.

图 6-50　TK1640 数控车床

Fig. 6-50　TK1640 CNC Lathe

6.3.2.2　TK1640 数控车床的组成/Composition of TK1640 CNC Lathe

　　TK1640 数控车床传动简图如图 6-51 所示。机床由底座、床身、主轴箱、大拖板（纵向拖板）、中拖板（横向拖板）、电动刀架、尾座、防护罩、电气部分、CNC 系统、冷却系统、润滑系统等部分组成。

　　机床主轴的旋转运动由 5.5kW 变频主轴电动机经皮带传动至Ⅰ轴，经三联齿轮变速将运动传至主轴，并得到低速、中速和高速三种无级变速。

　　The transmission diagram of TK1640 CNC lathe is shown in Fig. 6-51. The machine tool is composed of base, bed, headstock, big carriage (longitudinal carriage), middle carriage (transverse carriage), electric tool rest, tailstock, protective cover, electrical part, CNC system, cooling system, lubrication system and other parts.

　　The rotation of the machine tool spindle is driven by the 5.5kW variable-frequency spindle motor to the Ⅰ-axis through the belt, and the motion is transmitted to the spindle through the triple gear speed change, and three kinds of stepless speed changes are obtained: low speed, medium speed and high speed.

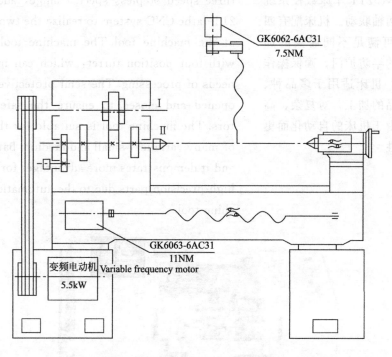

GK6062-6AC31
7.5NM

I

II

GK6063-6AC31
11NM

变频电动机 Variable frequency motor
5.5kW

图 6-51　TK1640 数控车床传动简图
Fig. 6-51　TK1640 CNC Lathe Transmission Diagram

大拖板左右运动方向为 Z 坐标，其运动由 GK6063-6AC31 交流永磁伺服电动机与滚珠丝杠直联实现；中拖板前后运动方向为 X 坐标，其运动由 GK6062-6AC31 直流永磁伺服电动机通过同步齿形带及带轮带动滚珠丝杠和螺母实现。

在主轴箱的左侧安装了一个光电编码器，主轴至光电编码器的齿轮传动比为 1 : 1。光电编码器配合纵向进给交流伺服电动机，保证主轴 1 转，刀架移动一个导程（即被加工螺纹导程）。

The left and right movement direction of the large carriage is Z coordinate, and its movement is realized by the direct connection of GK6063-6AC31 AC permanent magnet servo motor and ball screw. The front and back movement direction of the middle carriage is X coordinate, its movement is realized by GK6062-6AC31 DC permanent magnet servo motor driving ball screw and nut through synchronous toothed belt and pulley.

A photoelectric encoder is installed on the left side of the headstock. The gear transmission ratio from spindle to photoelectric encoder is 1 : 1. The photoelectric encoder cooperates with the longitudinal feed AC servo motor to ensure that the spindle rotates once and the tool rest moves one lead (that is, the lead of the thread to be processed).

6.3.2.3　TK1640 数控车床的技术参数/Technical Parameters of TK1640 CNC Lathe

详细参数见表 6-4。

The detailed parameters are shown in Table 6-4.

表 6-4　TK1640 数控车床的技术参数

Table 6-4　Technical Parameters of TK1640 CNC Lathe

项目 Project		单位 Unit	技术规格 Technical specifications
加工范围 Processing range	床身上最大回转直径 Maximum swing diameter on the bed	mm	ϕ410
	床鞍上最大回转直径 Maximum swing diameter on the saddle	mm	ϕ180
	最大车削直径 Maximum turning diameter	mm	ϕ240
	最大工件长度 Maximum workpiece length	mm	1000
	最大车削长度 Maximum turning length	mm	800
主轴 Spindle	主轴通孔直径 Spindle through hole diameter	mm	ϕ52
	主轴头型式 Spindle head type		ISO702/Ⅱ No. 6
	主轴转速 Spindle speed	r/min	36～2000
	高速 High speed	r/min	170～2000
	中速 Medium speed	r/min	95～1200
	低速 Low speed	r/min	36～420
	主轴电动机功率 Spindle motor power	kW	5.5 （变频） (frequency conversion)
尾座 Tailstock	套筒直径 Sleeve diameter	mm	ϕ55
	套筒行程（手动） Sleeve travel(manual)	mm	120
	尾座套筒锥孔 Tailstock sleeve cone hole		MT No. 4
刀架 Tool rest	快速移动速度 X/Z Fast moving speed X/Z	m/min	3/6
	刀位数 The number of knife bits		4
	刀方尺寸 Knife square size	mm	20×20
	X 向行程 X-way travel	mm	200
	Z 向行程 Z-way travel	mm	800
主要精度 The main accuracy	机床定位精度 The machine is defined as precision	X	mm	0.03
		Z	mm	0.04
	机床重复定位精度 Machine repetition is defined as precision	X	mm	0.012
		Z	mm	0.016

项目 Project		单位 Unit	技术规格 Technical specifications
其他 Other	机床尺寸 $L \times W \times H$ Machine size $L \times W \times H$	mm	$2140 \times 1200 \times 1600$
	机床毛重 Weight of machine	kg	2000
	机床净重 Net weight of machine	kg	1800

6.3.2.4　TK1640 数控车床的电气控制电路/Electric Control Circuit of the TK1640 CNC Lathe

（1）电气原理图分析的方法与步骤

电气控制电路一般由主回路、控制电路和辅助电路等部分组成。了解了电气控制系统的总体结构、电动机和电气元件的分布状况及控制要求等内容之后，便可以阅读分析电气原理图。

① 分析主回路。从主回路入手，根据伺服电动机、辅助机构电动机和电磁阀等执行电器的控制要求，分析它们的控制内容，控制内容包括启动、方向控制、调速和制动。

② 分析控制电路。根据主回路中各伺服电动机、辅助机构电动机和电磁阀等执行电器的控制要求，逐一找出控制电路中的控制环节，按功能不同划分成若干个局部控制线路来进行分析。而分析控制电路的最基本方法是查线读图法。

③ 分析辅助电路。辅助电路包括电源显示、工作状态显示、照明和故障报警等部分，它们大多由控制电路中的元件来控制的，所以在分析时，还要回头来对照控制电路进行分析。

④ 分析联锁与保护环节。机

（1）Methods and Steps of the Analysis of Electrical Schematic Diagram

Electrical control circuit is generally composed of main circuit, control circuit and auxiliary circuit. After understanding the overall structure of the electrical control system, the distribution of motor and electrical components and control requirements, readers can analyze the electrical schematic diagram.

① Analysis of main circuit. Starting from the main circuit, according to the control requirements of servo motor, auxiliary mechanism motor and solenoid valve, analyze their control contents. The control contents include start-up, direction control, speed regulation and braking.

② Analysis of control circuit. According to the control requirements of servo motor, auxiliary mechanism motor and solenoid valve in the main circuit, find the control links in the control circuit one after another, and divide them into several local control circuits according to different functions for analysis. The most fundamental method to analyze the control circuit is line checking and diagram reading.

③ Analysis of auxiliary circuit. Auxiliary circuits include power supply display, working state display, lighting and fault alarm. Most of them are controlled by the components in the control circuit, so in the process of analysis, it is advised to return to the control circuit for analysis.

④ Analysis of linkage and protection links. Ma-

床对于安全性和可靠性有很高的要求，实现这些要求，除了合理地选择元器件和控制方案以外，在控制线路中还设置了一系列电气保护和必要的电气联锁环节。

⑤ 总体检查。经过"化整为零"，逐步分析每一个局部电路的工作原理以及各部分之间的控制关系之后，还必须用"集零为整"的方法，检查整个控制线路，看是否有遗漏。特别要从整体角度去进一步检查和理解各控制环节之间的联系，理解电路中每个元器件所起的作用。

chine tools have high requirements for safety and reliability. To meet these requirements, apart from reasonable selection of components and control scheme, a series of electrical protection and necessary electrical interlocking are set in the control circuit.

⑤ Overall inspection. After "breaking up the whole into parts" and gradually analyzing the working principle of each local circuit and the control relationship between each part, it is necessary to check the whole control circuit with the method of "integrating zero into whole" to find out if there is any omission. Especially from the overall perspective to further check and understand the relationship between the various control links, and to understand the role of each component in the circuit.

(2) TK1640 数控车床电气控制电路分析

设备主要器件见表 6-5。

(2) Analysis of Electric Control Circuit of TK1640 CNC Lathe

The main components of the equipment are as shown in Table 6-5.

表 6-5 设备主要器件
Table 6-5 The Main Components of the Equipment

序号 Serial number	名称 Name	规格 Specification	主要用途 The main purpose	备注 Remark
1	数控装置 Numerical control device	HNC-21TD	控制系统 Control system	HCNC
2	软驱单元 Floppy drive unit	HFD-2001	数据交换 Data exchange	HCNC
3	控制变压器 Control the transformer	AC380/200V 300W/110V 250W/24V	伺服控制电源、开关电源供电 Servo control power supply, switch power supply 交流接触器电源 contactor power supply 照明灯电源 Lighting power	HCNC
4	伺服变压器 Servo transformers	3P　AC380/220V　2.5kW	为伺服供电 Power the servo	HCNC
5	开关电源 Switch the power supply	AC220/DC24V　145W	HNC-21TD、PLC 及中间继电器 HNC-21TD, PLC and intermediate relays	明玮
6	伺服驱动器 Servo drive	HSV-16D030	X、Z 轴电动机伺服驱动器 X、Z-axis motor servo drive	HCNC
7	伺服电动机 Servo motor	GK6062-6AC31-FE(7.5NM)	X 轴进给电动机 X-axis feed motor	HCNC
8	伺服电动机 Servo motor	GK6063-6AC31-FE(11NM)	Z 轴进给电动机 Z-axis feed motor	HCNC

① 机床的运动及控制要求。正如前述，TK1640 数控车床主轴的旋转运动由 5.5kW 变频主轴电动机实现，与机械变速配合得到低速、中速和高速三种无级变速。Z 轴、X 轴的运动由交流伺服电动机带动滚珠丝杠实现，二轴的联动由数控系统控制并协调。螺纹车削由光电编码器与交流伺服电动机配合实现。除上述运动外，还有电动刀架的转位，冷却电动机的启、停等。

② 主回路分析。图 6-52 是 380V 强电回路。图 6-52 中 QF1 为电源总开关。QF3、QF2、QF4、QF5 分别为主轴强电、伺服强电、

① Motion and control requirements of machine tools. As mentioned above, the rotation movement of TK1640 CNC lathe spindle is realized by 5.5kW variable frequency spindle motor, which is combined with mechanical speed change to achieve three kinds of stepless speed change: low speed, medium speed and high speed. The movement of Z-axis and X-axis is realized by ball screw driven by AC servo motor, and the linkage of two axes is controlled and coordinated by CNC system. Thread turning is realized by photoelectric encoder and AC servo motor. Apart from the above movement, there are also the rotation of the electric turret, the start and stop of the cooling motor, etc.

② Analysis of main circuit. 380V strong current circuit is shown in Fig. 6-52. QF1 in the Fig. 6-52 is the main power switch. QF3, QF2, QF4 and QF5 are the air switches of spindle strong current, servo

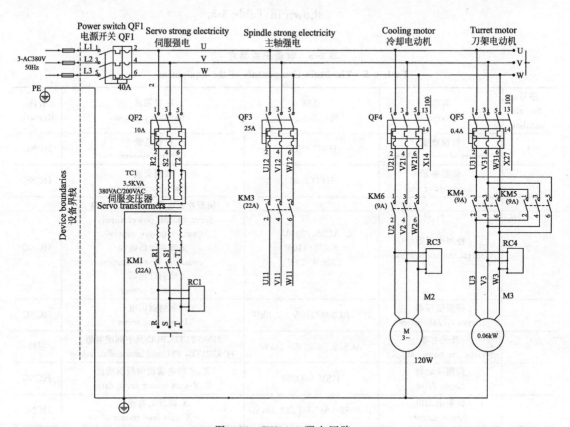

图 6-52　TK1640 强电回路

Fig. 6-52　TK1640 Strong Current Circuit

冷却电动机、刀架电动机的空气开关，它们的作用是接通电源及短路、过流时起保护作用。其中 QF4、QF5 带辅助触点，该触点输入 PLC，作为报警信号，并且该空开的保护电流为可调的，可根据电动机的额定电流来调节空开的设定值，起到过流保护作用。KM3、KM1、KM6 分别为主轴电动机、伺服电动机、冷却电动机交流接触器，由它们的主触点控制相应电动机；KM4、KM5 为刀架正反转交流接触器，用于控制刀架的正反转。TC1 为三相伺服变压器，将交流 380V 变为交流 200V 供给伺服电源模块；RC1、RC3、RC4 为阻容吸收，当相应的电路断开后，吸收伺服电源模块、冷却电动机、刀架电动机中的能量，避免产生过电压而损坏器件。

③电源电路分析。图 6-53 为电源回路图。图 6-53 中 TC2 为控制变压器，原方为 AC380V，副方为 AC110V、AC220V、AC24V，其中 AC110V 给交流接触器线圈、强电柜风扇提供电源；AC24V 给电柜门指示灯、工作灯提供电源；AC220V 通过低通滤波器滤波给伺服模块、电源模块、24V 电源提供电源；VC1 为 24V 电源，将 AC220V 转换为 AD24V 电源，给世纪星数控系统、PLC 输入/输出、24V 继电器线圈、伺服模块、电源模块、吊挂风扇提供电源；QF6、QF7、QF8、QF9、QF10 空开为电路的短路保护。

strong current, cooling motor and turret motor respectively. They are used to be connected with power supply and protect the spindle from short circuit and over-current. QF4 and QF5 are equipped with auxiliary contacts, which are input into PLC as alarm signals. The protection current of the air switch is adjustable, and the setting value of the air switch can be adjusted according to the rated current of the motor, serving as the protection of over-current. KM3, KM1 and KM6 are AC contactors for spindle motor, servo motor and cooling motor respectively, and their main contacts control the corresponding motors. KM4 and KM5 are AC contactors for positive and negative rotation of tool rest, which are used to control the positive and negative rotation of tool rest. TC1 is a three-phase servo transformer, which changes AC 380V to AC 200V to supply servo power supply module. RC1, RC3 and RC4 are resistance capacitance absorption. When the corresponding circuit is disconnected, they absorb the energy in servo power supply module, cooling motor and turret motor, so as to avoid damaging the device due to overvoltage.

③ Power circuit analysis. The power circuit diagram is shown in Fig. 6-53. TC2 in the Fig. 6-53 is the control transformer, the original one is AC380V, and the auxiliary one is AC110V, AC220V and AC24V. AC110V supplies power to the coil of AC contactor and the fan of strong current cabinet; AC24V supplies power to the indicator light and working light of electric cabinet door; AC220V supplies power to the servo module, power module and 24V power supply through low-pass filter; VC1 supplies power to 24V, which converts AC220V into AD24V power supply, It provides power supply for Shijixing CNC system, PLC input/output, 24V relay coil, servo module, power module and hanging fan; QF6, QF7, QF8, QF9 and QF10 air switches are short circuit protection for the circuit.

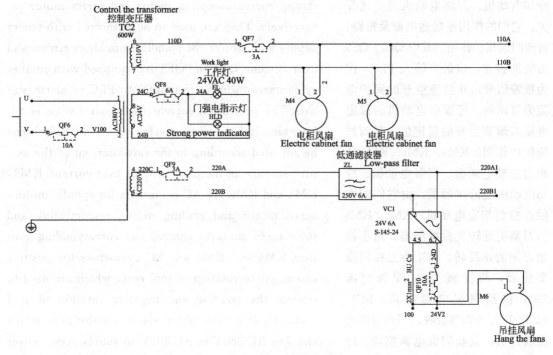

Control the transformer
控制变压器
TC2
600W

Work light
工作灯
24VAC 40W
EL

门强电指示灯
HLD
Strong power indicator

电柜风扇
Electric cabinet fan

电柜风扇
Electric cabinet fan

低通滤波器
ZL Low-pass filter

吊挂风扇
Hang the fans

图 6-53　TK1640 电源回路图
Fig. 6-53　TK1640 Power Circuit Diagram

④ 控制电路分析。

a. 主轴电动机的控制。先将 QF2、QF3 空开合上，见图 6-54 强电回路，当机床未压限位开关、伺服未报警、急停未压下、主轴未报警时，KA2、KA3 继电器线圈通电，继电器触点吸合，并且 PLC 输出点 Y00 发出伺服允许信号，KA1 继电器线圈通电，继电器触点吸合，KM1 交流接触器线圈通电，交流接触器触点吸合，KM3 主轴交流接触器线圈通电，交流接触器主触点吸合，主轴变频器加上 AC380V 电压。若有主轴正转或主轴反转及主轴转速指令时（手动或自动），PLC 输出主轴正转 Y10 或主轴反转 Y11 有效，主轴 AD 输出对应于主轴转速的直流电压值（0～10V），主轴按指令值的转速正转或反转；当主轴速度到

④ Analysis of control circuit.

a. Control of spindle motor. First turn off the air switch QF2 and QF3, as shown in Fig. 6-54 strong current circuit. When the machine tool does not press limit switch, servo does not alarm, emergency stop does not press down, and spindle does not alarm, KA2 and KA3 relay coils are powered on, relay contacts are attracted, and PLC output point Y00 sends servo permission signal, KA1 relay coil is powered on, relay contacts are attracted, KM1 AC contactor coil is powered on, and AC contactor contacts are attracted. When the AC contactor coil of KM3 spindle is powered on, the main contact of AC contactor is powered on, and AC380V voltage is applied to the spindle frequency converter. If there is the command of spindle forward rotation or spindle reverse rotation and spindle speed command (manual or automatic), PLC outputs spindle forward Y10 or spindle reverse Y11 is positive, and the DC voltage value (0～10V) corresponding to the spindle speed is output by the

达指令值时，主轴变频器输出主轴速度到达信号给 PLC 输入 X31（未标出），主轴转动指令完成。

main shaft AD. the spindle rotates forward or reverse according to the command value. When the spindle speed reaches the command value, the spindle frequency converter outputs the spindle speed arrival signal to the PLC and inputs X31 (not marked), and the spindle rotation command is completed.

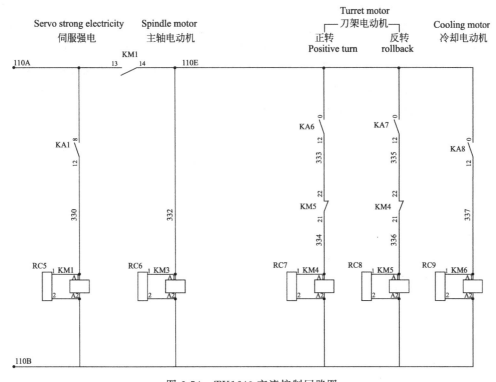

图 6-54　TK1640 交流控制回路图

Fig. 6-54　TK1640 AC Control Circuit Diagram

b. 刀架电机的控制。当有手动换刀或自动换刀指令时，经过系统处理转变为刀位信号。这时是 PLC 输出 Y06 有效。KA6 继电器线圈通电，继电器触点闭合，KM4 交流接触器线圈通电，交流接触器主触点吸合，刀架电动机正转，当 PLC 输入点检测到指令刀具所对应的刀位信号时，PLC 输出 Y06 有效撤销、刀架电动机正转停止。PLC 输出 Y07 有效，KA7 继电器线圈通电，继电器触点闭合，KM5 交流接触器线圈通

b. Control of tool holder motor. When there is a manual tool change or automatic tool change command, it will be converted into tool position signal after system processing. At this time, the PLC output Y06 is positive. The coil of KA6 relay is energized, the relay contact is closed, the coil of KM4 AC contactor is energized, the main contact of AC contactor is closed, and the turret motor rotates forward. When the tool position signal corresponding to the command tool is detected at the PLC input point, the PLC output Y06 is positively cancelled, and the forward rotation of the turret motor stops. The PLC output Y07 is positive, the coil of KA7 relay is ener-

电，交流接触器主触点吸合，刀架电动机反转，延时一定时间后（该时间由参数设定，并根据现场情况作调整），PLC 输出 Y07 有效撤销，KM5 交流接触器主触点断开，刀架电动机反转停止，选刀完成。为了防止电源短路，在刀架电动机正转继电器线圈、接触器线圈回路中串入了反转继电器、接触器常闭触点，见图 6-55。请注意，刀架转位选刀只能一个方向转动，取刀架电动机正转；刀架电动机反转只为刀架定位。

gized, the relay contact is closed, the coil of KM5 AC contactor is energized, the main contact of AC contactor is closed, and the turret motor is reversed. After a certain time delay (the time is set by parameters and adjusted according to the field conditions), the PLC output Y07 is positively cancelled, the main contact of KM5 AC contactor is disconnected, and the turret motor is closed. And the reversal stops, then tool selection is completed. In order to prevent short circuit of power supply, reverse relay and normally closed contact of contactor are connected in series in the coil circuit of forward relay and contactor of turret motor, as shown in Fig. 6-55. Please note that the turret can only rotate in one direction, and the turret motor can rotate forward. The reversal of the turret motor is only for the positioning of the turret.

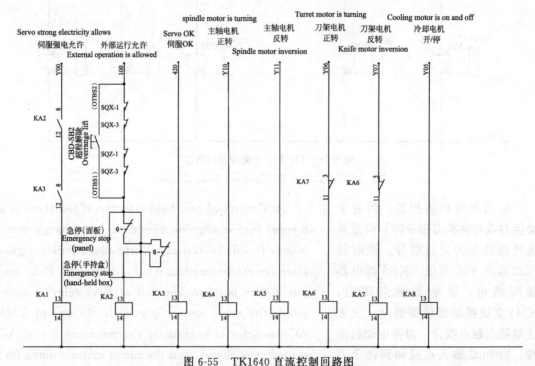

图 6-55　TK1640 直流控制回路图

Fig. 6-55　TK1640 DC Control Circuit Diagram

c. 冷却电动机控制。当有手动或自动冷却指令时，PLC 输出 Y05 有效，KA8 继电器线圈通电，继电器触点闭合，KM6 交流接触

c. Cooling motor control. When there is manual or automatic cooling command, the PLC output Y05 is positive, and the coil of KA8 relay is energized, the relay contact closed, and the coil of KM6 AC

器线圈通电，交流接触器主触点吸合，冷却电动机旋转，带动冷却泵工作。

contactor is energized, the main contact of AC contactor closed. Then the cooling motor rotates, and the cooling pump works.

6.3.3 XK714A 数控铣床电气控制电路/Electrical Control Circuit of XK714A CNC Milling Machine

6.3.3.1 XK714A 数控铣床的功能/Function of XK714A CNC Milling Machine

XK714A 数控铣床（图 6-56）采用变频主轴，X、Y、Z 三向进给均由伺服电动机驱动滚珠丝杠。机床采用 HNC-21M 数控系统，实现三轴联动，并可根据用户要求，提供数控转台，实现四轴联动。系统具有汉字显示、三维图形动态仿真、双向式螺距补偿、小线段高速插补功能、软件、硬盘、RS-232、网络等多种程序输入功能。独有的大容量程序加工功能，不需要 DNC，可直接加工大型复杂型面零件。机床适合于工具、模具、航天航空、电子、汽车和机械制造等行业，对复杂形状的表面和型腔零件的大、中、小批量加工。

XK714A CNC milling machine (Fig. 6-56) adopts frequency conversion spindle, X, Y, Z three-way feed is driven by servo motor ball screw. HNC-21M CNC system is used to realize three-axis linkage, and NC turntable can be provided to realize four-axis linkage according to users' requirements. The system is equipped with various functions of Chinese character display, three-dimensional graphic dynamic simulation, bidirectional pitch compensation, small segment high-speed interpolation, software, hard disk, RS-232, network and other program input functions. Unique large capacity program processing function is involved, without DNC, it can directly process large complex surface parts. The machine tool is suitable for large, medium and small batch processing of complex shape surface and cavity parts in the industries of tools, molds, aerospace, electronics, automobile and machinery manufacturing.

图 6-56 XK714A 数控铣床

Fig. 6-56 XK714A CNC Milling Machine

6.3.3.2 XK714A 数控铣床的组成/Composition of XK714A CNC Milling Machine

XK714A 数控铣床传动简图如图 6-57 所示。机床主要由底座、立柱、工作台、主轴箱、电气控制柜、CNC 系统、冷却系统、润滑系统等部分组成。

The transmission diagram of XK714A CNC milling machine is shown in Fig. 6-57. The machine tool is mainly composed of base, column, worktable, headstock, electrical, CNC system, cooling system, lubrication system and other parts.

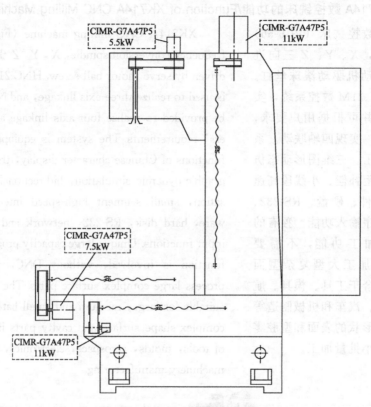

图 6-57　XK714A 传动简图

Fig. 6-57　XK714A Transmission Diagram

机床的立柱、工作台部分安装在底座上，主轴箱通过连接座在立柱上移动。其他各部件自成一体与底座组成整机。

The column and the worktable part of the machine tool are installed on the base, and the spindle box moves on the column through the connecting seat. Other parts are integrated with the base to form the whole machine.

机床工作台左、右运动方向为 X 坐标，工作台前后运动方向为 Y 坐标，其运动均由 GK6062-6AF31 交流永磁伺服电动机通过同步齿形带及带轮、滚珠丝杠和螺母实现。主轴箱上、下运动方向为 Z 坐标，

The left and right movement of the machine tool table is X coordinate, and the front and back movement of the table is Y coordinate. The movement is realized by GK6062-6AF31 AC permanent magnet servo motor through synchronous toothed belt and pulley, ball screw and nut. The up and down motion

其运动由 GK6063-6AF31 带抱闸的交流永磁伺服电动机通过同步齿形带及带轮、滚珠丝杠和螺母实现。

机床的主轴旋转运动由 YPNC-50-5.5-A 主轴电动机经同步带及带轮将运动传至主轴。主轴电动机为变频调速三相异步电动机，由数控系统控制的变频器的输出频率实现主轴无级调速。

机床有刀具松/紧电磁阀，以实现自动换刀；为了在换刀时将主轴的灰尘清除，配备了主轴吹气电磁阀。

of the headstock is Z coordinate, and its motion is realized by GK6063-6AF31 AC permanent magnet servo motor with holding brake through synchronous toothed belt and pulley, ball screw and nut.

The spindle rotation of the machine tool is transmitted to the spindle by YPNC-50-5.5-A spindle motor through synchronous belt and pulley. The spindle motor is a three-phase asynchronous motor with variable frequency speed regulation. The output frequency of the inverter controlled by the numerical control system realizes the stepless speed regulation of the spindle.

The machine tool has a tool loosening/tightening solenoid valve to realize automatic tool change. In order to remove the dust of the spindle during tool change, the spindle blowing solenoid valve is equipped.

6.3.3.3　XK714A 数控铣床的技术参数/Technical Parameters of XK714A CNC Milling Machine

详细参数见表 6-6。

The detailed parameters are shown in Table 6-6.

表 6-6　XK714A 数控铣床的技术参数

Table 6-6　Technical Parameters of XK714A CNC Milling Machine

工作台(宽×长) Workbench(Width/Length)		400mm×1270mm
工作台负载 The workbench load		380kg
工作台最大行程 The maximum travel of the workbench	X	800mm
	Y	400mm
	Z	500mm
工作台 T 形槽(宽×个数) Workbench T-slot(Width * Number)		16mm×3
工作台高度 Workbench height		900mm
$X/Y/Z$ 轴快移速度 The $X/Y/Z$-axis moves quickly		5000mm/min (特殊订货 10000mm/min) (Special orders10000mm/min)
$X/Y/Z$ 轴进给速度 $X/Y/Z$-axis feed speed		3000mm/min
定位精度 Positioning accuracy		0.01/300mm
重复定位精度 Repeated positioning accuracy		±0.005mm

X 轴电动机 X-axis motor	7.5N・m
Y 轴电动机 Y-axis motor	7.5N・m
Z 轴电动机 Z-axis motor	11N・m
主轴锥度 Spindle taper	BT40
主轴电动机功率 Spindle motor power	3.7/5.5kW
主轴转速 Spindle speed	60~6000r/min
最大刀具重量 Maximum too weight	7kg
最大刀具直径 Maximum tool diameter	180mm
主轴鼻端至工作台面 The nose end of the spindle to the work surface	423mm
主轴中心至立柱面 Center of the spindle to the cylinder	85~535mm
机床净重 weight of the machine	2500kg
机床外型尺寸(长×宽×高) Machine appearance size(length×width×height)	1750mm×1960mm×2235mm

XK714A 数控床身铣床的电气控制电路的分析方法、步骤与前述数控车床相同，这里不再赘述。

As the analysis method and steps of the electric control circuit of XK714A CNC bed milling machine are the same as those of the CNC lathe mentioned above, they will not be repeated here.

6.3.3.4　XK714A 数控铣床的电气控制电路分析/Analysis of the Electric Control Circuit of XK714A CNC Milling Machine

（1）主回路分析

图 6-58 为 380V 强电回路，图中 QF1 为电源总开关。QF3、QF2、QF4、分别为主轴强电、伺服强电、冷却电动机的空气开关，它的作用是接通电源及电源在短路、过流时起保护作用。其中 QF4 带辅助触点，该触点输入 PLC 的 X27 点，作为冷却电动机

（1）Analysis of the Main Circuit

Figure 6-58 shows 380V strong current circuit, in which QF1 is the main power switch. QF3, QF2 and QF4 are the air switches of spindle strong current, servo strong current and cooling motor respectively, which are used to connect the power supply and protect the power supply in case of short circuit and over-current. QF4 has auxiliary contact, which is input into X27 point of PLC as the alarm signal of

报警信号，并且该空开为电流可调，可根据电动机的额定电流来调节空开的设定值，起到过流保护作用。KM2、KM1、KM3 分别为控制主轴电动机、伺服电动机、冷却电动机交流接触器，由它们的主触点控制相应电动机；TC1 为主变压器，将交流 380V 电压变为交流 200V 电压；供给伺服电源模块主回电路；RC1、RC2、RC3 为阻容吸收，当相应的电路断开后，吸收伺服电源模块、主轴变频器、冷却电动机的能量，避免上述器件上产生过电压。

cooling motor, and the air switch is adjustable in current, which can adjust the setting value of air switch according to the rated current of motor, playing the role of over-current protection. KM2, KM1 and KM3 are AC contactors for controlling spindle motor, servo motor and cooling motor respectively, and their main contacts control corresponding motors. TC1 is the main transformer, which changes AC 380V voltage into AC 200V voltage. It supplies main circuit of servo power module. RC1, RC2 and RC3 are resistance capacitance absorption. When the corresponding circuit is disconnected, they absorb the energy of servo power supply module, spindle frequency converter and cooling motor to avoid Overvoltage on the above devices.

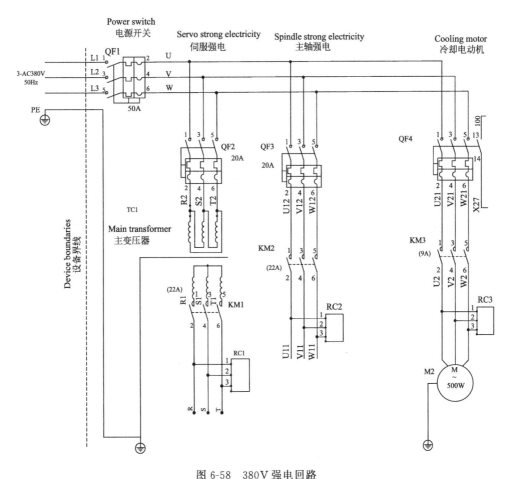

图 6-58　380V 强电回路

Fig. 6-58　380V Strong Current Circuit

（2）电源电路分析

图 6-59 为 XK714A 电源回路，图中 TC2 为控制变压器，原方为 AC380V，副方为 AC110V、AC220V、AC24V，其中 AC110V 给交流接触器线圈、电柜热交换器风扇电动机提供电源；AC24V 给工作灯提供电源；AC220V 给主轴风扇电动机、润滑电动机和 24V 电源供电，通过低通滤波器滤波给伺服模块、电源模块、24V 电源提供电源控制；VC1、VC2 为 24V 电源，将 AC220V 转换为 AD24V，其中 VC1 给世纪星数控系统、PLC 输入/输出、24V 继电器线圈、伺服模块、电源模块、吊挂风扇提供电源，VC2 给 Z 轴电机提供直流 24V，将 Z 轴抱闸打开；QF7、QF10、QF11 空开为电路的短路保护。

（2）Analysis of the Power Supply Circuit

The power circuit is shown in Fig. 6-59, and TC2 is the control transformer, the primary side is AC380V, and the second side is AC110V, AC220V, AC24V, among which AC110V supplies power to AC contactor coil and electric cabinet heat exchanger fan motor. AC24V supplies power to work lamps. AC220V spindle fan motor, lubricating motor and 24V power supply provide power control for servo module, power module and 24V power supply through the low-pass filter. VC1 and VC2 are 24V power supply, which converts AC220 V into AD24V. VC1 supplies power to Shijixing CNC system, PLC input/output, 24V relay coil, servo module, power module and hanging fan. VC2 supplies DC 24V to Z-axis motor, which opens Z-axis brake. QF7, QF10 and QF11 air switch provide short circuit protection for the circuit.

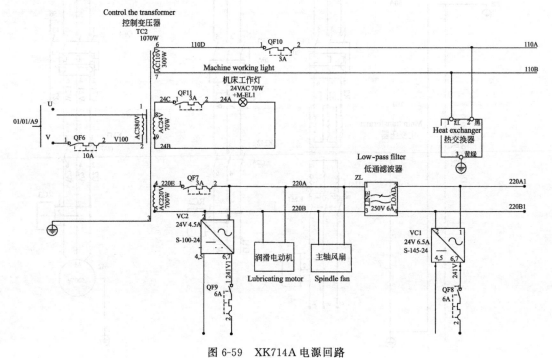

图 6-59　XK714A 电源回路

Fig. 6-59　XK714A Power Circuit

（3）控制电路分析

（3）Analysis of the Control Circuit

① 主轴电动机的控制。图6-60、图6-61分别为交流控制回路图和直流控制回路图。

① Control of the spindle motor. AC control loop diagram and DC control loop diagram are shown in Fig. 6-60 and Fig. 6-61 respectively.

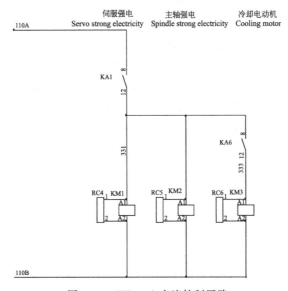

图 6-60　XK714A 交流控制回路

Fig. 6-60　XK714A AC Control Circuit

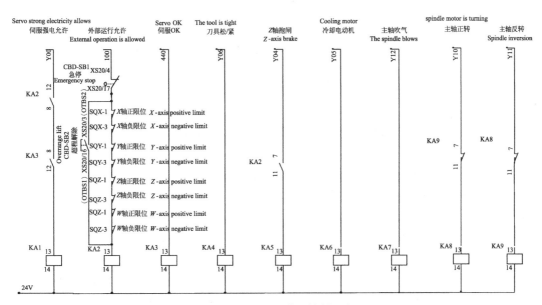

图 6-61　XK714A 直流控制回路

Fig. 6-61　XK714A DC Control Circuit

先将 QF2、QF3 空开合上。当机床未压限位开关、伺服未报警、急停未压下、主轴未报警时，

First turn off the air switch QF2 and QF3. When the machine tool does not press the limit switch, the servo does not alarm, emergency stop does not press

外部运行允许（KA2）、伺服 OK（KA3）、直流 24V 继电器线圈通电，继电器触点吸合，并且 PLC 输出点 Y00 发出伺服允许信号，伺服强电允许（KA1），24V 继电器线圈通电，继电器触点吸合，KM1、KM2 交流接触器线圈通电，KM1、KM2 交流接触器触点吸合，主轴变频器加上 AC380V 电压。若有主轴正转或主轴反转及主轴转速指令时（手动或自动），PLC 输出主轴正转 Y10 或主轴反转 Y11 有效、主轴 D/A 输出对应于主轴转速值，主轴按指令值的转速正转或反转；当主轴速度到达指令值时，主轴变频器输出主轴速度到达信号给 PLC 并输入 X31（未标出），主轴正转或反转指令完成。主轴的启动时间、制动时间由主轴变频器内部参数设定。

② 冷却电动机控制。当有手动或自动冷却指令时，PLC 输出 Y05 有效，KA6 继电器线圈通电，继电器触点闭合，KM3 交流接触器线圈通电，交流接触器主触点吸合，冷却电动机旋转，带动冷却泵工作。

③ 换刀控制。当有手动或自动刀具松开指令时，机床 CNC 装置控制 PLC 输出 Y06 有效。KA4 继电器线圈通电，继电器触点闭合，刀具松/紧电磁阀通电，刀具松开，手动将刀具拔下，延时一定时间后，PLC 输出 Y12 有效，KA7 继电器线圈通电，继电器触点闭合，主轴吹气电磁阀通电，清

down, and the spindle does not alarm, the external operation permission (KA2), servo OK (KA3), and DC 24V relay coil are energized, and the relay contacts are attracted, and the PLC output point Y00 sends out the service permission signal, servo strong current permission (KA1), and the 24V relay coil is energized, and the relay contacts are attracted. When the AC contactor coil of KM1 and KM2 is powered on, the AC contactor contact of KM1 and KM2 is closed, and AC380V voltage is applied to the spindle frequency converter. If there is the command of spindle forward rotation or spindle reverse rotation and spindle speed (manual or automatic), the PLC outputs the spindle forward rotation Y10 or spindle reverse rotation Y11 positive. The main shaft D/A output corresponds to the spindle speed value, and the spindle rotates forward or reverse according to the command value. When the speed reaches the command value, the spindle frequency converter outputs the spindle speed arrival signal to the PLC and inputs X31 (not marked), and the spindle forward or reverse rotation command is completed. The starting time and braking time of the spindle are set by the internal parameters of the spindle inverter.

② Control of the cooling motor. When there is manual or automatic cooling command, the PLC output Y05 is positive. The coil of KA6 relay is energized, and the relay contact is closed, and the coil of KM3 AC contactor is energized, the main contact of AC contactor is closed. The cooling motor rotates to drive the cooling pump to work.

③ Control of the tool change. When there is manual or automatic tool release command, the CNC device of the machine tool PLC outputs Y06 positive. KA4 relay coil is to be energized. The relay contact is to be closed, and tool loosening/tightening solenoid valve is to be energized. Release the tool to pull it out manually. After a certain time of delay, PLC outputs Y12 positive, KA7 relay coil is to be energized. The relay contact is to be closed. The spindle blow solenoid valve is to be ener-

除主轴灰尘，延时一定时间后，PLC 输出 Y12 有效撤销，主轴吹气电磁阀断电；将加工所需刀具放入主轴后，机床 CNC 装置控制 PLC 输出 Y06 有效撤销，刀具松/紧电磁阀断电，刀具夹紧，换刀结束。

gized, and spindle dirt is to be removed. After a certain time of delay, the PLC output Y12 is positively cancelled, and the spindle blowing solenoid valve is powered off; After the tool required for processing is put into the spindle, the CNC device of the machine tool controls the PLC output Y06 to be positively cancelled, the tool loosening/tightening solenoid valve is powered off. The tool is clamped, and the tool change is completed.

习　题

6-1　什么叫电气传动？电气传动有哪几部分组成？各部分的作用是什么？

6-2　电气传动的优点有哪些？什么是机床的数字控制？什么是数控机床？机床数字控制原理是什么？

6-3　电气原理图的布局有哪些方法？各有何优缺点？

6-4　电气原理图的单线表示法和多线表示法适用什么场所？

6-5　电气原理图的集中表示法和分开表示法各有何优缺点？实际制图时常采用哪种？

6-6　按照功能的不同，接线图可分为哪三种形式？各自表达什么含义？

6-7　机床电气控制电路图包括哪几种具体电路图？

6-8　电动机点动控制和连续控制的关键控制环节是什么？其主电路上又有何区别（从电动机保护的角度分析）？

6-9　什么是电动机的欠电压和失电压保护？接触器控制电路是如何实现欠电压和失电压保护的？

6-10　什么是互锁控制？实现电动机正反转互锁的方法有哪两种？它们的操作方式有何不同？

6-11　在电动机正反转电路中只有按钮互锁是否安全？为什么？

6-12　失电压保护与欠电压保护有何不同？

6-13　在图 6-62 中：①指出图中各低压电气元件的名称。②写出主电路和控制电路分别由哪些元件组成。

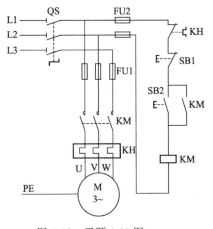

图 6-62　习题 6-13 图

6-14 在图 6-63 所示自锁控制电路中，试分析指出错误及运行时出现的现象，并加以改正。

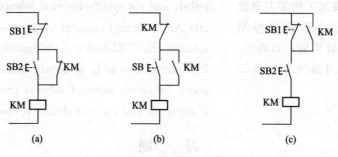

图 6-63 习题 6-14 图

6-15 如题图 6-64 所示控制电路有些地方画错了，试加以改正并写出其工作原理。

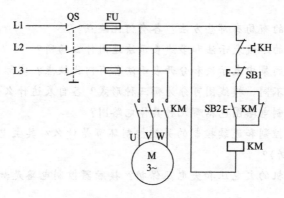

图 6-64 习题 6-15 图

6-16 如题图 6-65 所示为几种正反转控制电路图，试分析各电路能否正常工作，如不能，请指出并改正。

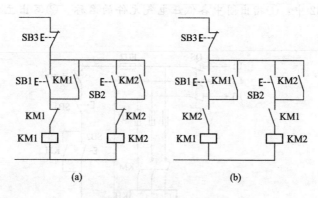

图 6-65 习题 6-16 图

6-17 分析接触器联锁正反转控制电路（图 6-66），并简述其工作原理。

6-18 分析双重联锁正反转控制电路（图 6-67），并简述其工作原理。

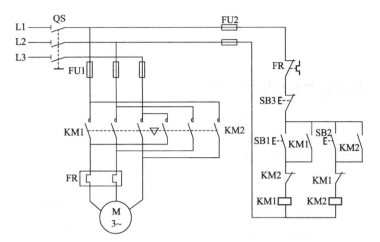

图 6-66 习题 6-17 图

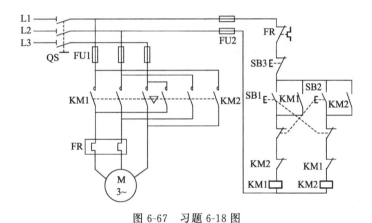

图 6-67 习题 6-18 图

第7章

数控机床的机械结构

7.1 数控机床机械结构的特点

在数控机床中，数控装置通过伺服系统和机床进给传动元件，最终控制机床的运动部件（工作台、主轴箱、刀架或拖板等）作准确的位移。数控机床在加工过程中部件的运动是自动控制的，速度快、动作频繁、负载重而且连续工作时间长，不能像普通机床上那样可以由人工进行补偿。所以数控机床的机床主机要求比普通机床设计得更完善、制造得更加精密和坚固，并且在整个使用年限内要有足够的精度稳定性。

7.1.1 数控机床机械结构的主要组成

数控机床具有独特的机械结构，但要说明的一点是：现代数控机床零部件的设计方法和普通机床的基本一样。数控机床的机械结构，除机床基础部件外，主要由以下几部分组成：

① 主传动系统；

② 进给系统；

③ 工件实现回转、定位的装置和附件；

④ 实现某些部件动作和辅助功能的系统和装置，如液压、气动、润滑、冷却等系统及排屑、防护装置等；

⑤ 自动换刀装置；

⑥ 实现其他特殊功能的装置，如监控装置、加工过程图形显示、精度检测等。

机床基础部件也称机床大件，通常指床身、底座、立柱、横梁、滑座、工作台等。它是数控机床的基础和框架，即数控机床的其他零、部件，要么固定在基础件上，要么工作时在它的导轨上运动。

除了数控机床的主要组成部分，还可以根据数控机床的功能需要选用其他机械结构的组成。如加工中心还必须有自动换刀装置（ATC），有的还有双工位自动托盘交换装置（APC）等；柔性制造单元（FMC）除 ATC 外还带有工位数较多的 APC，有的还配有用于上下料的工业机器人。

数控机床还可以根据自动化程度、可靠性要求和特殊功能需要，选用各类破损监控、机床与工件精度检测装置、补偿装置及附件等。

7.1.2 数控机床机械结构的主要特点

数控机床高精度、高效率、高自动化程度和高适应性的工艺特点，对其机械结构提出了更高的要求。与普通机床相比较，数控机床的机械结构有如下特点。

(1) 高刚度和高抗振性

机床的刚度是指机床在载荷的作用下抵抗变形的能力，它是机床的技术性能之一。机床刚度不足，在切削力、重力等载荷作用下，机床各部件、构件的变形会引起刀具和工件相对位置变化，从而影响加工精度。同时，刚度也是影响机床抗振性的重要因素。一般情况下数控机床的刚度要比普通机床高50％以上。

机床的抗振性是指机床工作时抵抗由交变载荷、冲击载荷引起振动的能力。

(2) 热变形小

数控机床的热变形是影响数控机床加工精度的重要因素。由于数控机床的主轴转速、进给速度远远高于普通机床，所以大切削量加工时产生的切削热和摩擦热对工件和机床部件的热传导影响远比普通机床严重；又因为数控机床按预先编制好的程序自动加工，加工过程中不直接进行测量，无法人工进行热变形误差修正。因此，应特别重视减少数控机床热变形的影响。

(3) 机械结构简化

通常，数控机床的主轴和进给驱动系统，分别采用交、直流主轴电动机和伺服电动机驱动，这两类电动机的调速范围大，并可进行无级调速，从而使主轴箱、进给变速箱以及传动系统大为简化：箱体结构简单，齿轮、轴承和轴类零件数量大为减少；有的甚至不用齿轮变速、传动，直接由电动机带动主轴或进给滚珠丝杠。普通机床与数控机床的传动系统相比：普通机床传统的两杠（走刀光杠和滑动丝杠）以及挂轮架的功能由数控机床的数控系统、伺服电动机和进给滚珠丝杠来完成，如图7-1所示；普通机床庞大而复杂的变速箱和溜板箱则被数控机床的伺服电动机通过齿形带驱动所代替，并且数控机床的主轴箱内传动轴和齿轮大为减少。

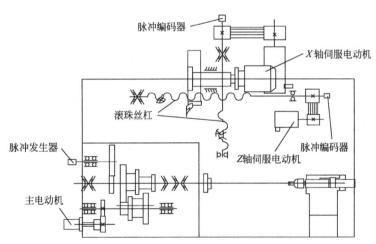

图 7-1　某数控车床传动系统图

(4) 高传动效率和无间隙传动装置

数控机床要求在高进给速度下，工作要平稳，并且有高的定位精度。所以，对数控机床的进给系统中的机械传动装置和元件，要求具有高刚度、高寿命、高灵敏度和无间隙、低摩擦阻力等特点。常用的进给机械传动装置主要有三种：滚珠丝杠螺母副、静压丝杠螺母副、静压蜗杆-蜗条机构和齿轮-齿条副。本章第三节将对这三种进给机械传动装置作详细介绍。

(5) 低摩擦导轨

机床导轨是机床基本结构之一。机床的加工精度和使用寿命在很大程度上取决于机床导

轨的质量，所以对数控机床的导轨则要求更高，如在数控机床中，要求高速进给时不振动，低速进给时不爬行，并且具有很高的灵敏度，能在重载下长期连续工作，耐磨性好和精度保持性好等。

7.2　数控机床的主传动变速系统

7.2.1　数控机床的主传动系统的设计要求

(1) 主传动系统

数控机床主传动系统的作用是产生主切削力。数控机床的主传动系统将电动机的功率传递给主轴部件，使安装在主轴内的工件或刀具实现主运动。

对主传动系统的要求：要有足够的转速范围和足够的功率、转矩；各零部件应具有足够的精度、刚度、强度和抗振性并且噪声低、运行平稳。

数控机床与普通机床主传动系统相比，还提出如下要求：

① 转速高，功率大，能够使数控机床实现大功率的切削，保证高效率加工。

② 传动链短，以保证数控机床主传动的精度。

③ 主轴转速范围宽，且主轴转速变换迅速可靠，并能自动无级变速，使切削始终在最佳状态下进行以适应各种工序和各种加工材质的要求。

④ 为了实现刀具的快速和自动装载，主轴上还必须设计有刀具自动装卸、主轴定向停止和主轴孔内的切屑清除装置等。

(2) 数控机床主轴的调速方法

数控机床的主传动要求有较大的调速范围，以保证加工时能选用合理的切削用量，从而获得最佳的生产率、加工精度和表面质量。数控机床的调速是按照指令自动执行的，因此变速机构必须适应自动操作的要求。目前大多采用交流调速电动机和变频交流电动机无级调速系统。在实际生产中，一般要求数控机床在中、高速段为恒定功率输出，在低速段为恒定转矩输出。为了保证数控机床低速时的转矩和主轴的变速范围尽可能大，大中型数控机床大多采用无级变速和分级变速串联，即在交流电动机无级变速的基础上配以齿轮变速，使之成为分段无级调速。

数控机床的主传动主要有四种配置方式，如图 7-2 所示。

① 带有变速齿轮的主传动。如图 7-2(a) 所示，这是大中型数控机床通常采用的一种配置方式。它通过少数几对齿轮降速，使之成为分段无级变速，确保低速时的转矩，以满足输出转矩特性要求。一部分小型数控机床也采用此种传动方式，以获得强力切削时所需要的转矩。滑移齿轮的移位大多都采用液压拨叉或直接液压缸带动齿轮来实现。

② 通过带传动的主传动。如图 7-2(b) 所示，这种传动主要应用在转速较高、变速范围不大的小型数控机床上。电动机本身的调速就能够满足要求，不须再用齿轮变速，可以避免齿轮传动引起的振动和噪声。它只能适用于高速、低转矩特性要求的主轴。

常用的带传动有 V 带传动和同步齿型带传动。同步齿型带传动是一种综合了带、链传动优点的新型传动：带的工作面以及带轮外圆上均制成齿形，通过带轮与轮齿相嵌合传动；带内部采用承载后无弹性伸长的材料作为强力层，以保持带的节距不变，可使得主、从动带轮作无相对滑动的同步传动。与一般的带传动相比，同步齿型带传动具有传动比准确、传动效率高、传动平稳、适用范围广等优点。但同步齿型带传动在其安装时，对中心距要求严格，且带与带轮制造工艺复杂、成本高。

③ 用两个电动机分别驱动主轴。如图 7-2(c) 所示，这种方式是上述两种方式的混合传动，也就具有上述两种性能。高速时下部的电动机可通过带轮直接驱动主轴旋转；低速时，上部的电动机通过两级齿轮传动驱动主轴旋转，齿轮起到降速和扩大变速范围的作用。这种方式使恒定功率区增大，扩大了变速范围，从而克服了低速时转矩不够且电动机功率不能充分利用的缺陷。

④ 内装电动机主轴传动结构（电主轴）。电主轴就是机床主轴由内装式主轴电动机直接驱动，从而把机床主传动链的长度缩短为零，以实现机床的"零传动"。如图 7-2(d) 所示，这种传动方式大大简化了主轴箱与主轴的结构，有效地提高了主轴部件的刚度，但是主轴输出转矩小，电动机发热对主轴的精度影响较大。使用这种调速电动机可实现纯电气定向，而且主轴的控制功能可以很容易与数控系统相连接并实现修调输入、速度和负载测量输出等。

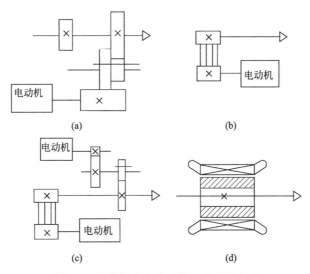

图 7-2　数控机床主传动的四种配置方式

7.2.2　主传动变速系统的参数

机床主传动系统的参数主要有动力参数和运动参数。动力参数通常指的是主运动驱动电动机的功率；运动参数则是指主运动的变速范围。

（1）主传动功率

机床主传动功率 p 在数值上等于切削功率 p_c 与主运动传动链总效率 η 的比值，即

$$p = p_c / \eta \qquad (7\text{-}1)$$

又因为数控机床的加工范围比较大，切削功率 p_c 可根据其有代表性的加工情况下产生的主切削抗力 F_z 来确定

$$p_c = \frac{F_z v}{60000} = \frac{Mn}{955000} \qquad (\text{kW}) \qquad (7\text{-}2)$$

式中　F_z——主切削力的切向分力，N；

　　　v——切削速度，m/min；

M——切削扭矩，$N \cdot cm$；

n——主轴转速，r/min。

主运动传动链总效率 η 的值一般取 $0.70 \sim 0.85$ 左右，考虑到数控机床的传动链短（其主传动多用调速电动机和有限的机械变速传动来实现），故传动链效率 η 的值可取较大值。

在主传动中，通常按照主传动功率来确定各传动件的尺寸：若主传动功率定得过大，必会导致传动件的粗大笨重，那么电动机就会常工作在低负荷下，功率因数小而造成能源浪费；若主传动功率定得过低，机床的切削加工能力受到很大的限制，从而降低机床的生产率。所以，必须准确合适地选用传动功率。实际加工生产中情况是复杂多变的，对传动系统因摩擦等因素所消耗的功率又难以准确把握，单纯用理论计算的方法来确定功率是困难的。所以，常常用类比、测试和理论计算等几种方法相互比较来最终确定主传动的功率。

（2）主运动的调速范围

一般来说，旋转运动为主运动的机床，其主轴的转速 n 可以由切削速度 $v(m/min)$ 和工件或刀具的直径 $d(mm)$ 来确定

$$n = \frac{1000v}{\pi d} \qquad (r/min) \tag{7-3}$$

最低转速 n_{min} 和最高转速 n_{max} 之比称为调速范围 R_n。

数控机床主传动变速系统的详细设计过程可参考相关教材。

7.3 数控机床的进给传动系统

7.3.1 对进给传动系统的要求

数控机床的进给运动是数字控制的直接对象，无论是点位控制还是轮廓控制，被加工工件最后的位置精度和尺寸精度都会受到进给运动的传动精度、灵敏度和稳定性的影响。

进给运动的传动精度指动态误差、稳态误差和静态误差，即伺服系统的输入量与驱动装置实际位移量（即最终运动部件的运动量）的精确程度；灵敏度，即系统的动态响应特性，指的是系统的响应时间及其驱动装置的加速能力；系统的稳定性是指系统在启动状态或受外界干扰作用下，经过几次衰减振荡后，能迅速地稳定在新的或原来的平衡状态的能力。

数控机床的进给传动系统是指进给驱动装置，驱动装置是将伺服电动机的旋转运动变为工作台的直线运动的整个机械传动链，它主要包括减速装置、丝杠螺母副及导向元件等。

因此，对进给系统中的传动装置和元件要求具有无传动间隙、高寿命、高刚度、高抗振性、高灵敏度和低摩擦阻力、低惯性等特点。如一般采用滚动导轨、静压导轨和减磨滑动导轨来使数控机床的导轨具有较小的摩擦力和高的耐磨性；在数控机床中，当旋转运动被转化为直线运动时，广泛地使用滚珠丝杠螺母来提高转换效率，保证运动精度。为了提高位移精度，减少传动误差，对采用的各种机械部件，首先要保证它们的加工精度，其次要采用合理的预紧来消除轴向传动间隙，所以在进给传动系统中广泛采用了各种间隙消除措施，但尽管这样仍然可能留有微量间隙。此外因为机械部件受力后会产生弹性变形，也会产生间隙，所以在进给传动系统的反向运动时仍需由数控装置发出脉冲指令进行自动补偿。

（1）高传动刚度

进给传动系统的传动刚度，从机械结构角度考虑主要取决于丝杠螺母副、蜗杆副及其支

承结构的刚度。刚度不足则会导致工作台产生爬行和振动以至于造成反向死区，影响传动精度。为了提高传动刚度，可以采取缩短传动链，合理选择丝杠尺寸，以及对丝杠的螺母副、支承部件进行预紧等措施。

（2）高抗振性

应使进给传动系统的机械部件具有高的固有频率和合适的阻尼比，可以有效地提高系统的抗振性；一般要求机械传动系统的固有频率高于伺服驱动系统的固有频率 2～3 倍。

（3）低摩擦阻力

必须减少运动件的摩擦阻力，才能满足数控机床进给系统响应快、运动精度高的要求；在进给系统中，通常采用滚珠丝杠螺母副、滚动导轨、塑料导轨和静压导轨来降低传动摩擦。

（4）低运动惯量

进给系统需要经常进行启动、停止、变速和反向，同时数控机床切削速度高，高速运行的零部件对其惯性影响更大。大的运动惯量会使系统的动态性能变差。所以，在满足部件强度和刚度的前提下，设计时应尽量减少运动部件的质量和各传动元件的直径。

（5）无传动间隙

传动间隙的存在是造成进给系统反向死区的另一个主要原因，所以必须对传动链的各个环节均采用消除间隙的结构措施。

7.3.2　进给传动系统的基本形式和结构

一台数控机床的进给系统不但要有合理的控制系统，而且还要对驱动元件和机械传动装置的参数进行合理的选择，才能使整个进给系统工作时的动态特性相匹配。

数控机床的进给系统按其驱动方式可以分为液压伺服进给系统与电气伺服进给系统两大类，又由于伺服电动机和进给驱动装置的飞速发展，目前绝大多数的数控机床进给系统都采用电气伺服进给方式。

在电气伺服进给方式中，按选用的伺服电动机的不同可以分为步进电动机伺服进给系统、直流电动机伺服进给系统、交流电动机伺服进给系统和直线电动机伺服进给系统等。

数控机床的进给系统按其反馈方式的不同可分为闭环控制、半闭环控制和开环控制三类。由于半闭环控制方式在装配和调整时都比较方便，而且精度较高；通过对机械结构的选择，必要时再加上螺距误差补偿和反向间隙补偿等电气措施，可以满足一般数控机床的精度要求，所以目前大多数的数控机床进给系统都采取半闭环的控制方式。

图 7-3 为一个典型的半闭环进给系统（减速机构没有画出）示意图。数控机床进给系统的机电部件主要有伺服电动机和检测元件、联轴器、减速机构（带轮和齿轮副）、滚珠丝杠螺母副（或齿轮齿条副）、丝杠轴承、运动部件（包括工作台、主轴箱、滑座、横梁和立柱等）。

由于伺服电动机及其控制单元和滚珠丝杠性能的提高，多数的数控机床进给系统中已去掉了减速机构而直接用伺服电动机与滚珠丝杠相连接，使整个系统结构简化，同时也减少了产生误差的环节。另外，这样还使得转动惯量减少，从而伺服特性也得到改善。

除了上述部件外，在整个进给系统中还有一个重要的环节就是导轨：从表面上看，导轨似乎与进给系统联系不密切，事实上在导轨上的运动负载和产生的运动摩擦力这两个参数在进给系统中占有重要地位，所以，导轨的性能对进给系统的影响是不能忽视的。

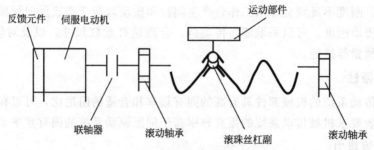

图 7-3　典型半闭环进给系统简图

7.3.3　滚珠丝杠螺母副

滚珠丝杠螺母副是将回转运动转换为直线运动的传动装置，在各类数控机床的直线进给系统中得到广泛的应用。

7.3.3.1　滚珠丝杠螺母副的特点

图 7-4 为滚珠丝杠螺母副的结构图，其工作原理为：在丝杠和螺母上加工出弧形螺旋槽，两者套装在一起时之间形成螺旋滚道，并且滚道内填满滚珠。当丝杠相对于螺母旋转时，两者发生轴向位移，滚珠既可以自转还可以沿着滚道循环流动。滚珠丝杠螺母副的这种结构把传统丝杠与螺母之间的滑动摩擦转变为滚动摩擦，所以具有很多优点：

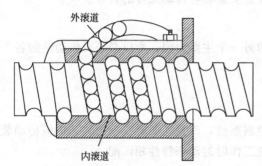

图 7-4　滚珠丝杠螺母副的结构图

① 传动效率高。滚珠丝杠螺母副的传动效率是普通丝杠螺母副的 3～4 倍，传动效率高达 92%～98%。

② 运动平稳无爬行。由于它的摩擦阻力小，动、静摩擦因数接近，因而传动灵活，运动平稳，并有效消除了爬行现象。

③ 使用寿命长。由于是滚动摩擦，丝杠与螺母之间摩擦力小，磨损就小，精度保持性好，寿命长。

④ 滚珠丝杠螺母副预紧后可以有效地消除轴向间隙，故无反向死区，同时也提高了传动刚度。

当然，滚珠丝杠螺母也有缺点：

① 结构复杂，加工制造成本高。

② 不能自锁。摩擦因数小使之不能自锁，所以将旋转运动转换为直线运动的同时，也可以将直线运动转换为旋转运动。当它采用垂直布置时，自重和惯性会造成部件的下滑，必须增加制动装置。

7.3.3.2　滚珠丝杠螺母副的结构

滚珠丝杠的螺纹滚道法向截面有单圆弧和双圆弧两种不同的形式，如图 7-5 所示。滚珠与滚道型面接触点法线与丝杠轴线的垂直线之间夹角称为接触角。

(1) 单圆弧型面

如图 7-5(a) 所示，在这种型面中，滚道半径略大于滚珠半径。螺纹滚道中，接触随着轴向负载的大小而变化，当接触角增大后，传动效率、轴向刚度和承载能力也随着增大。

（2）双圆弧型面

如图 7-5（b）所示，当偏心决定之后，滚珠只在滚珠直径滚道中相切的两点接触，且接触角不变。双圆弧的交接处有一小空隙，其中可容纳一些脏物，这对于滚珠的流动有利。为了提高传动效率、承载能力和保证流动畅通，应选用较大的接触角，但接触角过大，将会给制造带来困难，建议取 45°。

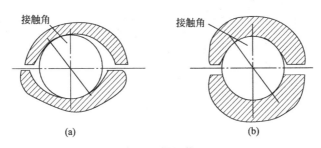

图 7-5 螺纹截面

滚珠的循环方式有外循环和内循环两种：通常滚珠在返回过程中与丝杠脱离接触的循环为外循环；滚珠在循环过程中与丝杠始终接触的循环为内循环。在内、外循环中，滚珠在同一螺母上只有一个回路管道的称为单列循环；有两个回路管道的称为双列循环。循环中的滚珠称为工作滚珠；工作滚珠所走过的滚道圈数称为工作圈数。

① 外循环滚珠丝杠螺母副又可以按滚珠循环时的返回方式分为插管式和螺旋槽式。

图 7-6(a) 所示为插管式，即它用一弯管代替螺旋槽作为返回管道，弯管的两端插在与螺纹滚道相切的两个孔内，用弯管的端部引导滚珠进入弯管，以完成循环。这种结构工艺性好，但由于弯管突出在螺母体外，所以径向尺寸较大。

图 7-6(b) 所示为螺旋槽式，它在螺母的外圆上铣出螺旋槽，槽的两端钻出通孔与螺纹滚道相切，并在螺母内装上挡珠器，挡珠器的舌部切断螺旋滚道，使得滚珠流向螺旋槽的孔中以完成循环。这种结构比插管式结构径向尺寸小，但制造复杂。

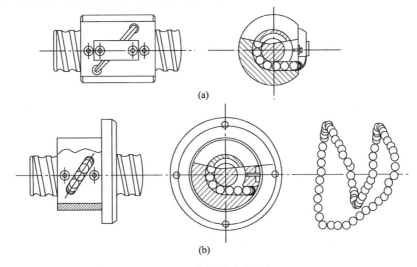

图 7-6 外循环滚珠丝杠

② 图 7-7 所示为内循环滚珠丝杠结构。在螺母的侧孔中装有圆柱凸键式反向器，反向器上铣有 S 形的回珠槽，从而将相邻两螺纹滚道连接起来。滚珠从螺纹滚道进入反向器，借助反向器迫使滚珠越过丝杠牙顶进入相邻的螺纹滚道，实现循环。一般一个螺母上装有 2～4 个反向器，且反向器沿螺母圆周等分布。这种结构的优点是径向尺寸紧凑，刚性好，因其返回滚道短，所以摩擦损失小；缺点是反向器加工困难。

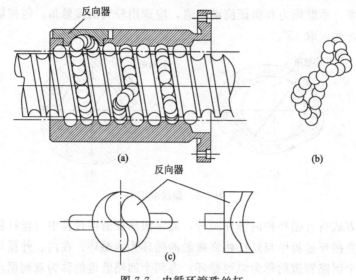

图 7-7　内循环滚珠丝杠

7.3.3.3　滚珠丝杠副轴向间隙调整和施加预紧力的方法

滚珠丝杠副除了对本身单一方向的进给运动精度有要求外，对其轴向间隙也有严格的要求，以保证反向传动精度。滚珠丝杠副的传动间隙是轴向间隙，它是负载在滚珠与滚道型面接触点的弹性变形所引起的螺母位移量和螺母原有间隙的总和。为了保证反向传动精度和轴向刚度，必须消除轴向间隙。通常采用双螺母结构，即利用两个螺母的相对轴向位移使两个螺母中的滚珠分别贴紧在螺纹滚道的两个相反的侧面上。用此种方法预紧消除轴向间隙时，预紧力不能过大，因为预紧力过大会使空载力矩增加，从而降低传动效率，缩短使用寿命。此外还要消除丝杠安装部分和驱动部分的间隙。

采用的双螺母结构消除间隙的方法有以下几种。

（1）垫片调隙式

如图 7-8 所示，通常用螺钉来连接滚珠丝杠两个螺母的凸缘，并要在两个凸缘间加垫片。调整垫片的厚度使左右螺母产生轴向位移，以达到消除间隙和产生预紧力的目的。这种方法结构简单，刚性好，可靠性高以及装卸方便，但调整费时，不能在工作中随意调整，当滚道有磨损时不能随时消除间隙和进行预紧。

（2）螺纹调隙式

如图 7-9 所示，右边螺母 3 外端有凸缘，它与另一

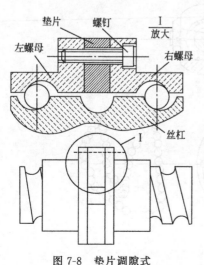

图 7-8　垫片调隙式

个无凸缘而带有螺纹的螺母 4 通过丝杠连接。其中螺母 4 伸出套筒外，并用两个螺母 1、2 固定着。用平键限制螺母 3、4 在螺母座内的转动。调整时，只要旋转圆螺母 2 就可以消除间隙并产生预紧力，然后用销紧螺母 1 锁紧。这种方法结构简单，工作可靠，调整方便，但预紧量不够准确。

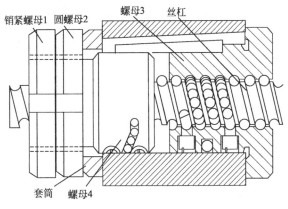

图 7-9　螺纹调隙式

（3）齿差调隙式

如图 7-10 所示，在左右两个螺母的凸缘上各加工有圆柱外齿轮，分别与左右两个内齿圈相啮合，内齿圈相啮合紧固在螺母座的左右端面上，使得左右螺母不能转动。两个螺母凸缘齿轮的齿数是不相等的，之间差一个齿。当调整时，先取下内齿圈，让两个螺母相对于螺母座同方向都转动一个齿，然后再插入内齿圈并紧固在螺母座上，则两个螺母便产生相对角位移，使两个螺母轴向间距改变，从而实现消除间隙和预紧。

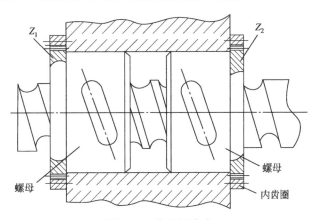

图 7-10　齿差调隙式

若两凸缘齿轮的齿数分别为 Z_1、Z_2，滚珠丝杠的导程为 t，当两个螺母相当于螺母座同方向都转动一个齿后，其轴向位移量 $S = (1/Z_1 - 1/Z_2)t$。例如，取 $Z_1 = 81$、$Z_2 = 80$，滚珠丝杠的导程 $t = 6$mm，则轴向位移量 $S = 6/6480 \approx 0.001$(mm)。这种调整方法能精确调整预紧量，调整可靠、方便，但是结构尺寸较大，多用于高精度的传动。

（4）单螺母变螺距预加负荷式

如图 7-11 所示，它是在滚珠螺母体内的两列循环滚珠链之间使内螺纹滚道在轴向产生

一个 Δt_0 的导程变量，从而使两列滚珠在轴向错位实现预紧。这种间隙调整方法结构简单，但导程变量须预先设定且不能改变。

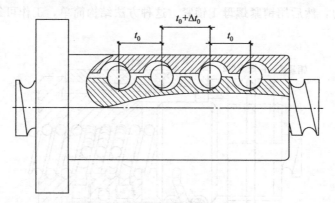

图 7-11　单螺母变螺距预加负荷式

7.3.3.4　滚珠丝杠副的参数

滚珠丝杠副的参数（图 7-12）有：

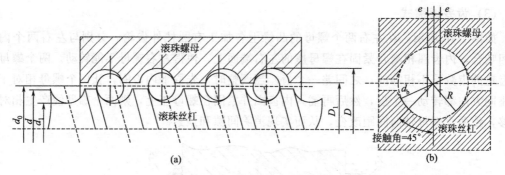

图 7-12　滚珠丝杠副的基本参数

① 公称直径 d_0。螺纹滚道与滚珠在理论接触角状态时所包络滚珠球心的圆柱直径，它是滚珠丝杠副的特性尺寸。公称直径 d_0 与承载能力直接有关，有关资料认为滚珠丝杠副的公称直径 d_0 应大于丝杠工作长度的 $1/30$。数控机床常用的进给丝杠的公称直径 $d_0 = 20 \sim 80$mm。

② 基本导程 L_0。当丝杠相对于螺母旋转 2π 弧度时，螺母上的基准点的轴向位移。

③ 接触角 β。滚道与滚珠在接触点处的公法线与螺纹轴线的垂直线间的夹角，理想接触角 $\beta = 45°$。

④ 导程的大小可以根据机床的加工精度要求确定，当精度要求高时，取导程的值小些，能够减小丝杠的摩擦阻力，但导程小，势必会导致滚珠直径 d_b 取小值，则使滚珠丝杠副的承载能力降低；若滚珠丝杠的公称直径 d_0 不变，导程小，则螺旋升角也小，传动效率 η 也变小。所以，导程的数值应该在满足机床加工精度的条件下尽可能取大些。

其他参数还有丝杠螺纹大径 d、丝杠螺纹小径 d_1、螺纹全长 L、滚珠直径 d_b、螺母螺纹大径 D、螺母螺纹小径 D_1、滚道圆弧半径 R 等。

7.3.3.5　滚珠丝杠螺母副的安装支承与制动方式

数控机床的进给系统要获得较高的传动刚度，除了加强滚珠丝杠螺母副本身的刚度外，滚珠丝杠的正确安装及支承结构的刚度也是不可忽视的因素。如为了减少受力后的变形，螺母座应有加强筋，以增大螺母座与机床的接触面积，并且还要连接可靠；采用高刚度的推力轴承以提高滚珠丝杠的轴向承载能力。

滚珠丝杠的支承方式有以下几种，如图 7-13 所示。

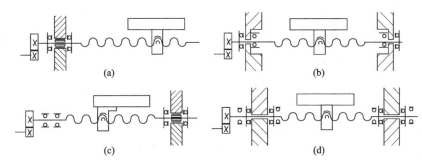

(a)　　　　　　　　　　　　　(b)

(c)　　　　　　　　　　　　　(d)

图 7-13　滚珠丝杠副在机床上的支承方式

① 一端装推力轴承方式。如图 7-13（a）所示，这种安装方式仅适用于行程小的短丝杠，它的承载能力小，轴向刚度低。一般用在数控机床的调节环节或升降台式铣床的垂直坐标进给传动结构。

② 一端装推力轴承，另一端装向心球轴承方式。如图 7-13（b）所示，这种安装方式适用于丝杠较长的情况，当热变形造成丝杠伸长时，其一端固定，另一端能作微量的轴向浮动。为了减小丝杠热变形的影响，安装时应使电动机的热源和丝杠工作时的常用段远离止推端。

③ 两端装推力轴承方式。如图 7-13（c）所示，这种安装方式将推力轴承安装在滚珠丝杠的两端，并施加预紧力，这样可以提高轴向刚度，但这种方式对热变形较为敏感。

④ 两端装推力轴承及向心球轴承方式。如图 7-13（d）所示，在这种安装方式中，两端均采用双重支承并施加预紧力，使丝杠具有较大的刚度，还可以使丝杠的温度变形转化为推力轴承的预紧力，但设计时要求提高推力轴承的承载能力和支架刚度。

7.3.3.6　滚珠丝杠螺母副的制动装置

由于滚珠丝杠螺母副传动效率高，无自锁作用（尤其是滚珠丝杠处于垂直传动时），所以必须安装制动装置。

图 7-14 所示为数控铣镗床主轴箱进给丝杠的制动装置示意图。机床工作时，电磁铁线圈通电，吸住压簧，打开摩擦离合器。此时电动机经减速齿轮传动，带动滚珠丝杠副转换主轴箱的垂直移动。当电动机停止转动时，电磁铁线圈也同时断电，在弹簧的作用下摩擦离合器压紧，使得滚珠丝杠不能自由转动，则主轴箱就不会因为自重的作用而下降。

7.3.3.7　滚珠丝杠螺母副的密封与润滑

为了防止灰尘及杂质进入滚珠丝杠螺母副，滚珠丝杠副须用防尘密封圈和防护套密封。为了维持滚珠丝杠副的传动精度，延长使用寿命，使用润滑剂来提高耐磨性。使用的密封圈有接触式

电磁铁线圈

摩擦离合器

主轴箱

图 7-14　滚珠丝杠
制动示意图

和非接触式两种，将其安装在滚珠螺母的两端即可。非接触式密封圈是由聚氯乙烯等塑料材料制成，其内孔螺纹表面与丝杠螺母之间略有间隙，故又称为迷宫式密封圈。接触式密封圈是用具有弹性的耐油橡胶和尼龙等材料制成，所以有接触压力并能产生一定的摩擦力矩，防尘效果好。常用的润滑剂有润滑油和润滑脂两类。润滑脂通常在安装过程中放入滚珠螺母滚道内，定期润滑；使用润滑油时应经常通过注油孔注油以达到润滑的目的。

7.3.3.8 滚珠丝杠副结构尺寸的选择

（1）滚珠丝杠副结构的选择

可根据防尘防护条件以及对调隙和预紧的要求来选择适当的结构形式。例如，当允许有间隙存在（如垂直运动）可选用具有单圆弧螺纹滚道的单螺母滚珠丝杠副；当必须要预紧且在使用过程中因磨损而需要定期调整时，应选用双螺母螺纹预紧和齿差预紧式结构；当具备良好的防尘防护条件，并且只需在装配时调整间隙和预紧力时，可选用结构简单的双螺母垫片调整预紧式结构。

（2）滚珠丝杠副结构尺寸的选择

选用滚珠丝杠螺母副主要是选择丝杠的公称直径和基本导程。公称直径必须根据轴向的最大载荷按照滚珠丝杠副尺寸系列进行选用，螺纹长度在允许的情况下尽可能地短；基本导程（或螺距）应根据承载能力、传动精度及传动速度选取，基本导程大则承载能力大，基本导程小则传动精度高，在传动速度要求快时，可选用大导程的滚珠丝杠副。

（3）滚珠丝杠副的选择步骤

必须根据实际的工作条件来选用滚珠丝杠副。工作条件包括：最大的工作载荷（或平均工作载荷）、最大载荷作用下的使用寿命、丝杠的工作长度（或螺母的有效行程）、丝杠的转速（或平均转速）、丝杠的工况以及滚道的硬度等。

在已知这些工作条件后，可按照下述步骤进行选用：首先是承载能力的选择；然后核算压杆的稳定性；接着计算最大动载荷值（对于低速运转的滚珠丝杠，只需要考虑其最大静载荷是否充分大于最大工作载荷即可）；再进行刚度验算；最后演算满载荷时的预紧量（因为滚珠丝杠在轴向力的作用下，将产生伸长或缩短，在转矩的作用下，将产生转动，这些都会导致丝杠的导程变化，从而影响传动精度以及定位精度）。

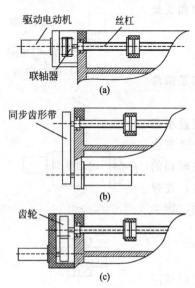

图 7-15 滚珠丝杠副与驱动电动机的连接形式

7.3.4 滚珠丝杠螺母副与电动机的连接

滚珠丝杠螺母副与驱动电动机主要有以下三种连接形式，如图 7-15 所示。

（1）联轴器直接联接

如图 7-15（a）所示，这是一种最简单的连接型式。这种连接形式的优点是：具有较大的扭转刚度；传动机构本身无间隙，传动精度高；结构简单，安装、调整方便。其缺点是：它可以提供设计选择的参数只有丝杠螺距和电动机的转速，所以，当在大、中型机床上使用时，难以发挥伺服电动机高速、低转矩的特性。它通常用于输出转矩要求在15~40N·m范围内的中、小型机床或高速加工机床。

挠性联轴器是广泛应用在数控机床上的一种联轴器，它能补偿因同轴度及垂直度误差引起的干涉现象。挠性联轴器结构原理图如图7-16所示，压圈用螺钉与联轴套相联，通过拧紧压圈上的螺钉，可使压圈对锥环施加轴向压力。锥环又分为内锥环和外锥环，它们成对使用。由于锥环之间的楔紧作用，压圈上的轴向压力使内锥环和外锥环分别产生径向收缩和胀大的弹性变形，从而消除配合间隙。同时，在被连接的轴与内锥环、内锥环与外锥环、外锥环与联轴套之间的接合面上产生很大的接触压力，就是依靠这个接触压力产生的摩擦力来传递转矩。为了能补偿两轴的安装位置误差（同轴度及垂直度误差）引起的干涉现象，采用柔性片结构。柔性片分别用螺钉和球面垫圈与两边的联轴套相联，通过柔性片传递转矩。柔性片每片的厚度约为0.25mm左右，材质一般为不锈钢。两端的位置偏差就是由柔性片的变形来抵消的。采用这种挠性联轴器把伺服电动机与丝杠直接连接，不仅可以简化结构，减少噪声，而且能够消除传动间隙，提高传动刚度。

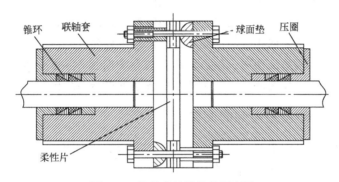

图7-16　挠性联轴器结构原理图

（2）通过同步齿形带连接

如图7-15（b）所示，同步齿形带传动因为具有带传动和链传动的共同优点，故广泛应用于一般数控机床和高速、高精度的数控机床传动。

同步带的结构如图7-17所示，同步带由基本部分和强力层组成。强力层作为同步带的抗拉元件，用于传递动力。采用伸长率小、疲劳强度高的钢丝绳或玻璃纤维绳沿着同步带的节线（即中性层）绕成螺旋线形状，因为它在受力后基本上不产生变形，所以能够保持同步带的齿距不变，从而实现同步传动。同步带的基体由带齿和带背组成：带齿应与带轮轮齿正确啮合，带背用于粘接包覆强力层。基体通常用聚氨酯制成，这样就具有强度高、弹性好、耐磨损以及抗老化等性能。在同步带的内表面制有尖角凹槽，以增加带的挠性和改善带的弯曲疲劳强度。同步带的带轮除了轮缘表面需凸出轮齿外，其余结构与平带带轮相似。使用同步带时，允许温度在-20~80℃之间。在数控机床上，一般采用圆弧同步齿形带传动。圆弧同步齿形带传动与梯形同步齿形带相比，改善了啮合条件，均化了应力，所以传动效果更好。

同步齿形带传动设计时应注意几个方面：同步

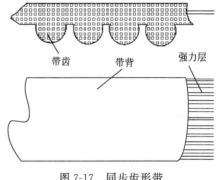

图7-17　同步齿形带

带轮材料应采用密度较小的铝合金或塑料制成，以减小转动惯量；为了避免中间环节给系统带来的附加惯量，同步带轮应直接安装在电动机和丝杠上；为了防止不平行产生的皮带边缘张力，造成皮带磨损，必须对同步带轮的平行性进行调节；同步皮带必须要通过张力调整进行预紧，以消除间隙，张力调整的方法与普通皮带的调整方法相同。

(3) 通过齿轮连接

如图 7-15(c) 所示，这种连接的优点是：可以降低丝杠、工作台的惯性在系统中所占的比重，从而提高进给系统的快速性；可以充分发挥伺服电动机高速、低转矩的特性，使其变为低转速、大转矩输出，获得更大的进给驱动力；在开环步进系统中，还可以起到机械、电气间的匹配作用，使数控系统的分辨率和实际工作台的最小位移单位相统一；还可以使进给电动机和丝杠中心不在同一直线上，给布置带来灵活性。这种连接的缺点是：使传动装置结构复杂，降低了传动效率，增加噪声；造成传动级数的增加，导致传动部件的间隙和摩擦增加，从而影响进给系统的性能；导致传动齿轮副的间隙存在，在开环、半闭环系统中，间隙将影响加工精度，在闭环系统中，由于位置反馈的作用，间隙产生的位置滞后量虽然能通过系统的闭环自动调节得到补偿，但它将带来反向时冲击，甚至导致系统产生振荡从而影响系统的稳定性。所以，必须采取相应的措施，使间隙减小到允许的范围内。消除齿轮间隙的方法有刚性调整法和柔性调整法两种：偏心轴调整法和轴向垫片调整法是常用的刚性调整法；柔性调整法一般采用压力弹簧调整。有关调整的方法见进给系统传动齿轮间隙调整部分。

7.3.5 进给系统传动齿轮间隙的调整

进给系统中的减速机构主要采用齿轮或带轮，又因为进给系统经常处于自动变向状态，反向时若驱动链中的齿轮等传动副存在间隙，就会造成进给运动的反向运动滞后于指令信号，从而影响其驱动精度。齿轮在制造时不可能完全达到理想的齿面要求，总会存在着一定的误差，故两个相啮合的齿轮，总有微量的齿侧隙。所以，必须采取措施来调整齿轮传动中的间隙，以提高进给系统的驱动精度。常用的调整齿侧间隙的方法有以下几种。

(1) 直齿圆柱齿轮传动

① 偏心套调整。如图 7-18 所示，这是最简单的调整方式。电动机通过偏心套安装在壳体上，转动偏心套可使电动机中心轴线的位置向上，而从动齿轮轴线位置固定不变，所以两啮合齿轮的中心距减小，从而消除齿侧间隙。

② 轴向垫片调整。如图 7-19 所示，两个齿轮啮合在一起，它们的节圆直径沿齿宽方向制成略带锥度的形式，使其齿厚沿轴向方向稍作线性变化。装配时，两齿轮按齿厚相反变化走向啮合，通过修磨垫片的厚度使两齿轮在轴向上相对移动，从而消除齿侧间隙。偏心套和轴向垫片调整方法简单，能传递较大的动力，但齿轮磨损后不能自动消除齿侧间隙。

③ 双片薄齿轮错齿调整。如图 7-20 所示，在一对啮合的齿轮中，其中一个为宽齿轮（图中未画出），另一个由两个薄片齿轮组成。两个薄片齿轮上各开有周向圆弧槽，并在两齿轮的槽内各装配有安装弹簧的短圆柱。在弹簧的作用下使两个齿轮错位，错位后分别与宽齿轮的齿槽左右侧贴紧，从而消除齿轮副的侧隙。弹簧的张力必须足以克服驱动转矩，而且两个齿轮的轴向圆弧槽以及弹簧的尺寸不能太大，所以这种结构不适宜传递转矩，仅用于读数装置。

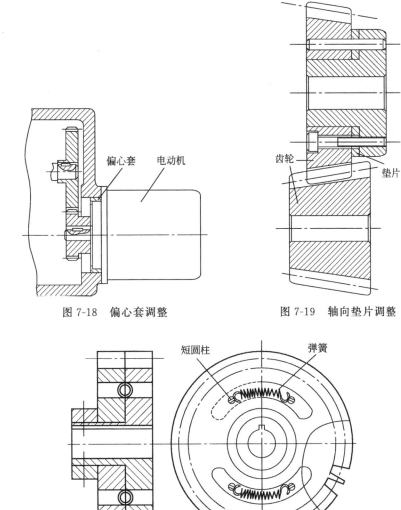

图 7-18　偏心套调整　　　　图 7-19　轴向垫片调整

图 7-20　双片薄齿轮错齿调整

（2）斜齿圆柱齿轮传动

如图 7-21 所示，为斜齿轮垫片调整法，其原理与错齿调整法相同。两个斜齿轮的齿形是拼装在一起进行加工的，装配时在两薄片斜齿轮间装入厚度为 t 的垫片，然后修磨垫片，这样它们的螺旋线便错开，使得它们分别与宽齿轮的左、右齿面贴紧，从而消除齿轮副的侧隙。垫片厚度 t 与齿侧间隙 Δ 的关系可以用 $t = \Delta \cot\beta$ 表示，其中 β 为螺旋角。

图 7-22 为斜齿轮轴向压簧错齿调整法，原理同上。其特点是齿侧间隙可以自动补偿，但轴向尺寸较大，结构不紧凑。

（3）齿轮齿条传动

在大型数控机床（如大型数控龙门铣床）上，工作台的行程很长，因此不宜采用滚珠丝杠螺母副传动作为它的进给运动，通常采用齿轮齿条传动。当载荷小时，可采用双片薄齿轮错齿调整法，分别与齿条齿槽左、右侧贴紧，以消除齿侧间隙。

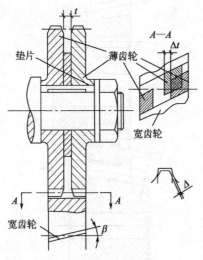

图 7-21　斜齿轮垫片调整法

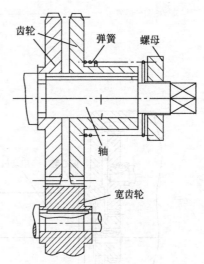

图 7-22　斜齿轮轴向压簧调整法

当载荷大时，采用径向加载法消除齿侧间隙，如图 7-23 所示。两个小齿轮分别与齿条啮合，并用加载装置在加载齿轮上预加负载。于是加载齿轮使与之相啮合的两个大齿轮向外撑开，与两个大齿轮同轴的两个小齿轮也同时向外撑开，这样它们就能分别与齿条上的齿槽左、右侧贴紧，从而消除齿侧间隙。加载齿轮由电动机直接驱动。

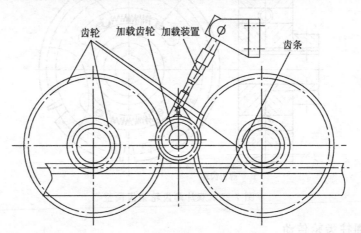

图 7-23　齿轮齿条传动的侧隙消除

7.4　数控机床的导轨

7.4.1　数控机床对导轨的要求

导轨用来支撑和引导运动部件沿着直线或圆周方向准确运动，机床上的直线运动部件都是沿着它的床身、立柱、横梁等支承件的导轨进行运动的，所以，导轨的制造精度及精度保持性对机床加工精度有着重要的影响。数控机床对导轨主要有下列的要求。

（1）高的导向精度

导向精度是指机床的运动部件沿导轨移动时的直线与有关基面之间的相互位置的准确

性，它保证部件运动的准确。因此，无论是空载还是加工，导轨都应该具有足够的导向精度，这是对导轨的基本要求。导向精度受导轨的结构形状、组合方式、制造精度和导轨间隙的调整等影响，各种机床对于导轨本身的精度都有具体的规定或标准，以保证导轨的导向精度。

（2）良好的耐磨性

耐磨性好使导轨的导向精度能够长久保持，耐磨性受到导轨副的材料、硬度、润滑和载荷等的影响。数控机床导轨的摩擦因数要小，而且动、静摩擦因数应尽量接近，以减小摩擦阻力和导轨热变形，使运动平稳轻便，低速且无爬行。

（3）好的精度保持性

精度保持性是指导轨能否长期保持原始精度。影响精度保持性的因素主要是导轨的磨损，另外，还与导轨的结构形式以及支承件的材料有关。数控机床的精度保持性比普通机床要求高，所以，数控机床应采用摩擦因数小的滚动导轨、塑料导轨或静压导轨。

（4）足够的刚度

机床各运动的部件所承受的外力，最终都要由导轨面来承担。如若导轨受力后变形过大，就破坏了导向精度，同时恶化了导轨的工作条件。导轨的刚度主要取决于导轨的类型、结构形式和尺寸大小、导轨与床身的连接方式、导轨的材料和表面加工质量等。数控机床的导轨要取较大的截面积，有的甚至还需要在主导轨外添加辅助导轨来提高刚度。

（5）具有低速运动的平稳性

要使其运动部件在导轨上低速移动时，不发生爬行现象。造成爬行的原因很多，主要因素有摩擦性质、润滑条件和传动系统的刚度。

此外，导轨结构的工艺性也要好，还要便于制造和装配，便于检验、调整和维修，而且要有合理的导轨防护和润滑措施等。

7.4.2　数控机床导轨的种类和特点

导轨按运动部件的运动轨迹可分为：直线运动导轨和圆周运动导轨；按导轨接合面的摩擦性质可以分为滑动导轨、滚动导轨和静压导轨三类。目前，数控机床中常用的导轨是镶粘塑料的滑动导轨和滚动导轨。

7.4.2.1　滑动导轨

（1）滑动导轨分类

滑动导轨具有结构简单、制造方便、刚度好、抗振性高等优点，广泛应用在机床上。滑动导轨常见的截面形状，如图 7-24 所示。

① 矩形导轨。如图 7-24（a）所示，这种导轨承载能力大，制造简单，且水平方向和垂直方向上的位置精度各不相关；但侧面间隙不能自动补偿，必须设置间隙调整机构。

② 三角形导轨。如图 7-24（b）所示，由于三角形有两个导向面，可以同时控制水平方向和垂直方向上的导向精度，因此，这种导轨在载荷作用下，能自动补偿侧面间隙，导向精度较其他导轨高。

③ 燕尾槽导轨。如图 7-24（c）所示，这种导轨的高度最小，能承受颠覆力矩，但摩擦阻力较大。

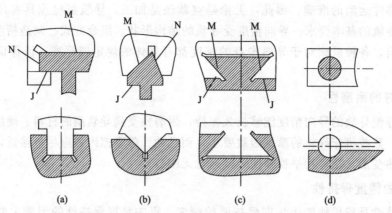

图 7-24 滑动导轨的截面形状

④ 圆柱形导轨。如图 7-24(d) 所示，这种导轨制造容易，但磨损后调整间隙困难。

以上截面形状的导轨还可分成凸形（如图 7-24 中对应的上图）和凹形（如图 7-24 中对应的下图）。凹形的易于存油，但也容易积存切屑和尘粒，所以适用于具有良好防护的环境；凸形的则需要有良好的润滑条件。矩形导轨通常也称为平导轨；三角形导轨，在凸形时，称为山形导轨，在凹形时，则称为 V 形导轨。

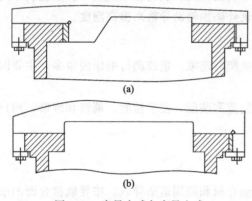

图 7-25 窄导向式与宽导向式

(2) 滑动导轨的组合形式与应用

直线运动的导轨一般是由两条导轨组成，不同类型机床的工作要求采取不同的组合形式。在数控机床上，滑动导轨的形状主要是三角形-矩形式和矩形-矩形式两种，只有少部分结构采用燕尾式。双矩形导轨是用侧边导向，当采用一条导轨的两侧边导向时称为窄式导向，如图 7-25(a) 所示；若是分别用两条导轨的两侧边导向，则称为宽式导向，如图 7-25(b) 所示。窄导向式制造容易，受热变形影响小。

(3) 导轨材料

导轨材料主要是铸铁、钢、塑料以及有色金属，应根据机床性能、成本的要求，合理选择导轨材料及热处理来降低摩擦因数，提高导轨耐磨性。

① 铸铁材料。铸铁是导轨常用的材料，常用铸铁的牌号为 HT200 和 HT300。为了提高导轨的耐磨性，还有应用孕育铸铁、高磷铸铁和合金铸铁的。

② 镶钢导轨材料。镶钢导轨也是机床导轨的常用形式之一，其材料常用为 T10A、GCr15 或 38CrMnAl。镶钢导轨具有硬度高、耐磨性好的优点，但其制造工艺复杂，安装费时（尤其分段接长时），成本较高，并且总体刚度不如整体铸铁导轨好。近年来，为了发扬整体铸铁导轨和镶钢导轨的优点，避免它们的缺点，出现了把型钢与床身本体铸成一体的导轨形式，这种导轨经过淬火处理，其硬度可达 60HRC 以上。

③ 塑料导轨材料。镶粘塑料导轨是通过在滑动导轨面上镶粘一层由多种成分复合的塑料导轨软带，来达到改善导轨性能的目的。这种导轨所具有的共同特点是：摩擦因数小，并

且动、静摩擦因数之差也很小，这样能防止低速爬行现象；耐磨性、抗撕伤能力强；加工性和化学稳定性好，并且工艺简单、成本低，具有良好的自润滑和抗振性。塑料导轨多与铸铁导轨或淬硬钢导轨相配合使用。

（4）导轨软带

常用的塑料导轨软带主要有以下几种：

① 以聚四氟乙烯（PTFY）为基体，通过添加多种的填充材料而构成的高分子复合材料。聚四氟乙烯是现有材料中摩擦因数最小的一种（系数约为 0.04），但纯聚四氟乙烯是不耐磨的，因而必须添加 663 青铜粉、石墨、MoS_2、铅粉等填充材料来增加耐磨性。这种导轨软带具有良好的抗磨、减磨、吸振、消声等性能，适用的工作温度范围宽（$-200 \sim 280℃$），动、静摩擦因数小，并且两者差别很小。它还可以在干摩擦下应用，并能吸收外界进入导轨面的硬粒，使导轨不至于拉伤和磨损。

这种材料一般被做成厚度为 $0.1 \sim 2.5$mm 的塑料软带的形式，粘接在导轨基面上，如图 7-26 所示。图 7-26(b) 中的床身、滑板之间采用了聚四氟乙烯-铸铁导轨副，在滑板的各导轨面、压板和镶条上也粘贴有聚四氟乙烯塑料软带，以满足机床对导轨低摩擦、耐磨、无爬行、高刚度的要求。图 7-26(a) 为聚四氟乙烯塑料软带粘贴尺寸及粘贴表面加工要求示意图，在导轨面加工出 $0.5 \sim 1$mm 深的凹槽，通过粘接剂将塑料软带与导轨粘接。

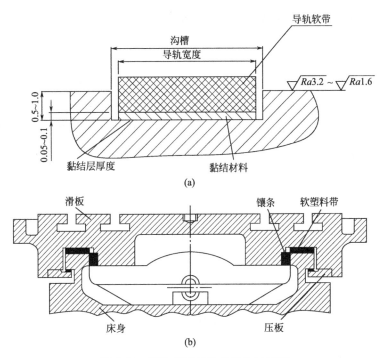

图 7-26　镶粘塑料导轨的结构示意图

这种导轨软带还可以制成金属与塑料的导轨板形式（称为 DU 导轨）：DU 导轨是一种在钢板上烧结青铜粉以及真空浸渍含铅粉的聚四氟乙烯的板材。这种导轨板的总厚度约为 $2 \sim 4$mm，多孔青铜上方表层的聚四氟乙烯的厚度约为 0.025mm。它的优点是刚性好，线胀系数几乎与钢板相同。

② 以环氧树脂为基体，加入胶体石墨 TiO_2、MoS_2 等制成的抗磨涂层材料。这种涂层材料附着力强，可用涂敷工艺或压注成形工艺涂到预先加工成锯齿形状的导轨上，涂层的厚度约为 $1.5\sim2.5mm$。环氧树脂耐磨涂料（MNT）与铸铁组成的导轨副中，摩擦因数 $f=0.1\sim0.12$，在无润滑油的情况下仍有较好的润滑和防爬行的效果。塑料涂层导轨主要使用在大型和重型的机床上。

(5) 滑动导轨的技术要求

① 导轨的精度要求。不管是平-平型还是 V-平型的滑动导轨，导轨面的平面度一般取 $0.01\sim0.015mm$；长度方向的直线度一般取 $0.005\sim0.01\,mm$；侧导向面的直线度一般取 $0.01\sim0.015mm$；侧导向面之间的平行度一般取 $0.01\sim0.015mm$；侧导向面对导轨底面的垂直度一般取 $0.005\sim0.01mm$。

镶钢导轨的平面度必须控制在 $0.005\sim0.01mm$ 以下；平行度和垂直度控制在 $0.01mm$ 以下。

② 导轨的热处理。由于数控机床的开动率普遍都很高，这就要求导轨具有较高的耐磨性，所以导轨大多都需要淬火处理。导轨淬火处理的方式有：中频淬火、超音频淬火、火焰淬火等方式，其中用得最多是前两种处理方式。

铸铁导轨的淬火硬度通常为 $50\sim55HRC$，个别要求达到 $57HRC$，淬火层的深度规定是经磨削后应保留 $1.0\sim1.5mm$。

镶钢导轨通常采用中频淬火或渗氮淬火的处理方式，淬火硬度为 $58\sim62HRC$，渗氮层厚度为 $0.5mm$。

7.4.2.2 滚动导轨

滚动导轨是在导轨面之间放置滚动体，如滚珠、滚柱、滚针等，这样就使导轨面之间的滑动摩擦变为滚动摩擦。因此滚动导轨与滑动导轨相比，具有以下优点：灵敏度高，并且其动摩擦与静摩擦因数相差甚微，因而运动平稳，在低速移动时不易出现爬行现象；定位精度高，重复定位精度高达 $2\mu m$；摩擦阻力小，移动轻快，磨损也小，精度保持性好，寿命长。但是滚动导轨的抗振性较滑动导轨差，而且结构复杂，对脏物较为敏感，所以对防护要求高。

滚动导轨特别适用于机床的工作部件，要求运动灵敏、移动均匀以及定位精度高的场合，正是这样滚动导轨在数控机床上得到广泛的应用。根据滚动体的类型，滚动导轨分为下列三种结构形式：

① 滚珠导轨。滚珠导轨以滚珠作为滚动体，运动灵敏度高，定位精度高；但承载能力和刚度较小，通常都需要通过预紧提高其承载能力和刚度。为了避免在导轨面上压出凹坑而丧失精度，一般采用淬火钢制成导轨面。滚珠导轨适用于运动部件质量不大，切削力较小的数控机床。

② 滚柱导轨。滚柱导轨的承载能力以及刚度要比滚珠导轨大，但它对于安装的要求较高。安装不良，会引起偏移和侧向滑动，导致导轨磨损加快、降低精度。载荷较大的数控机床通常都采用滚柱导轨。

③ 滚针导轨。滚针导轨的滚针比同直径的滚柱要长得多。滚针导轨的特点就是尺寸小，结构紧凑。为了提高工作台的移动精度，滚针的尺寸应按直径来分组。滚针导轨特别适用于导轨尺寸受限制的机床上。

根据滚动导轨是否需要预加负载，滚动导轨又可以分为预加载和无预加载两类。预加载导轨的优点是提高了导轨的刚度，适用于颠覆力矩较大和垂直方向的导轨中，数控机床的坐标轴一般采用这种导轨；无预加载的滚动导轨通常用在数控机床的机械手、刀库等传送机构中。

此外，在数控机床上还普遍采用滚动导轨支承块，它已经作为一种独立的标准件而存在，它的特点是刚度高，承载能力大，而且便于拆装，可以直接安装在任意行程长度的运动部件上。

7.4.2.3　静压导轨

静压导轨是在两个相对滑动面之间开有油腔，将有一定压力的油通过节流输入油腔，形成压力油膜，使运动件浮起。在工作过程中，导轨面上油腔中的油压能随外加负载的变化自动调节，以平衡外加负载，保证导轨间始终处于纯液体摩擦状态。所以静压导轨的摩擦因数极小（约为 0.0005），功率消耗小，导轨不会磨损，导轨精度保持性好，寿命长；此外，油膜厚度几乎不受速度的影响，油膜承载能力大、刚性好，油膜还有吸振作用，所以抗振性也好；静压导轨运动平稳，无爬行，也不会产生振动。静压导轨的缺点是结构复杂，并需要有一套良好过滤效果的液压装置，制造成本高。静压导轨较多应用在大型、重型的数控机床上。

静压导轨按导轨形式，可以分为开式和闭式两种，数控机床用的是闭式静压导轨。按供油方式又可以分为恒压（即定压）供油和恒流（即定量）供油两种。

静压导轨横截面的几何形状有矩形和 V 形两种。采用矩形便于制成闭式静压导轨；采用 V 形便于导向和回油。此外，油腔的结构对静压导轨性能也有很大影响。

7.4.3　滚动导轨的结构原理和特点

（1）滚动导轨的结构原理

使用滚珠的滚动直线导轨副的结构原理如图 7-27 所示，它是由滑块、导轨、反向器、钢球、挡板和密封端盖等部分组成。当滑块与导轨作相对运动时，钢球就可以沿着导轨上经过淬硬并精密切削加工而成的四条滚道滚动；钢球在滑块的端部通过反向器反向，进入回珠孔，然后再返回滚道。钢球就是这样周而复始地进行滚动运动。反向器的两端装有防尘密封端盖，能够有效地防止灰尘、屑末等进入滑块内部。

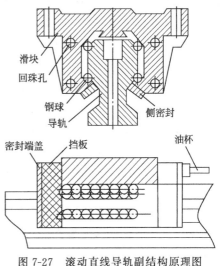

图 7-27　滚动直线导轨副结构原理图

（2）滚动导轨的特点

滚动直线导轨副是在导轨与滑块之间放入适当的钢球，钢球使导轨与滑块之间的滑动摩擦变为滚动摩擦，因此，大大地降低了两者间运动摩擦阻力。滚动导轨具有以下特点：

① 灵敏性极高，静、动摩擦力之差很小，且驱动信号与机械动作间的滞后时间极短，这些都有利于提高系统的响应速度和灵敏度。

② 可以使驱动电动机所需的功率大幅度下降，它实际所需的功率只有普通导轨的十分之一左右。它与 V 形十字交叉滚子导轨相比，摩擦阻力可下降约 80%。

③ 适合于高速、高精度加工的机床，其瞬间速度可以比滑动导轨提高 10 倍左右。从而可以满足高定位精度和重复定位精度机床的要求。

④ 可以实现无间隙运动，从而提高进给系统的运动精度。

⑤ 滚动导轨在成对使用时，具有"误差均化效应"，这样就降低了基础件（导轨安装面）的加工精度要求，也就降低了基础件的机械制造成本和难度。

⑥ 导轨副的滚道截面采用合理比值的圆弧沟槽，使得接触应力减小，承载能力及刚度比平面与钢球面接触的大为提高。

⑦ 导轨表面采用硬化处理工艺，导轨内则仍保持良好的机械性能，从而使之具有良好的可校性。

⑧ 滚动导轨对安装面的要求也较低，这就简化了机械结构的设计，降低了机床加工、制造的成本。

7.5 数控机床的自动换刀装置

7.5.1 自动换刀装置的基本要求和型式

无自动换刀功能的数控机床只能完成单工序的加工，如车、铣、钻等。这种机床在提高加工效率、节省辅助时间上主要体现在以下两个方面：

① 通过刀具的快速自动定位来提高空行程速度和省去划线工序的时间；

② 由于批量加工一致性好，可以减少工件的检验时间。

对于占辅助时间较长的刀具交换和刀具尺寸调整、对刀等工作还是需要手动完成，这样对提高加工效率还是要受到一定的限制。实际加工中，一个零件往往需要进行多工序的加工，因此，在加工过程中，必须花费大量的时间用于更换刀具、装卸零件、测量和搬运工件等辅助加工时间上，而切削加工时间仅占整个工时中较小的比例。为了缩短辅助时间，充分发挥数控机床的效率，通常采用"工序集中"的原则。带有自动换刀装置的数控机床，即"加工中心"就是典型的产品。目前，自动换刀装置已经广泛用于车床、铣床、钻床、镗铣床、组合机床以及其他机床上。使用自动换刀装置配合精密数控回转台，不仅扩大了数控机床的使用范围，还可以使加工效率得到较大的提高，同时又由于工件一次安装就可以完成多工序加工，减少了工件安装定位次数和装夹误差，从而进一步提高了加工精度。

数控机床上，能够实现刀具自动交换的装置称为自动换刀装置。自动换刀装置的功能：首先要能够存放一定数量的刀具，即必须有刀库或刀架；其次要能够完成刀具的自动交换。因此，对数控机床自动换刀装置的基本要求是：刀具存放数量要多（刀库的容量大）、换刀时间短、刀具重复定位精度高、结构简单、制造成本低、可靠性高等。其中，自动换刀装置的可靠性对于自动换刀机床特别重要。

自动换刀装置的型式与机床种类、机床的总体结构布局、需要交换的刀具数目等因素密切相关。数控车床上，由于工件安装在主轴上，刀具只需要在刀架上进行交换即可，它涉及不到主轴和刀架之间刀具交换的问题，所以，换刀装置结构简单，型式比较单一，一般都采用回转刀架进行换刀；加工中心上，刀具安装在主轴上，换刀必须在刀库和主轴之间进行，因此，必须设计专门的自动换刀装置和刀库，其刀具的交换方式通常有无机械手换刀和带有机械手换刀两大类：无机械手换刀方式是通过机床主轴与刀库的相对运动，结合刀库的回转运动来实现刀具自动交换的方式。这种换刀方式的优点是结构简单、动作可靠，不需要专门的换刀机械手；其缺点是刀具交换的时间较长、刀具数量不宜过多、刀库的布局也受到限制，通常用在小型加工中心上。机械手换刀方式则是利用机械手来实现主轴与刀库间的刀具交换。这种方式克服了无机械手换刀的缺点，刀具交换速度快、刀库布局灵活，使用范围广，但它的结构较复杂，制造成本高。

7.5.2　回转刀架

回转刀架换刀是最简单的一种自动换刀装置，常用在数控车床上。根据机床的不同要求，可以设计成四方、六方刀架或圆盘式等多种型式，并相应地安装四把、六把或者更多把刀具。为了承受切削力，数控车床的刀架必须具有良好的强度和刚度；此外，由于刀架定位精度直接影响了机床的加工精度，所以，刀架必须具有很高的定位精度。在上述的两方面，数控车床的刀架比加工中心的刀库精度要求要高得多。

图 7-28 所示为某种数控车床所用圆盘电动刀架结构原理图。这种刀架常用的规格有 12位、8 位刀架两种，如图 7-28(b)、（c）所示，即可以安装 25mm×25mm 的可调刀具或安装 20mm×20mm×125mm 的标准刀具，两种刀架均可安装直径为 ϕ32mm 最大镗杆。回转

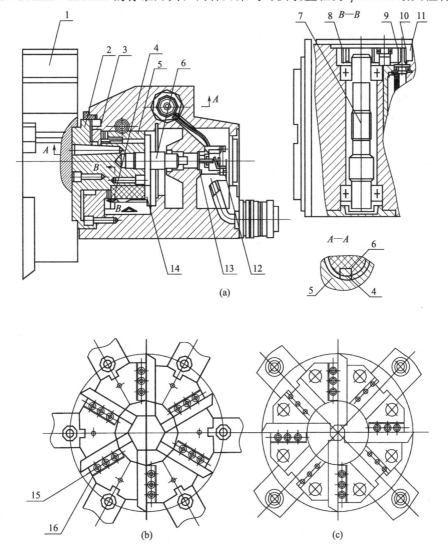

图 7-28　电动刀架结构原理图

1—刀架；2—左鼠牙盘；3—右鼠牙盘；4—滑块；5—蜗轮；6—轴；7—蜗杆；8,9,10—齿轮；11—电动机；
12—微动开关；13—端部；14—圆盘；15—压板；16—斜铁

刀架由驱动电动机作为动力源，通过机械传动系统的动作，自动实现刀盘的放松、转位、定位和夹紧等动作。刀具通过压板和斜铁夹紧，更换刀具及对刀都很方便。

如图 7-28(a) 所示，11 为驱动电动机，它应带有制动器。换刀动作步骤如下：

① 刀架松开。在换刀开始后，首先要松开电动机的制动器，电动机通过齿轮 8、9、10 带动蜗杆 7、蜗轮 5 旋转。因为蜗轮 5 和轴 6 之间是采用螺纹连接，所以，通过蜗轮 5 的旋转带动轴 6 沿轴向左移，使得右鼠牙盘 3 脱开，刀架完成松开的动作。

② 刀架转位。由图 7-28(a) 可见，轴 6 上开有两个对称槽，内装两个滑块 4，当鼠牙盘脱开后，电动机继续带动蜗轮旋转，当蜗轮旋转到一定角度时，与蜗杆固定的圆盘 14 上的凸块便碰到滑块 4，接着蜗轮便通过圆盘 14 上的凸块带动滑块，连同轴 6 与刀盘一起进行旋转，刀架就进行了转位动作。

③ 刀架定位。当刀架旋转到要求的位置后，驱动电动机 11 便反转，这时圆盘 14 上的凸块便与滑块 4 脱离，就不再带动轴 6 进行转动。蜗轮通过螺纹带动轴 6 右移，造成左鼠牙盘 2 与右鼠牙盘 3 啮合定位，完成刀架定位动作。

④ 刀架夹紧。刀架定位后，电动机制动器开始制动，维持电动机轴上的反转力矩，以保证两个鼠牙盘之间具有一定的夹紧力。同时主轴右端的端部 13 压下微动开关 12，发出转动结束信号，电动机立刻断电，换刀动作结束。

刀位选择由刷形选择器进行，松开、夹紧位置检测由微动开关 12 来控制。整个刀架控制是一个纯电气系统。

7.5.3　加工中心刀库类型与布局

刀库是存放加工过程所要使用的全部刀具的装置。当需要换刀时，根据数控机床指令，由机械手从刀库中将刀具取出并装入主轴中心。刀库的容量从几把到上百把不等；刀库的布局和具体结构随机床结构的不同而不同，并且差别很大。目前，加工中心最常见的刀库型式主要有鼓轮式刀库、链式刀库两种，并可以根据不同的机床采用多种布局，如图 7-29～图 7-31 所示。

(1) 鼓轮式刀库

鼓轮式刀库结构紧凑、简单，又称为圆盘刀库，其中最常见的型式有刀具轴线与鼓轮轴线平行式 [图 7-29(a)] 布局和刀具轴线与鼓轮轴线倾斜式 [图 7-30(a)] 布局两种。

刀具轴线与鼓轮轴线平行式刀库因简单、紧凑，在中小型加工中心上应用较多。但这种刀库中，刀具为单环排列，空间利用率低，而且刀具长度较长时，易和工件、夹具干涉。此外，大容量的刀库外径比较大，转动惯量大，选刀时间长，所以这种刀库型式一般适用于刀库容量不超过 24 把刀具的场合。

图 7-29(b) 和图 7-29(c) 分别为刀具轴线与鼓轮轴线平行的鼓轮式刀库在立式和卧式加工中心上的典型布局。在图 7-29(b) 中，刀库置于卧式加工中心主轴的机床顶部，刀库中的刀具安装时不妨碍操作，并能通过主轴的上下运动，结合刀库的前后运动，可实现换刀。它不需要机械手，可以对主轴直接进行换刀；在图 7-29(c) 中，刀库置于立式加工中心立柱的侧面，换刀时可通过刀库的左右运动，结合主轴箱的上、下运动或刀库的上、下运动，实现与主轴直接进行刀具交换。它也不需要换刀机械手，换刀结构简单、可靠。

图 7-29(d) 为刀库横向置于立式加工中心侧面的布局，它允许使用长度较长的刀具，刀库中的刀具安装时也不妨碍操作，且换刀速度较快，但必须要通过机械手进行换刀。

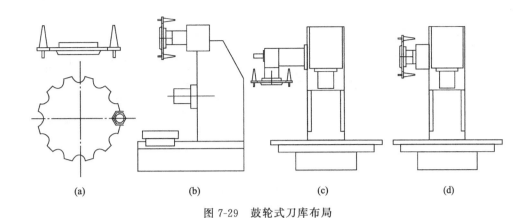

(a)　　　　　　(b)　　　　　　(c)　　　　　　(d)

图 7-29　鼓轮式刀库布局

刀具轴线与鼓轮轴线成一定角度的布局型式如图 7-30 所示。图 7-30(b) 为这种结构在立式机床上的应用，一般都是以机床的 Z 轴作为动力，通过机械联动结构，由主轴箱的上、下运动来完成刀库的摆入、摆出动作，从而实现自动换刀，所以，换刀速度极快。但这种型式可以安装的刀具数量较少、刀具尺寸不能过大、刀具安装也不方便，在小型高速钻削中心上使用的较多。

图 7-30(c) 为这种结构采用卧式布局的情况，刀具交换动作与数控车床回转刀架动作类似，通过刀库的抬起、回转、落下、夹紧来进行换刀。由于布局的限制，刀具数量不宜过多，所以常被做成通用部件的型式，多用于数控组合机床上。

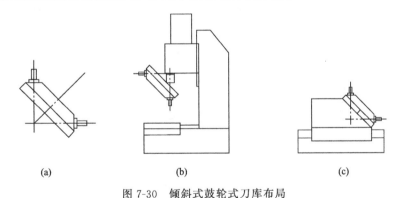

(a)　　　　　　　　(b)　　　　　　　　(c)

图 7-30　倾斜式鼓轮式刀库布局

(2) 链式刀库

如图 7-31 所示，链式刀库结构紧凑、布局灵活、刀库容量大，能够实现刀具的预选，并且换刀时间短。但是刀库一般都需要独立安装在机床的侧面 [图 7-31(c)] 或顶面 [图 7-31(b)]，它占地面积大。在通常情况下，刀具轴线与主轴的轴线垂直，所以，必须通过机械手换刀，机械结构要比鼓轮式刀库复杂。

链式刀库的链环可以根据机床的总体布局要求，设计成适当的型式以有利于换刀机构的工作。在刀库容量较大时，一般采用 U 形布局 [如图 7-31(d)、(e)] 或多环链式刀库布置，使刀库外型更紧凑，占用空间更小。这种刀库型式，在增加刀库容量时，可通过增加链条的长度来实现，因为它并不增加链轮直径，故链轮的圆周速度不变，因此，在刀库容量加大时，刀库的运动惯量不会增加得太多。

刀库的布局型式还有许多种，设计时，可以根据机床要求，灵活选用。

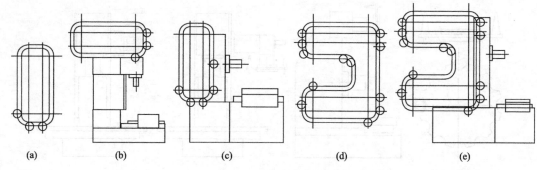

(a)   (b)   (c)   (d)   (e)

图 7-31 链式刀库示意图

7.5.4 无机械手换刀

无机械手直接换刀通常都是利用机床主轴与刀库之间的相对运动，来实现刀具的交换。以图 7-29(c) 的布局为例来说明，图 7-32 为其俯视图，换刀动作步骤如下：

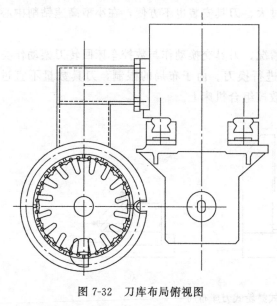

图 7-32 刀库布局俯视图

① 主轴定点准停。当加工工步结束后执行换刀指令，主轴实现准停，使主轴的定位键方向与刀库定位键方向一致；同时 Z 轴快速向上运动到换刀点，做好换刀准备，如图 7-32 和图 7-33(a) 所示。

② 刀库向右运动。刀座中的弹簧机构卡入刀柄的 V 形槽中，主轴箱内的刀具夹紧装置放松，刀具被松开，如图 7-33(b) 所示。

③ 主轴箱上升和刀库旋转。主轴箱上升到极限位置，使主轴上的刀具放回刀库的空刀座中；刀库转位，按程序指令要求将选好的刀具转到主轴下面的位置，同时，压缩空气将主轴锥孔吹干净，如图 7-33(c) 所示。

④ 主轴箱下降。主轴箱下降，将刀具插入机床的主轴，同时主轴箱内的刀具夹紧装置夹紧刀具，如图 7-33(d) 所示。

⑤ 刀库向左运动返回。刀库快速向左运动，将刀库从主轴下面移开，刀库恢复到如图 7-33(a) 所示的位置，然后主轴箱再向下运动，进行下一工序的加工。

这种换刀方式不需要其他装置，机构简单、紧凑，动作也比较可靠。因此，在小型低价位的加工中心上应用较多。它的缺点是不能实现刀具在刀库中的预选，即在换刀时必须首先将用过的刀具送回刀库，然后再通过刀库的转位来选择新刀具，两个动作不能同时进行，所以，每交换一次刀具，主轴箱和刀库都必须做一次往复运动，使换刀时间延长。

7.5.5 机械手换刀

采用机械手进行刀具交换的方式应用最为广泛，这是因为：一方面在刀库的布置和刀具

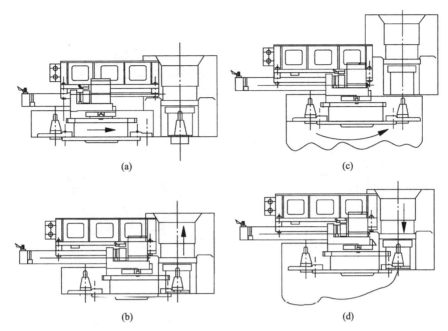

(a)

(c)

(b)

(d)

图 7-33　换刀动作图

数量的增加上，机械手换刀不会像无机械手那样受结构的限制，具有很大的灵活性；另一方面，机械手换刀还可以通过刀具预选，从而减少换刀时间，提高换刀速度。

机械手的结构型式是多种多样的，有钩手、抱手、伸缩手、擦手等。当刀库远离机床主轴的换刀位置时，除了机械手外，还必须要有中间搬运装置。机械手换刀运动方式也有所不同，有单臂单爪回转式、单臂双爪回转式、双臂回转式、双机械换刀等。

机械手运动的控制可以通过气动、液压、机械凸轮联动机构等方式来实现。其中机械凸轮联动换刀与气动、液压换刀相比，具有换刀速度快、可靠、运动平稳等优点，因此在加工中心得到广泛应用。目前，机械凸轮联动换刀机构已经成为标准部件，由专业厂家生产、制造。

如图 7-34 所示为一种在加工中心广泛使用的机械凸轮联动换刀机构的结构原理图。其在机床上的布局形式为如图 7-29(d) 的形式。刀具被安装在刀库 6 的刀座 5 上（刀座的数量根据不同机床的需要有所不同），刀库连同刀座在一起，可以由回转电动机 2 通过回转蜗杆 4 带动进行旋转，最终使所需要的刀具转到刀具的交换位置 7 上，实现选刀动作。选完刀后，可以通过刀座转位气缸 1 将刀具的交换位置 7 上的刀具连同刀座一起向下旋转 90°，使刀具的轴线与主轴的轴线相平行，以便机械手 8 进行换刀。又因为上述动作可以在机床加工的同时进行，所以，可以进行刀具的预选动作。机械手 8 是由机械手电动机 3 驱动的，它通过一套机械凸轮结构（主要有弧面凸轮和平面凸轮等构成）来完成机械手的转位、夹紧、伸出、回转、缩回、松开等动作。机械手两边的手爪的结构和动作是完全相同的。

如图 7-34 和图 7-35 所示，换刀分解动作步骤如下：

① 刀具预选。在机床进行加工的同时，根据数控系统发出的换刀指令，由回转电动机将下一把要加工使用的刀具，回转到刀具交换位置，完成刀具的预选动作，为刀具交换做好准备，如图 7-35(a) 所示。

② 主轴定向准停。在换刀指令发出后，首先进行主轴定向准停，使主轴上的定位键方

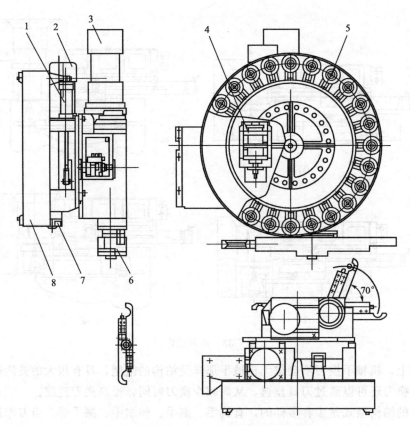

图 7-34　机械凸轮联动换刀机构结构原理图

1—刀座的转位气缸；2—回转电动机；3—机械手驱动电动机；4—回转蜗杆；5—刀座；6—刀库；

7—刀具的交换位置；8—机械手

向和刀库定位键方向一致。与此同时，Z 轴快速向上运动到换刀点，刀座转位气缸将预选好的刀具连同刀座一起向下旋转 90°，使刀具轴线和主轴轴线平行，如图 7-35（b）所示。

③ 机械手回转夹刀。当主轴箱到达换刀位置，同时刀库上的刀具完成旋转 90° 的动作后，凸轮换刀机构通过电动机驱动，使机械手 70° 的转位，两边的手爪分别夹持刀库换刀位和主轴上的刀具，如图 7-35（b）所示。

④ 卸刀。如图 7-35（c）所示，在机械手完成夹刀动作后，刀库以及主轴内的刀具夹紧装置同时放松，刀具被松开，凸轮换刀机构在电动机的驱动下，机械手向下伸出，同时取出刀库和主轴上的刀具，完成卸刀。

⑤ 刀具换位和装刀。如图 7-35（d）所示，卸刀后凸轮换刀机构在电动机的驱动下，使机械手旋转 180°，进行刀库侧刀具和主轴侧刀具的换位。刀具完成换位后，凸轮换刀机构在电动机的驱动下，机械手向上缩回，将刀库侧刀具和主轴侧刀具同时装入刀座和主轴，然后，刀库和主轴内的刀具夹紧装置同时夹紧，如图 7-35（e）所示。

⑥ 机械手返回。刀库和主轴内的刀具夹紧装置完成夹紧后，凸轮换刀机构在电动机的驱动下，机械手反向旋转 70° 回到起始位置（这是手臂为 180° 位置，两边手爪互换），完成换刀动作。然后，主轴箱向下运动去进行下一把刀的加工，同时刀座转位气缸将主轴上换下的刀具连同刀座向上旋转 90°，并根据下一把刀的 T 代码指令再进行刀具的预选动作。如图 7-35（f）所示。

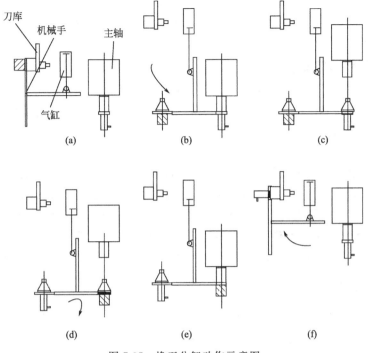

图 7-35 换刀分解动作示意图

7.6 数控机床的回转工作台

7.6.1 回转工作台的基本要求和型式

工作台是数控机床的重要部件，主要有矩形、回转式和倾斜成各种角度的万能工作台三种类型，本节主要介绍回转式工作台。

数控机床为了扩大其加工性能，以适应于不同零件的加工需要，它的进给运动除了 X、Y、Z 三个坐标轴的直线进给运动外，还要有绕 X、Y、Z 三个基本坐标轴的回转圆周运动，这三个轴向通常为 A、B、C 轴。为了实现数控机床的圆周运动，需采用数控回转工作台（简称为数控转台）。数控机床的圆周运动包括分度运动与连续圆周进给运动两种。

数控机床对回转工作台的基本要求是分辨率高、定位精度高、运动平稳、动作迅速、回转台的刚性好等。在需要进行多轴联动加工曲线和曲面的场合，回转工作台必须能够进行连续圆周进给运动。为了能够区别，通常将只能实现分度运动的回转工作台称为分度工作台，而将能够实现连续圆周进给运动的回转工作台称为数控回转工作台。分度工作台和数控回转工作台在外形上差别不大，但在结构上则具有各自的特点。

(1) 分度工作台

数控机床上的分度工作台只能实现分度运动，它可以按照数控系统的指令，在需要分度时，将工作台连同工件一起回转一定的角度并定位。采用伺服电动机驱动的分度工作台又称为数控分度工作台，它能够分度的最小角度一般都较小，为 $0.5°$、$1°$等，通常采用鼠牙盘式定位。有的数控机床还采用液压或手动分度工作台，这类的分度工作台一般只能回转规定的角度，如可以每隔 $45°$、$60°$或 $90°$进行分度，可以采用鼠牙盘式定位或定位销式定位。

鼠牙盘式分度工作台也叫做齿盘式分度工作台，它是用得较广泛的一种高精度的分度定位机构。在卧式数控机床上，它通常作为数控机床的基本部件被提供；在立式数控机床上则作为附件被选用。

（2）数控回转工作台

数控回转工作台不但能完成分度运动，而且还能进行连续圆周进给运动。数控回转工作台还可以按照数控系统的指令进行连续回转，且回转的速度是无级、连续可调的；同时，它也能实现任意角度的分度定位。所以，它同直线运动轴在控制上是相同的，也需要采用伺服电动机驱动。

分度指令由电磁铁控制液压阀动作，使压力油经管道进入分度回转工作台，从安装型式上分为立式和卧式两类。立式回转工作台用在卧式数控机床上，台面为水平安装，它的回转直径一般都比较大，通常有 500mm × 500mm、630mm × 630mm、800mm × 800mm、1000mm×1000mm 等常用规格。卧式回转工作台用在立式数控机床上，台面是垂直安装，由于受到机床结构的限制，它的回转直径一般都比较小，通常不超过 ϕ500mm。

7.6.2 分度工作台

图 7-36 为鼠牙盘式液压分度工作台的结构原理图。它主要由工作台面、鼠牙盘、底座夹紧油缸、分度油缸等部件组成，其工作过程如下：

① 工作台抬起、松开。当机床需要分度时，根据数控装置发出工作台 7 中央的夹紧油缸 10 的油腔，并推动活塞 6 向上移动（油缸 9 的上腔的油经管道 22 排出回油）。活塞 6 通过推力轴承 5（轴承 13 与之配合使用），使工作台 7 抬起，上鼠牙盘 4 与下鼠牙盘 3 脱离啮合。在工作台 7 向上移动时，将带动内齿圈 12 与齿轮 11 的下部啮合，完成分度前的准备工作。同时，当工作台 7 向上抬起时，推杆 2 在弹簧作用下向上移动，使推杆 1 能够在弹簧作用下右移动，从而松开微动开关 D，发出松开到位的信号。

② 分度工作台的回转、分度。控制系统在接收到松开到位的信号后，便控制电磁铁（液压阀）动作，使得液压阀动作，使压力油经管道 21 进入分度油缸的油缸左腔 19，并推动齿条 8 向右移动（油缸的右腔 18 的油经管道 20 排出回油）。齿条 8 便带动齿轮 11 作回转运动，从而实现工作台的回转。改变油缸的行程，就可以改变齿轮 11 的回转角度。在图 7-36 中的分度工作台，其油缸的行程为 113mm，齿轮 11 的回转角度为 90°。当齿轮在回转过程中，挡块 14 放开推杆 15。回转角度 90°到位后，挡块 17 压上推杆 16，然后，微动开关 E 发出到位的信号，回转动作结束。分度工作台的回转速度是可以通过液压系统进行调节的。

③ 分度工作台落下、夹紧。控制系统在接收到回转到位的信号后，便由电磁铁控制液压阀动作，使压力油经管道 22 进入分度工作台 7 中央的夹紧油缸的油腔 9，并推动活塞 6 向下移动（油缸的上腔 10 的油经管道 23 排出回油）。活塞 6 通过推力轴承 5（轴承 13 与之配合使用），使工作台 7 落下，上鼠牙盘 4 与下鼠牙盘 3 进入啮合，从而夹紧、定位。工作台在夹紧后，压下推杆 2，使推杆 1 向左移动，压上微动开关 D，发出夹紧完成的信号。

④ 分度油缸返回。控制系统在接收到夹紧完成的信号后，便控制电磁铁的液压阀动作，使压力油经管道 20 进入分度油缸的油缸右腔，并推动齿条 8 向左移动（油缸的左腔 19 的油经管道 21 排出回油），齿条 8 返回。此时，因为齿轮 11 的内齿圈已经脱开，分度工作台不动，同时挡块 14 压上推杆 15，微动开关动作，发出分度结束的信号。

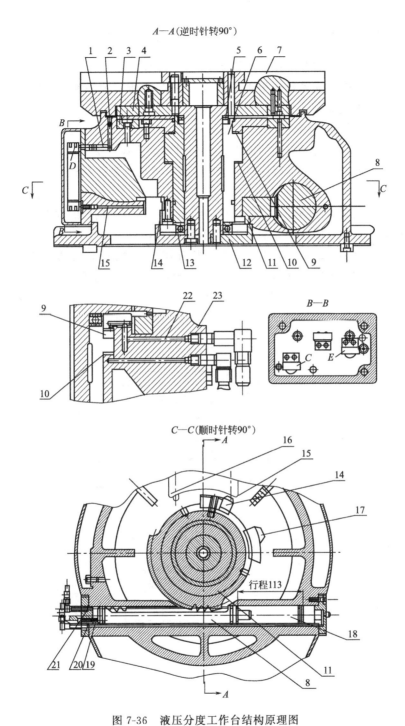

图 7-36　液压分度工作台结构原理图

1,2,15,16—推杆；3—下齿盘；4—上齿盘；5,13—推力轴承；6—活塞；7—工作台；8—齿条；
9,10—油缸；11—齿轮；12—齿圈；14,17—挡块；18,19—分度油缸；20,21,22,23—回油管

　　这种分度工作台工作的特点是分度精度高，定位刚性好，且结构简单。为了保证分度工作台运动可靠、平稳，在液压系统中应该通过节流阀进行运动速度的调节；同时在控制系统中，要对检测开关的信号进行延时处理。

7.6.3 立式数控回转工作台

立式数控回转工作台主要用在卧式机床上，以实现圆周运动。它通常由传动系统、消除间隙机构、蜗轮蜗杆副、夹紧机构等部分组成。图 7-37 所示为一种比较典型的立式数控回转工作台，其结构原理如下：

立式数控回转工作台是由伺服电动机驱动，该电动机轴上装有主动齿轮 2，它可以通过从动齿轮 4 带动蜗杆 9 旋转。安装的偏心套 3 是用来消除齿轮 2、4 之间间隙的。从动齿轮与蜗杆之间利用楔形拉紧销 5 进行连接，这种连接方式可以消除蜗杆 9 与从动齿轮 4 之间的配合间隙。

蜗杆 9 为双导程变齿厚蜗杆，这种蜗杆的特点是可以通过蜗杆的轴向移动来消除蜗杆与蜗轮之间的间隙。在进行蜗杆 9 与蜗轮 10 间隙调整时，首先要松开壳体螺母 8 上的锁紧螺钉 7，再通过压块 6 将调整套 11 松开。然后，松开楔形拉紧销 5，转动调整套 11，使调整套和蜗杆在壳体螺母 8 上作轴向移动，从而消除齿侧间隙。调整完成后，旋紧锁紧螺钉 7，通过压块 6 压紧调整套 11，从而锁紧楔形拉紧销 5。蜗杆 9 的两端均采用双列滚针轴承作为径向支承，在右端安装两个止推轴承来承受轴向力，左端轴向可以自由伸缩，用来保证运转平稳。

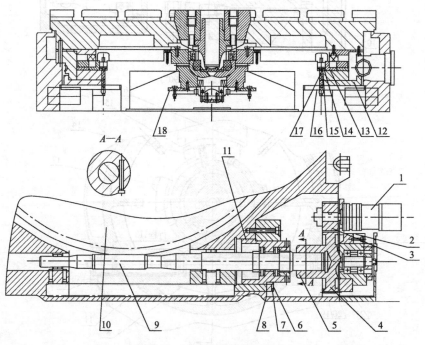

图 7-37 立式数控回转工作台

1—驱动电动机；2,4—齿轮；3—偏心套；5—楔形拉紧销；6—压块；7—锁紧螺钉；8—螺母；9—蜗杆；10—蜗轮；
11—调整套；12,13—夹紧瓦；14—夹紧油缸；15—活塞；16—弹簧；17—钢球；18—位置检测

立式数控回转工作台的夹紧、松开动作是由液压系统进行控制的。蜗轮 10 下部的内、外两面均有夹紧瓦 12 和 13，蜗轮 10 不转动时，通过回转工作台底座上均布的八个夹紧油缸 14，使压力油进入油缸的上腔，使推动活塞 15 向下移动，再通过钢球 17 撑开夹紧瓦 12 和 13，从而夹紧蜗轮 10。当工作台需要回转时，控制系统发出松开指令，液压缸的上腔回

油，弹簧 16 将钢球 17 抬起，夹紧瓦 12 和 13 便松开蜗轮 10。这样，通过电动机带动蜗杆 9，蜗轮 10 便和回转工作台一起作回转运动。回转工作台的导轨面是由大型滚柱轴承支承的，并由圆锥滚子轴承和双列圆柱滚子轴承来进行回转中心定位。

回转工作台接到控制系统的回转加工指令后，首先要松开蜗轮，然后回转电动机按照指令要求回转的方向、速度、角度进行回转，从而实现回转轴的进给运动，以进行多轴联动或带回转轴联动的加工。当用于分度定位时，回转工作台和进给运动相似，但其回转速度快，而且通常都具有自动捷径选择功能，使回转距离小于等于 180°，在定位完成后，夹紧蜗轮，保证定位精度和刚度。

7.6.4　卧式数控回转工作台

卧式数控回转工作台主要用在立式数控机床上，以实现圆周运动，它通常由传动系统、夹紧机构和蜗轮蜗杆副等部件组成。图 7-38 所示为一种常用在数控机床上的立式数控回转工作台，这种回转工作台可以采用气动或液压夹紧，其结构原理如下：

在工作台回转之前，首先要松开夹紧机构，活塞 2 左侧的工作台松开腔通入压力油（气），使活塞向右移动，这时，夹紧装置处于松开位置，而工作台 7、主轴 4、蜗杆 15 与蜗轮 14 则都处于可旋转状态。松开信号检测位于发信装置 8 中的微动开关的发信，使位于发信装置 8 中的夹紧微动开关不动作。

工作台的旋转、分度是由伺服电动机 10 来驱动。传动系统由伺服电动机 10，齿轮 11、12，蜗杆 14、15 以及工作台 7 等组成。当电动机接到控制系统发出的启动信号后，按照指令要求的回转的方向、速度、角度进行回转，从而实现回转轴的进给运动，以进行多轴联动或带回转轴联动的加工。当工作台到位后，依靠电动机闭环位置控制定位，工作台则依靠蜗杆副的自锁功能保持准确的定位，但在这种定位情况下，只能进行较小切削转矩的零件加工，在切削转矩较大时，必须进行工作台的夹紧。

工作台的夹紧机构的工作原理如图 7-38(a) 所示。在工作台的主轴 4 的后端安装有夹紧体 5，当活塞 2 右侧的工作台夹紧腔通入压力油（气）后，活塞 2 右侧原来的松开位置向左

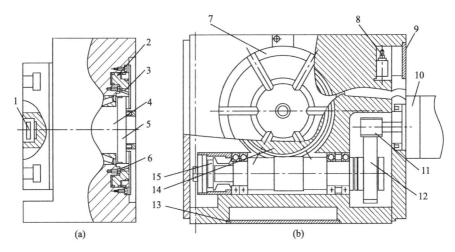

图 7-38　卧式数控回转工作台

1—堵头；2—活塞；3—夹紧座；4—主轴；5—夹紧体；6—钢球；7—工作台；8—发信装置；9，13—盖板；
10—伺服电动机；11，12—齿轮；14—蜗轮；15—蜗杆

移动，并压紧钢球 6，钢球 6 再压紧夹紧座 3，夹紧座 3 再压紧夹紧体 5，从而实现工作台的夹紧。当工作台座松开腔通入压力油（气）后，活塞 2 便由压紧位置回到松开位置，工作台松开。工作台夹紧气缸的旁边有与之贯通的小油（气）缸，它与发信装置 8 相连，用于夹紧、松开微动开关的发信。

习　题

7-1　数控机床对机械结构的基本要求是什么？提高数控机床性能的措施主要有哪些？

7-2　数控机床的主轴变速方式有哪几种？试述其特点和应用场合。

7-3　分级变速箱设计的原则和步骤是什么？

7-4　数控机床对进给系统的机械传动部分要求是什么？如何实现这些要求？

7-5　数控机床为什么要采用滚珠丝杠副作为传动元件？它的特点是什么？

7-6　滚珠丝杠副中的滚珠循环方式分为哪两类？它们的结构特点及应用场合是什么？

7-7　滚珠丝杠副轴向间隙调整和预紧的基本原理是什么？常用哪几种结构型式？

7-8　齿轮消除间隙的方法主要有哪些？各有什么特点？

7-9　机床上的回转刀架换刀时需要完成哪些动作？如何实现？

7-10　刀具交换方式有哪两类？试比较它们的特点及应用场合。

7-11　分度工作台的功能是什么？试说明其工作原理。

第8章

数控机床的发展趋势

8.1 DNC 技术发展趋势

(1) DNC 的定义

DNC（distributed numerical control）是用一台或多台计算机，对多台数控设备实施综合控制、管理的一种方法，也称为分布式数控，是机械制造系统中自动化生产制造的一种新模式。其本质是计算机与具有数控装置的机床群，使用计算机网络技术组成的分布在车间中的数控系统。该系统对用户来说，就像一个统一的整体，系统对多种通用的物理和逻辑资源整合，可以动态地分配数控加工任务给任一待加工设备。它是实现 CAD/CAM 和计算机辅助生产管理系统集成的纽带，是未来制造业的发展趋势。

(2) DNC 技术发展趋势

随着技术的进步和应用研究的深入，DNC 技术未来的发展趋势将主要体现在以下几个方面：

① DNC 技术的研究重点将通信技术转向生产管理技术。由于通信技术的快速发展，目前新一代数控系统都带有 DNC 网络接口及相应的标准化通信软件，因此系统的研究重点由过去的通信技术转向 DNC 生产管理技术，主要目的是提高系统内数控机床的利用率、缩短加工时间、提高整个系统的柔性和可靠性。

② DNC 系统由直接数控和分布式数控向柔性分布式数控方向发展。将 FMS（柔性制造系统）技术和 DNC 技术相结合，形成新的柔性 DNC 系统，从而实现工厂的柔性自动化生产管理，是未来 DNC 技术的主要发展方向。

③ DNC 技术将向采用高速数据通信技术及现场总线技术方向快速发展。为了满足加工复杂曲面对加工数据传输实时性极高的要求，因此必须采用高速数据通信技术，另外，现场总线作为一种新型通信结构将取代点到点星型拓扑结构，以提高 DNC 系统的可靠性和开放性。

④ DNC 系统将和 Internet 技术高度融合，为敏捷制造和全球制造等策略的实施提供保障。

8.2 柔性制造系统的发展趋势

(1) 柔性制造系统的含义

柔性制造系统（flexible manufacturing system，FMS）是由数控加工设备（数控机床或加工中心等）、计算机控制系统、物料运储装置等组成的自动化生产制造系统。该系统可由多个柔性制造单元构成，通过电子计算机实现自动控制。能根据制造任务或生产环境的变

化迅速进行调整，非常适合加工形状复杂、加工工序多、中小批量产品需求的零部件。

(2) 柔性制造系统的发展趋势

在世界经济快速发展的形式下，目前 FMS 已成为国内外制造行业一种成熟的加工系统。

① FMS 的应用范围将越来越广。从机械制造行业来看，现在 FMS 不仅能完成机械加工，而且还能完成钣金加工、锻造、焊接、装配，以及喷漆、热处理、注塑和橡胶模制作等工作，产品涉及汽车、机床、航空、船舶、食品、医药、化工等行业。从产品批量来看，FMS 已从中小批量应用向单件和大批量生产方向发展。

② FMS 系统的性能不断提高。随着科技的发展，构成 FMS 的各项技术，如加工技术、运储技术、刀具管理技术、控制技术、人工智能技术以及网络通信技术的迅速发展，毫无疑问会大大提高 FMS 系统的性能。

③ FMS 的发展将与 CIMS 高度融合。从工厂的总体来考虑，FMS 还只是一个自动化的制造系统，是工厂的一部分。未来，FMS 只有和新产品的规划、设计、制造、营销、质量管理等多方面高度融合，站在 CIMS 高度分析规划 FMS 的设计，才能充分发挥 FMS 的作用，使工厂的效益最大化，进一步争强其市场竞争力。

8.3　计算机集成制造系统的发展趋势

(1) 计算机集成制造系统含义

计算机集成制造系统（CIMS）是通过计算机硬件、软件，并综合运用现代管理技术、制造技术、信息技术、自动化技术、系统工程技术等，将企业生产全部过程中有关的人、技术、经营管理三要素及其信息与物流有机集成并优化运行的复杂的大系统。它是信息时代制造业的一种生产、经营和管理新模式，各系统通过 CIMS 的总体优化，达到降低成本、提高质量、缩短交货周期、增强企业竞争力等目的，从而提高企业对市场的应变能力。

(2) 计算机集成制造系统的发展趋势

随着信息技术的发展和制造业市场竞争的日趋激烈，未来 CIMS 将向以下几个方向发展：

① 集成化。CIMS 的集成将从当前企业内部的信息集成和功能集成，发展到以并行工程为代表的过程集成，并正在向以敏捷制造为代表的企业间集成的方向发展。

② 数字化、虚拟化。从产品的数字化设计开始，发展到产品生命周期中各类活动、设备及实体的数字化。在数字化基础上迅速向虚拟化方向发展，如虚拟显示技术、虚拟产品开发技术、虚拟制造技术及虚拟企业等。

③ 柔性化。正积极研究发展企业间的动态联盟技术、敏捷设计生产技术、柔性可重组机器技术等，以实现敏捷制造。

④ 智能化。智能化是制造系统在现有技术基础上，引入各类人工智能技术和智能控制技术，实现具有自律、分布、智能、仿生、敏捷、分形等特点的新一代制造系统。

⑤ 标注化。随着制造业不断向着全球化方向发展，标准化技术显得越来越重要，它是信息集成、功能集成、过程集成和企业集成的基础。

⑥ 绿色环保。包括绿色制造、环境意识的设计与制造、生态工厂、清洁化生产等。它

是全球可持续发展战略在制造业中的体现，是各国现代制造业发展的新趋势。

8.4 数控机床智能化的发展趋势

数控机床智能化不仅有助于减轻操作者的劳动强度，而且能够提高数控加工的质量和效率。因而智能化是数控技术发展的重要方向之一，主要体现在以下几个方面。

（1）智能化适应控制

通常的数控系统只能按照预先编好的程序工作，考虑到加工过程中的不确定因素，如毛坯尺寸和硬度的变化、刀具的磨损状态变化等，编程中一般采用比较保守的切削用量，从而降低了加工效率。具备自适应控制功能的控制系统可以在加工过程中随时测量主轴转矩、功率、切削力、切削温度、刀具磨损等参数，并根据测量结果，实时调整主轴转速和进给量的大小，确保加工过程处于最佳状态。

（2）智能化编程

有了高性能的数控机床之后，高质量、高效率地编制零件加工程序就成了提高数控加工效率的关键问题。数控编程技术经历了手工编程、数控语言编程和图形编程几个阶段，编程的效率和质量不断提高，同时也降低了对编程人员技术水平的要求。智能化编程一般是指在数控系统软件和编程软件中，嵌入专家系统，建立专家知识库和工艺数据库，从而实现自动选择刀具、合理计算切削用量、确定最佳走刀路线，实现数控加工最佳化，提高加工质量和效率。

应用图像处理和计算机视觉技术，使数控机床能够根据零件的一幅或几幅图像，自动提取三维信息，进而生成零件加工程序，加工出合格工件，就像给机床装上"眼睛"一样。这也是数控编程智能化的体现，称为实物映射加工。

（3）智能化加工过程监控和故障诊断

将人工智能技术和现代传感器与数控技术相结合，开发具有人工智能的在线监控和故障诊断系统。对加工过程的一些关键环节和因素如刀具磨损状态、主轴运行状态等进行智能化监控，对数控系统或数控机床的故障进行自动诊断，并自动或指导维修人员快速排除故障。

（4）智能寻位加工

通过模仿人类智能的途径，主动感知工件信息、自动分析求解工件的实际状态，并根据工件的实际状态进行自适应加工，从而消除对精密夹具的依赖，有效地缩短生产周期，增强企业对市场动态变化的快速响应能力。

8.5 实训/Training

智能制造是增强我国制造业发展优势的关键所在，大力发展智能制造是加快制造强国建设步伐，加速推动汽车产业由规模速度型向质量效益型转变的重要途径。

Intelligent manufacturing is the key to enhancing the development advantages of Chinese manufacturing industry. The vigorous development of intelligent manufacturing is an essential approach to accelerating the construction of a manufacturing country and the

目前，我国汽车行业推进智能制造工作取得了积极进展和成效。工业和信息化部开展了智能制造试点示范专项行动，通过创新驱动强化智能制造核心装备的自主供给能力，不断完善智能制造标准体系，逐步夯实工业软件等基础支撑能力，通过示范带动构建了集成服务能力，通过集成应用提升了新模式应用水平。

与传统汽车工厂相比，智能工厂的零件物流全部由无人驾驶系统完成，转移物资的叉车也实现自动驾驶，实现真正的自动化工作，在物料运输方面不仅有无人驾驶小车参与，无人机也发挥了重要作用。

在智能工厂中，小型化、轻型化的机器人取代了人工来实现琐碎零件的安装固定，柔性装配车将取代人工进行螺钉拧紧，装配车辆过程中有若干个机械臂来完成，这些机械臂可以按照既定程序进行位置识别、螺钉拧紧；工厂中装配辅助系统可以提醒工人何处需要进行装配，并可对最终装配结果进行检测；智能工厂发明的柔性抓取机器人不同于市面上的普通机器人，柔性机器人最大的特点在于柔性触手，柔性触手类似于变色龙的舌头，抓取工件更加灵活，除了抓取普通零件外，柔性抓取机器人还可以抓取螺母、垫片之类的微小零件。

transformation of automobile production from the type of scale speed to the type of quality benefit.

At present, the automobile industry in China has made significant progress and achievements in promoting intelligent manufacturing. Ministry of industry and information technology has carried out special demonstration action for intelligent manufacturing pilot, which enhances the independent supply capacity of core equipment of intelligent manufacturing via the innovation drive. They continuously improve the standard system of intelligent manufacturing, gradually reinforce the basic supporting capacity of industrial software, establish an integrated service capability via the demonstration, and improve the application level of the new mode via the integrated application.

Compared with the traditional automobile factory, the parts' logistics of intelligent factory are completed by an automatic operation system. Forklifts that transfer materials also realize automatic driving and a real automation. In terms of material transportation, not only automatic vehicles are involved, but UAV plays an important role.

In intelligent factories, manual operation is replaced with miniaturized and light-weight robots to realize the installation and fixation of trivial parts. Manual operation is also replaced with flexible assembly vehicles to conduct the screw tightening. During the assembly of vehicles, there are several mechanical arms to complete the work. These mechanical arms can achieve location identification and screw-tightening according to the established procedures. In the factories, the assembly assistant system can remind workers where to assemble and detect the final assembly results. The flexible grasping robot invented by intelligent factory is different from the common robot on the market. The biggest feature of the flexible robot lies in the flexible touch, which is similar to the tongue of chameleon. It is more flexible to grasp the workpiece. Apart from grasping ordinary parts，the flexible grasping robot can also grasp nuts and gaskets and other small parts.

在不久的将来智能制造能出现在许多行业，从而减轻人们的劳动强度，加强产品质量，缩短加工周期。

In the near future，intelligent manufacturing appears in many industries，which can reduce the labor intensity，improve the products' quality and shorten the processing cycle.

习　题

8-1　DNC 技术发展趋势主要体现在几个方面？

8-2　柔性制造系统的发展趋势主要体现在几个方面？

8-3　计算机集成制造系统的发展趋势主要体现在几个方面？

8-4　数控机床智能化的发展趋势主要体现在几个方面？

参考文献

[1] 侯培红. 数控技术及应用. 上海：上海交通大学出版社，2015.

[2] 李宏胜. 机床数控技术及应用. 北京：高等教育出版社，2001.

[3] 刘荣忠. 数控技术. 成都：四川大学出版社，1998.

[4] 韩建梅，胡东方. 数控技术及装备. 3版. 武汉：华中科技大学出版社，2016.

[5] 闫占辉. 机床数控技术. 武汉：华中科技大学出版社，2008.

[6] 胡占齐，杨莉. 机床数控技术. 北京：机械工业出版社，2002.

[7] 杨兴. 数控机床电气控制. 2版. 北京：化学工业出版社，2014.

[8] 黄新燕. 机床数控技术及编程. 北京：北京理工大学出版社，2006.

[9] 王隆太. 先进制造技术. 2版. 北京：机械工业出版社，2015.

[10] 蔡厚道，吴炜. 数控机床构造. 北京：北京理工大学出版社，2010.

[11] 胡占齐，杨莉. 机床数控技术. 北京：机械工业出版社，2014.